力 学

現代物理学叢書

力　学

大貫義郎・吉田春夫著

岩波書店

現代物理学叢書について

小社は先年，物理学の全体像を把握し次世代への展望を拓くことを意図し，第一級の物理学者の絶大な協力のもとに，岩波講座「現代の物理学」(全21巻)を2度にわたって刊行いたしました．幸い，多くの読者の厚いご支持をいただき，その後も数多くの巻についてさらに再刊を望む声が寄せられています．そこで，このご要望にお応えするための新しいシリーズとして，「現代物理学叢書」を刊行いたします．このシリーズには，読者のご要望に応じながら，岩波講座「現代の物理学」の各巻を順次できるかぎり収めてまいります．装丁は新たにしましたが，内容は基本的に岩波講座の第2次刊行のものと同一です．本シリーズによって貴重な書物群が末永く読みつがれることを願ってやみません．

●執筆分担

第Ⅰ部　大貫義郎

第Ⅱ部，補章　吉田春夫

まえがき

科学の諸分野のなかでも，力学は最も早期にその基盤となるべき原理が確認され，理論の体系化が進められて，以後の物理学における理論記述の典型となる役割を果たしてきた．とくに18～19世紀におけるヨーロッパ大陸を中心とした微分積分学の著しい発展は，力学理論の整備と展開に大きく寄与し，何回かの脱皮を経ていわゆる解析力学という現在の形をとるに至る．その特徴は，記述の一般性に加えて初期の力学の具体的な形式を包含する普遍的な性格にあるといってよいであろう．後に発展した熱力学や量子力学あるいは電気力学などのNewton力学とは異なる分野においても，なおその名称に力学という文字が用いられているのは，単にものの運動を記述するということ以上に，力学のこのような普遍的な性格がこれらに反映した結果であるといえる．事実，今世紀における物理学上の2大革命である相対性理論や量子力学を，解析力学と無関係に論ずることは不可能であると言ってよい．力学は300年も前にNewtonによって最初の構築が行なわれた学問であるにもかかわらず，新たな展開がつぎつぎと行なわれて，現在においてもなお新鮮さを加えている．そして科学の諸分野にさまざまな影響を与えている点は実に驚くべきことであると言えよう．

本書第I部においては，そのような力学の基本となるべき枠組みを，他分野との関連を意識しつつ記述することを試みた．ただし，力学の初等的な部分についての解説についてはすでに多くの成書があるので，ページ数の関係からここではこれらは割愛し，むしろ解析力学の理論的な内容に重点を置くことにした．そのために，解析力学の2本の大きな柱であるLagrange形式とHamilton形式の2つの章を設け，それぞれに固有の理論の構造と相互の関連について立ち入って議論をすることにした．とくに，量子力学や高エネルギー物理学において重視されるLagrange関数の特徴的な性格や対称性の扱いについては，ある程度の紙数を割いて議論をし，幾分なりとも独自の新鮮さを出すことに心がけた．すでにひととおり力学，解析力学を学んだ読者にとっても，第I部のこのような記述は，各自の理解，知識を整理するうえで役立つことがあろうと思っている．

第I部の基礎的な記述に対して，第II部においては，解を求めることに重点をおいた，力学そのものの現代的な発展を論ずることにした．Newtonの運動方程式，ないしはこれと同等の微分方程式を解いて，そこに含まれる物理的内容を明確にするという作業は，「教科書」に載せられているごく限られた少数の例を除けば，決して容易なものではない．しかも「教科書」に載せられている例によって一般の力学の問題の解の様子を想像することは危険でさえある．第3章では，まず運動方程式を解く，あるいはこれが解けるとはどのようなことであるかが議論される．Hamilton力学系の求積可能性に関するLiouville-Arnoldの定理をはじめ，より具体的な求積操作であるHamilton-Jacobiの方程式の変数分離による解法がやや詳しく述べられる．続いて第4章では，摂動理論に代表される近似法や，運動方程式をコンピューターを使って直接に数値的に解いて得られる情報について論じられる．それと同時に摂動理論の有効性や限界が吟味，検討される．そしてその限界を越えたところに，例えば「カオス」といった新しい様相の存在をみることになる．これは，伝統的に行なわれてきた力学に対する単純な決定論的な理解を無意味にする可能性を秘めている．そして最後に第5章では，運動方程式が「解ける」ための条件，つまり積分可能性の判定条件が歴史的発展をも含めて詳しく議論される．ここでは近年になって発展した力学系の複素解析的なアプローチにとくに多くのページが割かれることになる．この第II部の内容は，通常学部の講義では触れられることがなく，既存の力学書にもあまり紹介されていない．そこに見られるのは，生後300年を経た現在，なお研究対象として生き続ける力学の一側面である．

本書の第I部は大貫が，第II部は吉田が担当し，相互に連絡をとりつつ執筆した．また第II部の内容については原稿の段階で伊藤秀一氏(東京工業大学)および江沢洋氏(学習院大学)から多くの貴重なコメントを頂いた．最後になったが，本書の出版に至るまでに岩波書店編集部の方々には叱咤激励をはじめとして並々ならぬお世話になった．ここに心より感謝の意を表する次第である．

1994年10月

大貫義郎
吉田春夫

目次

II　展開編

I

基礎編

300余年前(1687年)，I. Newtonは大著『自然哲学の数学的諸原理』(通称，プリンキピア)を著わし，惑星の運動や潮汐現象をはじめとする力学上の諸問題の解明を試みて大きな成功をおさめた．以来，Newtonの力学は微積分学の発展と相まって，18～19世紀を通じ，形式の整備と理論の深化に著しい進展をみせ，解析力学という名称のもとに，現代の理論物理学を支えるうえで不可決の役割を担うに至っている．

この第Ⅰ部では，これらを意識しつつ，第Ⅱ部に至るための解析力学の枠組みを，ある程度立ち入って議論をすることになるであろう．

解析力学では，位置座標の概念を拡張した一般化座標を変数とするLagrange形式と，正準変数とよばれる一般化座標の倍の変数からなるHamilton形式が両輪となり，それぞれが重要な役割を演ずることとなる．まず前者においては，一般化座標とその時間微分でかかれたLagrange関数が主役となるが，その特徴の1つは，これが観測の対象となるような物理量としての意味を全くもたないことであろう．しかしながらその結果として，変分原理による運動方程式の導出や，また変数変換のもとでの不変性と保存量との関連が明らかにされてNoetherの定理が与えられることになる．第Ⅰ部前半では，Lagrange関数のそのような性質を浮彫りにしながら議論が進められる．

他方，Hamilton形式での主役は正準変数で記述されるハミルトニアンであるが，これは明らかな物理量であって，Lagrange関数とは著しい対照をなす．正準変数に対しては正準変換とよばれるある種の変数変換が導入され，力学理論の構造がさらに吟味されて，第Ⅱ部展開編の議論への準備がなされることになる．さらに第Ⅰ部の終りでは，Noetherの定理の逆，つまり保存量が存在するとき，これをNoetherの定理の結果として与えるようなLagrange形式での変数変換の存在が，ある条件のもとに，示される．

1 Lagrange 形式

Newton によって見出されたいわゆる「運動の 3 法則」においては，まず第 1 法則で慣性系の存在が要請される．すなわち，この系においては外部からの影響がなければ物体は静止もしくは等速直線運動を持続する．慣性系において速度を変化させる外的な要因は力とよばれ，そうしてこれはベクトルをもって記述される．第 2 法則によれば，ここでの単位時間あたりの速度の変化はその物体に作用する力に比例し物体の質量に反比例する．いま 3 次元空間内でその位置が，ベクトル $\boldsymbol{r}_1, \boldsymbol{r}_2, \cdots, \boldsymbol{r}_N$ で指定された N 個の質点(質量はそれぞれ $m_1, m_2, \cdots, m_N$)からなる系を考えれば，運動方程式

$$m_a \ddot{\boldsymbol{r}}_a = \boldsymbol{F}_a \qquad (a=1, 2, \cdots, N) \tag{1.1}$$

が設定される．$\boldsymbol{F}_a$ は a 番目の質点に作用する力，いうまでもなく太文字はベクトル，文字の上につけられたドット記号・は時間微分を示す．

第 3 法則については，1-6 節の議論のなかで触れることにするが，ともかく(1.1)から $\boldsymbol{r}_a$ がどのように時間に依存するかをさまざまな条件のもとに求めなければならない．これは容易な作業ではないが，多くの研究によって分かってきたことは，(1.1)には驚くべく多様で豊富な内容が含まれているばかりか，その理論的な構造はさまざまな物理の分野とも深く関わる普遍性をもつことで

あった．われわれは，そのような議論へ進むための基礎となる準備を行なうことにしよう．

1-1 一般化座標

位置ベクトル $\boldsymbol{r}_a$ $(a=1,2,\cdots,N)$ はそれぞれ x,y,z 方向の 3 成分 x_a,y_a,z_a をもつから，位置座標は全体として $3N$ 個の成分からなる．しかし変数としてこのような Descartes 座標を用いるのが好都合とはいえない場合がしばしばある．例えば，太陽のまわりを回わる惑星の運動には，太陽と惑星間の相対的な位置を表わすのに極座標を用いるのが便利である．そこで，一般の場合として $\boldsymbol{r}_a$ の各成分の代わりに $3N$ 個の変数 $q_1,q_2,\cdots,q_{3N}$ を用いて(1.1)を書き換えることにしよう．このとき $\boldsymbol{r}_a$ の各成分は $3N$ 個の q_i $(i=1,2,\cdots,3N)$ および一般にはそのときの時刻 t の関数であるとし，簡単のためにそれを

$$\boldsymbol{r}_a = \boldsymbol{r}_a(q,t) \qquad (a=1,2,\cdots,N) \tag{1.2}$$

とかくことにする．もちろん q_i は時間の関数であり，また $\boldsymbol{r}_a$ は(1.1)を満足するが，時刻 t においてそのような $\boldsymbol{r}_a$ からずれた点 $\boldsymbol{r}_a+\delta\boldsymbol{r}_a$ を考えよう．ここで $\delta\boldsymbol{r}_a$ は任意の無限小ベクトルである．この点は実際の軌道からはわずかにずれており，時刻 t に質点がそこにあるわけではない．ただ頭の中だけでそのような変位 $\delta\boldsymbol{r}_a$ をかりに考えてみるわけで，これは通常，**仮想変位**(virtual displacement)とよばれる．これを用いると(1.1)はつぎの 1 つの方程式にまとめられる．

$$\sum_a m_a\ddot{\boldsymbol{r}}_a\delta\boldsymbol{r}_a = \sum_a \boldsymbol{F}_a\delta\boldsymbol{r}_a \tag{1.3}$$

この式は任意の無限小ベクトル $\delta\boldsymbol{r}_a$ $(a=1,2,\cdots,N)$ に対して成立しているとするわけで，したがってこれが(1.1)と同等であることは明らかであろう．

さて，変数 q_i $(i=1,2,\cdots,3N)$ についての運動方程式を得るために，この変数について(1.3)と類似した式を導くことを考えよう．そこで $\delta\boldsymbol{r}_a$ は q_i に関する仮想変位 $q_i\to q_i+\delta q_i$ によってもたらされると考え

$$\delta \boldsymbol{r}_a = \sum_{i=1}^{3N} \frac{\partial \boldsymbol{r}_a}{\partial q_i}\delta q_i \qquad (a=1,2,\cdots,N) \tag{1.4}$$

とすれば，(1.3)は

$$\sum_{i=1}^{3N}\left(\sum_a m_a \ddot{\boldsymbol{r}}_a \frac{\partial \boldsymbol{r}_a}{\partial q_i}\right)\delta q_i = \sum_{i=1}^{3N}\left(\sum_a \boldsymbol{F}_a \frac{\partial \boldsymbol{r}_a}{\partial q_i}\right)\delta q_i \tag{1.5}$$

とかかれる．ここで δq_i ($i=1,2,\cdots,3N$) は任意の無限小量である．このとき左辺の括弧の部分は

$$\sum_a m_a \ddot{\boldsymbol{r}}_a \frac{\partial \boldsymbol{r}_a}{\partial q_i} = \sum_a m_a\left[\frac{d}{dt}\left(\dot{\boldsymbol{r}}_a \frac{\partial \boldsymbol{r}_a}{\partial q_i}\right) - \dot{\boldsymbol{r}}_a \frac{d}{dt}\left(\frac{\partial \boldsymbol{r}_a}{\partial q_i}\right)\right] \tag{1.6}$$

とかかれる．

他方

$$\dot{\boldsymbol{r}}_a = \sum_{i=1}^{3N} \frac{\partial \boldsymbol{r}_a}{\partial q_i}\dot{q}_i + \frac{\partial \boldsymbol{r}_a}{\partial t} \tag{1.7}$$

であるから，この式の両辺を $\dot{q}_i$ で偏微分すれば

$$\frac{\partial \dot{\boldsymbol{r}}_a}{\partial \dot{q}_i} = \frac{\partial \boldsymbol{r}_a}{\partial q_i} \tag{1.8}$$

また q_i で偏微分すると

$$\frac{\partial \dot{\boldsymbol{r}}_a}{\partial q_i} = \sum_{j=1}^{3N} \frac{\partial^2 \boldsymbol{r}_a}{\partial q_j \partial q_i}\dot{q}_j + \frac{\partial^2 \boldsymbol{r}_a}{\partial t \partial q_i} = \frac{d}{dt}\left(\frac{\partial \boldsymbol{r}_a}{\partial q_i}\right) \tag{1.9}$$

を得る．よって(1.8),(1.9)を(1.6)の右辺に用いると

$$\sum_a m_a \ddot{\boldsymbol{r}}_a \frac{\partial \boldsymbol{r}_a}{\partial q_i} = \sum_a m_a\left[\frac{d}{dt}\left(\dot{\boldsymbol{r}}_a \frac{\partial \dot{\boldsymbol{r}}_a}{\partial \dot{q}_i}\right) - \dot{\boldsymbol{r}}_a \frac{\partial \dot{\boldsymbol{r}}_a}{\partial q_i}\right] = \frac{d}{dt}\frac{\partial T}{\partial \dot{q}_i} - \frac{\partial T}{\partial q_i} \tag{1.10}$$

が導かれる．ここで T は全運動のエネルギーで

$$T \equiv \frac{1}{2}\sum_a m_a \dot{\boldsymbol{r}}_a^2 = \frac{1}{2}\sum_a m_a\left(\sum_i \frac{\partial \boldsymbol{r}_a}{\partial q_i}\dot{q}_i + \frac{\partial \boldsymbol{r}_a}{\partial t}\right)^2 \tag{1.11}$$

である．

(1.5)の右辺にマイナス符号をつけた量は，もともとは $-\sum_a \boldsymbol{F}_a \delta \boldsymbol{r}_a$ を書き換えたものであって，これは時刻 t における仮想変位 $\delta \boldsymbol{r}_a$ ($a=1,2,\cdots,N$) による

仕事である．この仕事は**仮想仕事**(virtual work)とよばれ，この仕事が行なわれる際には時刻 t は変化せず固定されていることに注意されたい．いま

$$\mathscr{F}_i \equiv \sum_a \boldsymbol{F}_a \frac{\partial \boldsymbol{r}_a}{\partial q_i} \qquad (i=1,2,\cdots,3N) \tag{1.12}$$

とすれば，$-\sum_i \mathscr{F}_i \delta q_i (=-\sum_a \boldsymbol{F}_a \delta \boldsymbol{r}_a)$ は一般化座標の仮想変位 δq_i のもとでの仮想仕事とみなすことができる．その意味で(1.12)の $\mathscr{F}_i$ は**一般化力**(generalized force)とよばれる．

(1.10), (1.12)を(1.5)に用いれば

$$\sum_{i=1}^{3N}\left[\frac{d}{dt}\left(\frac{\partial T}{\partial \dot{q}_i}\right)-\frac{\partial T}{\partial q_i}\right]\delta q_i = \sum_{i=1}^{3N} \mathscr{F}_i \delta q_i \tag{1.13}$$

ここで δq_i は任意の無限小量であるから，(1.13)と同等なものとして

$$\frac{d}{dt}\left(\frac{\partial T}{\partial \dot{q}_i}\right)-\frac{\partial T}{\partial q_i} = \mathscr{F}_i \qquad (i=1,2,\cdots,3N) \tag{1.14}$$

が得られる．これは一般化座標 q_i を用いてかかれた運動方程式で **Lagrange の方程式**とよばれる．

とくに $\mathscr{F}_i$ が $q_1, q_2, \cdots, q_{3N}$ (および時間 t) の関数，すなわち $\mathscr{F}_i=\mathscr{F}_i(q,t)$ の場合を考えてみよう．q_i $(i=1,2,\cdots,3N)$ を座標とする $3N$ 次元の空間内の点 P からこれと無限小だけ離れた点 $\mathrm{P}_\delta=(q_1+\delta q_1, q_2+\delta q_2, \cdots, q_{3N}+\delta q_{3N})$ に変位する際の仮想仕事は $-\sum_i \mathscr{F}_i(q,t)\delta q_i$ となる．いま Γ を $3N$ 次元空間内の 2 点 P′, P を結ぶ曲線としよう．このとき P′ から出発して Γ に沿い無限小の仮想仕事を行ないつつ P に達するまでの仮想仕事の総量は

$$W(\mathrm{P},\mathrm{P}',t\,;\Gamma) = -\int_{\mathrm{P}'\to\mathrm{P}\,;\,\Gamma} \sum_{i=1}^{3N} \mathscr{F}_i(\bar{q},t)\,d\bar{q}_i \tag{1.15}$$

で与えられる．右辺の積分記号の下につけた P′→P ; Γ は，P′ から P への Γ に沿った線積分を意味する．

ここで，$\mathscr{F}_i(q,t)$ が特別のかたちをとり，その結果として W が P, P′ (および t)のみに依存し，両点を結ぶ Γ のかたちには無関係であったとしよう．このような $\mathscr{F}_i(q,t)$ は**保存力**(conservative force)とよばれる．このとき W か

ら Γ は消えて，次の関係の成り立つことが容易にわかる．

$$\begin{aligned} W(\mathrm{P},\mathrm{P}',t) &= W(\mathrm{P},\mathrm{P}_0,t)+W(\mathrm{P}_0,\mathrm{P}',t) \\ W(\mathrm{P},\mathrm{P}',t) &= -W(\mathrm{P}',\mathrm{P},t) \end{aligned} \tag{1.16}$$

ここで P_0 は任意に選んだ点であるが，いまこれを固定し $W(\mathrm{P},\mathrm{P}_0,t)$ を P の関数とみなして $V(\mathrm{P},t)=W(\mathrm{P},\mathrm{P}_0,t)$ とかくならば，(1.16)より

$$W(\mathrm{P},\mathrm{P}',t) = V(\mathrm{P},t)-V(\mathrm{P}',t) \tag{1.17}$$

となる．左辺は P_0 には依存しない．$V(\mathrm{P},t)$ は，点 P における**ポテンシャルエネルギー**または単に**ポテンシャル**とよばれる．(1.17)で，P′, P の座標としてそれぞれ $(q_1,q_2,\cdots,q_{3N})$，$(q_1+\delta q_1, q_2+\delta q_2,\cdots,q_{3N}+\delta q_{3N})$ を用い $V(\mathrm{P}',t)$ を単に $V(q,t)$ とかけば，右辺は $\sum_i \partial V(q,t)/\partial q_i\cdot\delta q_i$，また左辺は $W(\mathrm{P},\mathrm{P}',t)=-\sum_i \mathscr{F}_i(q,t)\delta q_i$ とかかれるゆえ

$$\mathscr{F}_i(q,t) = -\frac{\partial V(q,t)}{\partial q_i} \tag{1.18}$$

が導かれる．これを(1.13)に用いるならば

$$L(q,\dot{q},t) \equiv T-V \tag{1.19}$$

として

$$\sum_{i=1}^{3N}\left[\frac{d}{dt}\left(\frac{\partial L}{\partial \dot{q}_i}\right)-\frac{\partial L}{\partial q_i}\right]\delta q_i = 0 \tag{1.20}$$

よってこれと同等のものとして運動方程式

$$\frac{d}{dt}\left(\frac{\partial L}{\partial \dot{q}_i}\right)-\frac{\partial L}{\partial q_i} = 0 \qquad (i=1,2,\cdots,3N) \tag{1.21}$$

が得られる．$L(q,\dot{q},t)$ は **Lagrange 関数**(Lagrange function)または単に**ラグランジアン**(Lagrangian)とよばれ，方程式(1.20)は **Euler-Lagrange の方程式**(Euler-Lagrange equation)という．Lagrange 関数としては，あとで(1.19)よりもさらに一般的なかたちのものが扱われるが，この関数は解析力学では重要な役割を演じ，これを中心に構成された理論は **Lagrange 形式**(Lagrange formalism)とよばれる．

ともかく，適当に選ばれた一般化座標で Lagrange 関数を求めておけば，

(1.21)によりこの座標を用いた運動方程式をただちに書き下すことができる．

Lagrange 関数の 1 例として，位置ベクトルが $\boldsymbol{r}_1, \boldsymbol{r}_2$，質量がそれぞれ m_1，m_2 の 2 個の質点がポテンシャル $V(|\boldsymbol{r}_1-\boldsymbol{r}_2|)$ のもとで運動する系を，重心座標 $\boldsymbol{X}=(m_1\boldsymbol{r}_1+m_2\boldsymbol{r}_2)/(m_1+m_2)$，相対座標 $\boldsymbol{r}=\boldsymbol{r}_1-\boldsymbol{r}_2$ を用いて表わしてみよう．$\mu\equiv m_1m_2/(m_1+m_2)$ とするとき*，

$$T = \frac{m_1}{2}\dot{\boldsymbol{r}}_1^2+\frac{m_2}{2}\dot{\boldsymbol{r}}_2^2 = \frac{m_1+m_2}{2}\dot{\boldsymbol{X}}^2+\frac{\mu}{2}\dot{\boldsymbol{r}}^2 \tag{1.22}$$

よって $L=T-V$ は，重心運動の部分 L_{G} と相対運動に関する部分 L_{rel} の和で表わされる．すなわち，$r\equiv|\boldsymbol{r}|$ として

$$L_{\mathrm{G}} = \frac{m_1+m_2}{2}\dot{\boldsymbol{X}}^2, \qquad L_{\mathrm{rel}} = \frac{\mu}{2}\dot{\boldsymbol{r}}^2-V(r) \tag{1.23}$$

とかかれて，$L=L_{\mathrm{G}}+L_{\mathrm{rel}}$ となる．さらに相対座標 $\boldsymbol{r}=(x, y, z)$ に対して極座標 $x=r\sin\theta\cos\varphi$，$y=r\sin\theta\sin\varphi$，$z=r\cos\theta$ を採用するならば

$$L_{\mathrm{rel}} = \frac{\mu}{2}(\dot{r}^2+r^2\dot{\theta}^2+r^2\sin^2\theta\cdot\dot{\varphi}^2)-V(r) \tag{1.24}$$

とかくことができる．

1-2 ホロノーム系

上の議論は $3N$ 個の変数 $\boldsymbol{r}_a$ $(a=1, 2, \cdots, N)$ が独立変数として扱われる場合であった．この節では $h\,(<3N)$ 個の条件

$$f_r(\boldsymbol{r}, t) = 0 \qquad (r=1, 2, \cdots, h) \tag{1.25}$$

が(1.1)の運動にさらに課せられた場合，運動方程式はどのようになるかを考えよう．一般化座標の場合をも含めて，質点の位置を記述する座標間に等号で結ばれた条件式が課せられているとき，この系は**ホロノーム系**(holonomic system)とよばれ，またこのときの条件式は**ホロノミックな拘束条件**(holono-

---

* この μ は**換算質量**(reduced mass)とよばれる．

mic constraint)といわれる．このような拘束条件の最も簡単な例は，鉛直面内で振動する振子や斜面上の質点の運動にみられる．

系に課せられる条件はもちろんホロノミックなものばかりではない．速度と位置座標の間に条件がつけられたものや，条件が等式ではなく不等号を含む場合もある．このようなホロノミック以外の拘束条件をもつ系は，すべて**非ホロノーム系**(non-holonomic system)とよばれる．したがって非ホロノーム系の種類は多様であって，これを統一的に扱う方法はない．しかしホロノーム系での考察を基盤にし，これを適宜変形して議論できる場合が多い．それゆえ以下では，ホロノーム系を中心に話をすすめることにする．

さて運動方程式(1.1)に条件(1.25)が課せられたとしよう．このとき，もし条件がなければ(1.1)に従って運動するはずの各質点は，その軌道が曲げられて，(1.25)を満足するような運動を強いられることになる．つまり軌道を条件式(1.25)にのせるための強制力がこのとき各質点に働いている．この力を**束縛力**または**拘束力**(constraint force)という．a 番目の質点に作用する拘束力を $\boldsymbol{C}_a$ と記せば，この質点には力 $\boldsymbol{F}_a+\boldsymbol{C}_a$ が働くことになるわけで，(1.1)は

$$m_a\ddot{\boldsymbol{r}}_a = \boldsymbol{F}_a+\boldsymbol{C}_a \qquad (a=1,2,\cdots,N) \tag{1.26}$$

なる修正を受けることになる．ここでは $\boldsymbol{C}_a$ はまだ未知の量であるが，これは拘束条件の結果として現われたわけで，いわば $\boldsymbol{C}_a$ は条件式(1.25)と運動方程式(1.26)を両立させるような働きをするものでなければならない．

ところで，$3N$ 個の $\boldsymbol{r}_a$ $(a=1,2,\cdots,N)$ の成分は(1.25)の結果として独立変数ではなくなる．独立にとれるのは $3N$ から条件数 h を引いた $n\equiv 3N-h$ である．そこで n 個の独立変数 $q_1,q_2,\cdots,q_n$ を適当に選び，これらを用いて $\boldsymbol{r}_a$ を

$$\boldsymbol{r}_a = \boldsymbol{r}_a(q_1,q_2,\cdots,q_n,t) \qquad (a=1,2,\cdots,N) \tag{1.27}$$

とかくことにする．この $\boldsymbol{r}_a$ は(1.25)を自動的に満足するようにつくられており，拘束条件の代わりに用いることができる．いいかえれば，(1.27)から q_1, $q_2,\cdots,q_n$ を消去したものが(1.25)である．

拘束の理想的な場合として**滑らかな**(smooth)**拘束**がある．これは拘束力が媒介となって，系のエネルギーが系外に散逸したり，あるいは外から系にエネ

ルギーが流入したりすることがない場合である．これは，(1.24)を満足するような仮想変位 $\delta\boldsymbol{r}_a$ に対して，拘束力による仮想仕事がゼロ，すなわち

$$\sum_a \boldsymbol{C}_a \delta\boldsymbol{r}_a = 0 \qquad (1.28)$$

を意味する．この場合を考えてみよう．(1.26)に $\delta\boldsymbol{r}_a$ をかけて a について和をとると，(1.3)と同形の式を得る．ただし，$3N$ 個の $\delta\boldsymbol{r}_a$ は独立にはとれない．独立な仮想変位は $\delta q_1, \delta q_2, \cdots, \delta q_n$ の n 個で，$\delta\boldsymbol{r}_a$ はこれを用いて(1.27)より

$$\delta\boldsymbol{r}_a = \sum_{i=1}^{n} \frac{\partial \boldsymbol{r}_a}{\partial q_i}\delta q_i \qquad (a=1, 2, \cdots, N) \qquad (1.29)$$

と表わされる．これは(1.4)と同形の式だが，後者が i について 1 から $3N$ までの和であるのに対し，ここでは 1 から $n(=3N-h)$ までの和がとられている．(1.29)をいま得られた(1.3)と同形の式に代入すれば

$$\sum_{i=1}^{n}\left(\sum_a m_a \ddot{\boldsymbol{r}}_a \frac{\partial \boldsymbol{r}_a}{\partial q_i}\right)\delta q_i = \sum_{i=1}^{n}\left(\sum_a \boldsymbol{F}_a \frac{\partial \boldsymbol{r}_a}{\partial q_i}\right)\delta q_i \qquad (1.30)$$

となり，(1.5)の $\sum_{i=1}^{3N}$ を $\sum_{i=1}^{n}$ に置き換えた式が導かれる．以下，前節において q_i の添字 i が 1 から $3N$ までとなるところを 1 から n に制限すれば，これ以後の議論はそのまま成立することは容易にみることができる．

その結果，n 個の q_i に対して Lagrange の方程式

$$\frac{d}{dt}\left(\frac{\partial T}{\partial \dot{q}_i}\right) - \frac{\partial T}{\partial q_i} = \mathscr{F}_i \qquad (i=1, 2, \cdots, n) \qquad (1.31)$$

が成立する．ここで $\mathscr{F}_i(q, t)$ は(1.12)で $i=1, 2, \cdots, n$ としたものに他ならない．また，$\mathscr{F}_i$ が保存力であれば(1.19)で Lagrange 関数 L を与えることにより，Euler-Lagrange の方程式

$$\frac{d}{dt}\left(\frac{\partial L}{\partial \dot{q}_i}\right) - \frac{\partial L}{\partial q_i} = 0 \qquad (i=1, 2, \cdots, n) \qquad (1.32)$$

が導かれる．

(1.31)または(1.32)を解くことによって，q_i $(i=1, 2, \cdots, n)$ が求まれば，(1.27)により $\boldsymbol{r}_a$ を決定することができる．そうして，この $\boldsymbol{r}_a$ を(1.26)に代入

すれば拘束力 $\boldsymbol{C}_a$ も決定される．

独立変数 q_i の数 n を系の**自由度**(degrees of freedom)という．そして q_i のつくる n 次元空間は，$q_1, q_2, \cdots, q_n$ を与えることによって系の配位が決まることから，**配位空間**(configuration space)とよばれる．

このようにして，われわれは滑らかな拘束という条件のもとに独立変数に関して，拘束条件がなかったときと同じスタイルの運動方程式(1.31)または(1.32)に到達したわけであるが，実際問題として拘束条件を解いて適当な独立成分を選ぶという作業が容易でない場合がいろいろある．もちろんこれができれば，運動方程式では拘束条件をあらわに使う必要がなくなるわけだが，何とか拘束条件を解かずにそのかたちを残したまま議論を行なうことはできないものであろうか．われわれは，(1.31)または(1.32)の運動方程式に，さらに k 個の拘束条件

$$f_l(q,t) = 0 \qquad (l=1,2,\cdots,k<n) \tag{1.33}$$

が課せられている場合を考えてみよう．ここでの $f_l(q,t)$ は $f_l(q_1,q_2,\cdots,q_n,t)$ の略記である．

条件(1.33)が存在することによって前と同様にふたたび拘束力が発生する．それを $\mathscr{C}_i$ $(i=1,2,\cdots,n)$ とすると，(1.31),(1.32)はそれぞれつぎのように修正される．

$$\frac{d}{dt}\left(\frac{\partial T}{\partial \dot{q}_i}\right)-\frac{\partial T}{\partial q_i} = \mathscr{F}_i+\mathscr{C}_i \qquad (i=1,2,\cdots,n) \tag{1.34}$$

$$\frac{d}{dt}\left(\frac{\partial L}{\partial \dot{q}_i}\right)-\frac{\partial L}{\partial q_i} = \mathscr{C}_i \qquad (i=1,2,\cdots,n) \tag{1.35}$$

さて，拘束が滑らかという条件のもとでは $\mathscr{C}_i$ による仮想仕事はゼロ，すなわち

$$\sum_{i=1}^{n}\mathscr{C}_i\delta q_i = 0 \tag{1.36}$$

が成り立っていなければならない．δq_i は拘束条件(1.33)を満足するような仮想変位であるから，このうち独立にとれるものは $n-k$ 個である．実際(1.33)

から $f_l(q+\delta q, t)-f_l(q, t)=0$ であるゆえ，δq_i は

$$\sum_{i=1}^{n} \frac{\partial f_l}{\partial q_i}\delta q_i = 0 \qquad (l=1,2,\cdots,k) \tag{1.37}$$

に従っている．もともと $\mathcal{C}_i$ が現われたのは拘束条件の存在によるわけであるから，(1.37)を媒介として $\mathcal{C}_i$ は f_l に関係づけられるはずである．例えば，(1.37)を解いて k 個の δq_i を残りの独立な $n-k$ 個の δq_i で表わし，それを(1.36)に代入して左辺を独立な δq_i の1次結合で表わせば，その係数をゼロとして $\mathcal{C}_i$ と f_l の関係を求めることは不可能ではない．しかしそこで得られた表式は煩雑で見通しも悪く決して好ましいとはいえない．

これをうまく扱う方法が **Lagrange の未定乗数法**(Lagrange's method of undetermined multiplier)である．あとでまた用いる予定もあるので，ここでまとめて述べておこう．

Lagrange の未定乗数法　与えられた A_{li} $(l=1,2,\cdots,k\,;\ i=1,2,\cdots,n\,;\ k<n)$ に対して

$$\sum_{i=1}^{n} A_{li}\delta x_i = 0 \qquad (l=1,2,\cdots,k) \tag{1.38}$$

を成立させる任意の δx_i $(i=1,2,\cdots,n)$ のセットが，つねに

$$\sum_{i=1}^{n} X_i \delta x_i = 0 \tag{1.39}$$

なる関係をみたすための必要十分条件は，

$$X_i = \sum_{l=1}^{k} \lambda_l A_{li} \qquad (i=1,2,\cdots,n) \tag{1.40}$$

となるような λ_l $(l=1,2,\cdots,k)$ が存在することである．ただし，第 l 行第 i 列の要素が A_{li} の k 行 n 列の行列 $\|A_{li}\|$ の階数は k とする．

[証明]

必要条件：　(1.38), (1.39)から(1.40)を導こう．仮定により，$\|A_{li}\|$ の行と列それぞれの番号のつけ方を適当な順序にとれば正方行列 $\|A_{lm}\|$ $(l, m=1,$

$2, \cdots, k$）の行列式 $\det \|A_{lm}\|$ を $\neq 0$ とすることができる．さて(1.38)のもとにおいては，任意の λ_l に対して

$$\sum_{i=1}^{n}\left(X_i - \sum_{l=1}^{k}\lambda_l A_{li}\right)\delta x_i = 0 \tag{1.41}$$

と(1.39)は同等である．そこで λ_l として

$$X_m = \sum_{l=1}^{k}\lambda_l A_{lm} \qquad (m=1,2,\cdots,k) \tag{1.42}$$

をみたすものをとり，これを(1.41)に用いれば

$$\sum_{p=k+1}^{n}\left(X_p - \sum_{l=1}^{k}A_{lp}\right)\delta x_p = 0 \tag{1.43}$$

を得る．ここで δx_p $(p=k+1, k+2, \cdots, n)$ は勝手な値が許される．なぜならば(1.38)より $\sum_{m=1}^{k}A_{lm}\delta x_m = -\sum_{p=k+1}^{n}A_{lp}\delta x_p$ $(l=1,2,\cdots,k)$ とかけるが，$\det\|A_{lm}\|$ $\neq 0$ により，これを δx_m $(m=1,2,\cdots,k)$ について解けば，これらは δx_p $(p= k+1, k+2, \cdots, n)$ の1次結合，よって任意の δx_p に対して(1.38)がみたされるからである．したがって(1.43)より

$$X_p = \sum_{l=1}^{k}\lambda_l A_{lp} \qquad (p=k+1, k+2, \cdots, n) \tag{1.44}$$

が導かれ，それゆえこれと(1.42)から(1.40)が与えられる．

十分条件：　(1.38), (1.40)から(1.39)が導けることは，(1.40)に δx_i をかけて i について和をとり，これに(1.38)を用いることによってただちに分かる．(証明終)*

以上の結果を用いれば，(1.36), (1.37)より

$$\mathscr{C}_i = \sum_{l=1}^{k}\lambda_l \frac{\partial f_l}{\partial q_i} \qquad (i=1,2,\cdots,n) \tag{1.45}$$

となり，運動方程式(1.34), (1.35)のそれぞれは，拘束条件(1.33)のもとにおいて

---

*　この限りでは δx_i が無限小量である必要はない．

$$\frac{d}{dt}\left(\frac{\partial T}{\partial \dot{q}_i}\right)-\frac{\partial T}{\partial q_i} = \mathscr{F}_i+\sum_{l=1}^{k}\lambda_l\frac{\partial f_l}{\partial q_i} \qquad (i=1,2,\cdots,n) \tag{1.46}$$

$$\frac{d}{dt}\left(\frac{\partial L}{\partial \dot{q}_i}\right)-\frac{\partial L}{\partial q_i} = \sum_{l=1}^{k}\lambda_l\frac{\partial f_l}{\partial q_i} \qquad (i=1,2,\cdots,n) \tag{1.47}$$

とかかれる．これらはいずれも(1.33)との連立のもとに成立しており，拘束条件そのものは消去されてないことに注意されたい．未知の量 λ_l はこのような連立方程式から，q_i とともに決められるべきものである．

λ_l を変数とみなして $q_{n+l}\equiv\lambda_l$ とかき，Lagrange 関数を新たに

$$L = T-V+\sum_{l=1}^{k}q_{n+l}f_l(q,t) \tag{1.48}$$

で定義しなおすと，$n+k$ 個の変数 $q_1,q_2,\cdots,q_{n+k}$ に関する Euler-Lagrange の方程式

$$\frac{d}{dt}\left(\frac{\partial L}{\partial \dot{q}_i}\right)-\frac{\partial L}{\partial q_i} = 0 \qquad (i=1,2,\cdots,n+k) \tag{1.49}$$

は(1.47)と(1.33)の双方を与えることになる．(1.48)の右辺の $\sum_{l=1}^{k}q_{n+l}f_l(q,t)$ にはポテンシャルエネルギーという直観的な意味づけはできないが，拘束条件をふくむ系の記述に必要な式が(1.49)より完全に導かれるので，これも Lagrange 形式の枠に入れることができる．

この考えを一般化して，われわれは(1.19)や(1.48)といった形にとらわれずに，$L(q,\dot{q},t)$ から導かれた Euler-Lagrange の方程式が，運動を記述するための方程式を完全に与えるならば，さしあたりこれを Lagrange 関数とよぶことにしよう．実はこれにはさらに制約が必要となるが，それについての立ち入った考察は，もうすこし準備を重ねたうえで行なうことにする．

さて以上にみたように，われわれは一般化座標を用いて運動方程式を書き下すことができたが，これで運動の様子が分かったことにはまだなっていない．運動方程式の中にある時間微分を1つずつ減らしていって，最終的には q_i が時間の関数としてどのように振舞うかを調べる必要がある．よく知られたように微分演算が1個減少するとこれに応じて積分定数が1個現われる．したがっ

て運動方程式を解くということは，可能な積分定数をことごとく導くという作業にほかならず，その意味では1つでも多くの積分定数をみつけた方が解に近づいたといえるはずである．

ところで，一般化座標のある成分 例えばq_jが，時間微分をほどこされた$\dot{q}_j$というかたちでのみ Lagrange 関数に含まれている場合には，容易に積分定数を1つ与えることができる．実際，このときには$\partial L/\partial q_j=0$であるから，$q_j$についての Euler-Lagrange 方程式は

$$\frac{d}{dt}\left(\frac{\partial L}{\partial \dot{q}_j}\right) = 0$$

それゆえこれを積分して

$$\frac{\partial L}{\partial \dot{q}_j} = C \quad (\text{定数}) \tag{1.50}$$

が得られる．このようなq_jは**循環座標**(cyclic coordinate)とよばれる．

例えば，(1.23)のL_{G}とL_{rel}の和としてかかれた2体系の Lagrange 関数では，重心座標$\boldsymbol{X}$の各成分はいずれも循環座標，またL_{rel}を(1.24)のように極座標で表わせばφもまた循環座標である．

実際上は，一般化座標を上手に選んで循環座標の数をなるべく多くした方がよい．しかし自由粒子のようなごく自明な場合を除いては，すべての変数を循環座標に帰着させることができない．それゆえ積分定数を求めるためにさらに別の手段がつくられることが望まれる．1-5節では，Lagrange 関数がある種の対称性をもつときには積分定数が導かれることが示される．

1-3 変分原理

前節で Lagrange 関数を，さしあたりその具体的な内容には立ち入らずに，単に Euler-Lagrange の方程式によって運動方程式の正しい記述を与えるものとみなすことにした．このような観点がある程度大切な理由は，運動エネルギーとポテンシャルの項が分かち難いような系や，あるいは Newton 力学の

枠に入らないような系にまで，Lagrange 関数の概念を拡張することができれば，例えば 1-5 節に述べるような保存則のあるものを，Lagrange 関数を媒介として，Newton 力学の枠をこえた普遍的なものとして把握する可能性が生じるからである．

しかし，(i) 与えられた運動方程式に対して，これを導くような Lagrange 関数がはたしてつねに存在するといえるのか．それに，(ii) もし存在した場合そのような Lagrange 関数のかたちは一意的に決まるものなのか，という問題がある．

(i)については，実際上の多くの場合 Lagrange 関数は存在するが，これらは経験的に見出されているだけであって，Lagrange 関数が構成できるための必要十分条件については分かっておらず，Lagrange 関数がつくれない意地の悪い例を考えることができる*.

(ii)については，答は否定的，つまり同一の運動方程式を与える多様な Lagrange 関数が存在する．通常よく引き合いに出されるのは，Lagrange 関数 $L(q,\dot{q},t)$ に対して，$\tilde{L}(q,\dot{q},t)$ を

$$\tilde{L}(q,\dot{q},t) = L(q,\dot{q},t) - \frac{d}{dt}W(q,t) \tag{1.51}$$

とするならば，$L(q,\dot{q},t)$ と $\tilde{L}(q,\dot{q},t)$ は同じ運動方程式を与えるのをみることができる．ここで W は q (および t)の関数である．実際，$dW/dt = \sum_i \dot{q}_i \partial W/\partial q_i + \partial W/\partial t$ であるから，つぎの恒等式

$$\frac{d}{dt}\left(\frac{\partial W}{\partial \dot{q}_i}\right) - \frac{\partial W}{\partial q_i} \equiv 0 \tag{1.52}$$

が成立し，(1.51)の第 2 項は Euler-Lagrange の方程式には寄与しない．しかしあとで示されるように，(1.51)のタイプの任意性は，Lagrange 関数の任意性のなかでごく特別な地位を占めるものであって，これ以外にもはじめの Lagrange 関数からは想像もできないような変わった形のものが許される．そ

---

* たとえば，運動方程式が $m\ddot{\boldsymbol{r}} = a(\boldsymbol{r}\times\dot{\boldsymbol{r}})$ (a; 定数 $\neq 0$) のときこれを導くような $L(\boldsymbol{r},\dot{\boldsymbol{r}},t)$ は存在しない．

の詳しい吟味は1-6節でなされるが，なぜこのようなことが起こるかという主な理由は，Lagrange 関数が通常の意味での物理量でないことによる．例えば，ある時刻での系の Lagrange 関数の値がいくらになるかというような表現は全く意味をもたない．物理量は，それを記述している q_i や $\dot{q}_i$ が運動方程式の解であることによって，はじめて意味をもつわけであるが，Lagrange 関数のなかの q_i や $\dot{q}_i$ は時間の関数というのみでこのような制約を全く受けていない点に注意しなければならない．この意味で Lagrange 関数はエネルギーや運動量あるいは位置といった物理量とは全く質を異にしているといえる．

一般化座標 q_i は時間の関数であって，必要に応じてこれを $q_i(t)$ とかくことにするが，この $q_i(t)$ が運動方程式つまりここでは Euler-Lagrange の方程式をみたしているならば，$q_i(t)$ は**オンシェル**(on-shell)**にある**といい，このような $q_i(t)$ を使ってかかれた量はオンシェルの量，またオンシェルの量の間の関係式はオンシェルでの関係ということにする．これに対して $q_i(t)$ が，運動方程式と無関係に与えられているときには，このような $q_i(t)$ は**オフシェル**(off-shell)**的**あるいは**オフシェルを含む**ということにしよう．また，オフシェル的な $q_i(t)$ でかかれた量(関係)は，単にオフシェル的な，あるいはオフシェルを含む量(関係)とよぶことにする．Lagrange 関数はいわばオフシェル的な量であり，他方，Euler-Lagrange の方程式はオンシェルの関係である．この Lagrange 関数がオンシェルの量ではないところにさまざまな構造が入り得る余地があって，それがあとで具体的にみるような(1.51)以外の多様な Lagrange 関数を生みだす余地をもたらすわけである．

ここに導入したオンシェルあるいはオフシェルという言葉は高エネルギー物理学での用語である．ただ，古典力学では通例これはあまり用いられることがないので，その使用については若干の注釈が必要かも知れない．もともとは，これらは**質量殻上**(on mass shell)および**質量殻外**(off mass shell)という言葉に由来する．相対論で質量 m の1体粒子のエネルギー，運動量をそれぞれ $E, \boldsymbol{k}$ とするとき，これが自由粒子であるならば，c を光速として $(E/c^2)^2-(\boldsymbol{k}/c)^2=m^2$ なる関係が成立する．そうしてエネルギーと運動量の3成分の値を座標軸にとるような4次元の空間において，この式は3次元の超曲面をえがく．質量値 m によって指定されるこの面は**質量殻**(mass shell)とよばれ，1体粒子のもつエネルギー・運動量の4元ベクトルの先端がこの殻上にあるならば，粒子は自由粒子の運動方程式をみたし，また殻外にあればこの方程式はみたされないことになる．このように質量殻は相対論的自由粒子に対する運動方程式の解によって特徴づけられるものであるが，この考えを一般化して，系の記述に用いられる変数が，自由粒子に対するものであるか否かとは無関係に，系の運動方程式をみたしている場合には，この変数はオンシェルにあるといい，そうでなければオフシェルにあるというようになった．古典力学の物理量はすべてオンシェルの量でかかれているために，これらを議論する限りでは，オンシェル，オフシェルの区別を必要としない．ただ Lagrange 関数だけは観測量としての意味をもたず，通常の物理量でないのでこれに関連する性質を論ずる際には，この語法は議論の混乱を避けるうえでしばしば有用である．その意味で本書では，高エネルギー物理学から借用したオンシェル，オフシェルを，必要に応じて以下で用いることにする．

ところで，オフシェル的な量である Lagrange 関数から Euler-Lagrange の方程式というオンシェルの関係を導きだす原理はどのようなものであろうか．これが次に述べる Hamilton の原理である．なお，以下では系の自由度を n とし，また $q_i\ (i=1,2,\cdots,n)$ の高々1階の時間微分が Lagrange 関数には含まれるものとして*，Lagrange 関数を $L(q,\dot{q},t)$ とかくことにする．

Hamilton は光学の研究を通じてこの原理に到達したといわれている．まず，任意の与えられた時刻 t_1 から $t_2\ (t_1<t_2)$ の間で $q_i(t)\ (i=1,2,\cdots,n)$ が定義されているとし，これを用いて**作用**(action)とよばれる次の積分

$$S=\int_{t_1}^{t_2}dt\,L(q(t),\dot{q}(t),t) \tag{1.53}$$

* 現実の運動方程式が高々2階の時間微分であることによる．形式的には高階の時間微分をもつ q_i を Lagrange 関数に含ませることは可能で，その解析力学的な扱いは Ostrogradsky の方法とよばれている(巻末文献[10]，266ページ参照)．

を定義する．作用 S の値は q_i の関数形が変わればそれに応じて変化し，このような関数形を変数とするような関数は**汎関数**(functional)といわれる．いま $q_i(t)$ を無限小量 $\delta q_i(t)$ だけ変化させよう．すなわち

$$q_i(t) \to q_i(t)+\delta q_i(t) \qquad (t_1 \leqq t \leqq t_2\,;\ i=1,2,\cdots,n)$$

とする．ただし t_1, t_2 においては q_i は変化を受けず

$$\delta q_i(t_1) = \delta q_i(t_2) = 0 \qquad (i=1,2,\cdots,n) \tag{1.54}$$

とする．このとき作用 S の変化は

$$\begin{aligned}\delta S &= \delta\int_{t_1}^{t_2} dt\, L(q(t),\dot{q}(t),t) \equiv \int_{t_1}^{t_2} dt\, \delta L(q(t),\dot{q}(t),t)\\ &= \int_{t_1}^{t_2} dt\,\{L(q(t)+\delta q(t),\dot{q}(t)+\delta\dot{q}(t),t)-L(q(t),\dot{q}(t),t)\}\\ &= \sum_i \int_{t_1}^{t_2} dt \left\{\frac{\partial L(q,\dot{q},t)}{\partial q_i(t)}\delta q_i(t)+\frac{\partial L(q,\dot{q},t)}{\partial \dot{q}_i(t)}\delta\dot{q}_i(t)\right\}\end{aligned} \tag{1.55}$$

ここで，$L(q,\dot{q},t)$ は $L(q(t),\dot{q}(t),t)$ の略記，また

$$\delta\dot{q}_i \equiv \frac{d}{dt}\delta q_i(t) \tag{1.56}$$

である．(1.55)右辺の第2項は，部分積分を行ない(1.54)を考慮すると

$$\begin{aligned}\int_{t_1}^{t_2} dt\,\frac{\partial L(q,\dot{q},t)}{\partial \dot{q}_i(t)}\delta\dot{q}_i(t) &= -\int_{t_1}^{t_2} dt\,\frac{d}{dt}\left(\frac{\partial L(q,\dot{q},t)}{\partial \dot{q}_i(t)}\right)\delta q_i(t)+\frac{\partial L(q,\dot{q},t)}{\partial \dot{q}_i(t)}\delta q_i(t)\bigg|_{t_1}^{t_2}\\ &= -\int_{t_1}^{t_2} dt\left(\frac{\partial L(q,\dot{q},t)}{\partial \dot{q}_i(t)}\right)\delta q_i(t)\end{aligned} \tag{1.57}$$

となるから，結局

$$\delta S = -\int_{t_1}^{t_2} dt\,\sum_i\left\{\frac{d}{dt}\frac{\partial L(q,\dot{q},t)}{\partial \dot{q}_i(t)}-\frac{\partial L(q,\dot{q},t)}{\partial q_i(t)}\right\}\delta q_i(t) \tag{1.58}$$

が導かれる．右辺の被積分関数は Euler-Lagrange の方程式

$$\frac{d}{dt}\frac{\partial L(q,\dot{q},t)}{\partial \dot{q}_i(t)}-\frac{\partial L(q,\dot{q},t)}{\partial q_i(t)} - 0 \tag{1.59}$$

の左辺に仮想変位 δq_i をかけ i について和をとったものである．それゆえ，t_1

$<t<t_2$ において $\delta q_i(t)$ $(i=1,2,\cdots,n)$ が任意であるならば

$$\delta S = 0 \tag{1.60}$$

という条件は，上記の時間区間において Euler-Lagrange の方程式が成立することと等価であることが分かる．変数としての関数形の微小変化による汎関数の変化を，その汎関数の **変分**(variation)という．これは通常の関数の場合の微分に相当するもので，変分がゼロということは極大極小を含めて汎関数が停留値をとることに他ならない．すなわちわれわれは次のようにいうことができる．

> 配位空間において，時刻 t_1 に点 $\mathrm{P}_1=(q_1(t_1), q_2(t_1), \cdots, q_n(t_1))$ を通り時刻 t_2 に点 $\mathrm{P}_2=(q_1(t_2), q_2(t_2), \cdots, q_n(t_2))$ に達する軌道が，系の運動方程式によって実現される場合，この軌道は t をパラメーターとして 2 点 $\mathrm{P}_1, \mathrm{P}_2$ を結ぶ曲線のうちで作用 S に停留値をとらせるものとなる．

これを **Hamilton の原理**(Hamilton's principle)あるいは**作用原理**(action principle)という．一般にこれは**変分原理**(variational principle)といわれるものの 1 つであって，自然現象のなかにはこの種の原理によって記述されるものがしばしばある．有名な例は幾何光学における Fermat の原理で，「光は最小の時間に到達し得るような経路を選ぶ」として知られている．一見，予定調和とも見られるこのような原理が広く成り立つ理由については，恐らく深い意味があるのであろうが，よく分かっていない．

Hamilton の原理の応用として，循環座標が消去された Lagrange 関数をどのように構成するかを考えてみよう．q_1 を循環座標とすれば(1.50)により

$$\frac{\partial L}{\partial \dot{q}_1} = C \tag{1.61}$$

ただし，(1.61)は $\dot{q}_1$ について解くことができて，その結果

$$\dot{q}_1 = f(q_2, q_3, \cdots, q_n, \dot{q}_2, \dot{q}_3, \cdots, \dot{q}_n, t) \tag{1.62}$$

とかかれたとする．以下では，関数

$$F \equiv F(q_2, q_3, \cdots, q_n, \dot{q}_1, \dot{q}_2, \cdots, \dot{q}_n, t) \tag{1.63}$$

に(1.62)を代入し，$\dot{q}_1$ を消去したものを便宜上アンダーラインをつけて $\underline{F}$ とかくことにしよう．このとき(1.55)により

$$\begin{aligned}\int_{t_1}^{t_2} dt\, \delta\underline{L} &= \sum_{i=1}^{n}\int_{t_1}^{t_2} dt \underline{\left\{\frac{\partial L(q,\dot{q},t)}{\partial q_i(t)}\delta q_i(t) + \frac{\partial L(q,\dot{q},t)}{\partial \dot{q}_i(t)}\delta\dot{q}_i(t)\right\}} \\ &= C\int_{t_1}^{t_2} dt\, \underline{\delta\dot{q}_1(t)} \\ &\quad + \sum_{i=2}^{n}\int_{t_1}^{t_2} dt \left\{\underline{\left(\frac{\partial L(q,\dot{q},t)}{\partial q_i}\right)}\delta q_i(t) + \underline{\left(\frac{\partial L(q,\dot{q},t)}{\partial \dot{q}_i(t)}\right)}\delta\dot{q}_i\right\}\end{aligned} \tag{1.64}$$

ここで右辺第1項は $i=1$ からの寄与で，$\partial L/\partial q_1 = 0$ および(1.61)が用いられた．いうまでもなく，ここでの δ 記号は，$q_i(t) \to q_i(t) + \delta q_i(t)$ $(i=2,3,\cdots,n)$ なる変換によって生じた微小変化を示すもので，$\underline{\delta\dot{q}_1(t)}$ は(1.62)により

$$\underline{\delta\dot{q}_1} = \delta f \tag{1.65}$$

となる．ゆえにこれを(1.64)に代入し，右辺第2項で部分積分を行なえば

$$\int_{t_1}^{t_2} dt\, \delta(\underline{L} - Cf) = -\int_{t_1}^{t_2} dt \sum_{i=2}^{n}\left\{\frac{d}{dt}\underline{\left(\frac{\partial L(q,\dot{q},t)}{\partial \dot{q}_i(t)}\right)} - \underline{\left(\frac{\partial L(q,\dot{q},t)}{\partial q_i(t)}\right)}\right\}\delta q_i(t) \tag{1.66}$$

ここでは

$$\delta q_i(t_1) = \delta q_i(t_2) = 0 \qquad (i=2,3,\cdots,n) \tag{1.67}$$

を使った*．(1.66)の右辺の $\{\cdots\}$ の部分は，$i=2,3,\cdots,n$ に対する Euler-Lagrange の方程式の左辺に，q_1 に対する Euler-Lagrange 方程式から導かれた(1.62)を代入して，$\dot{q}_1$ を消去したものに他ならない．よってこの括弧の部分はゼロ，すなわち

$$\int_{t_1}^{t_2} dt\, \delta(\underline{L} - Cf) = 0 \tag{1.68}$$

---

* ここでは(1.62)により q_1 の自由度を消去した理論をつくろうとしているわけで，n 個の q_i が独立変数のときに仮定した $\delta q_1(t_1) = \delta q_1(t_2) = 0$ を用いることは許されない．実際(1.62)より $\delta q_1(t_1) - \delta q_1(t_2) = \int_{t_1}^{t_2} dt\, \delta f$ である．

を得る．また逆に(1.68)を仮定すれば，$\delta q_i(t)$ $(i=2,3,\cdots,n)$ は $t_1<t<t_2$ において任意の無限小量として扱えるので，この時間区間において(1.66)の右辺の $\{\cdots\}$ の部分はゼロ，ゆえに求めるべき方程式に到達する．したがって

$$\mathscr{L}(q_2,q_3,\cdots,q_n,\dot{q}_2,\dot{q}_3,\cdots,\dot{q}_n,t)\equiv \underline{L}-Cf \tag{1.69}$$

は，q_1 の自由度を消去した系での Lagrange 関数とみなすことができ，その変分原理は(1.68)で与えられる．$\mathscr{L}$ は**修正された Lagrange 関数**(modified Lagrangian)とよばれる．

もうひとつの応用として，Lagrange 関数が $\dot{q}_1$ を含んでいない場合を調べてみよう．このとき q_1 に対する Euler-Lagrange の方程式は

$$\frac{\partial L}{\partial q_1}=0 \tag{1.70}$$

ただし，$\partial^2 L/\partial q_1^2 \neq 0$ であって(1.70)は q_1 について解くことができるとする．その解を

$$q_1=g(q_2,q_3,\cdots,q_n,\dot{q}_2,\dot{q}_3,\cdots,\dot{q}_n,t) \tag{1.71}$$

として，$G=G(q_1,q_2,\cdots,q_n,\dot{q}_2,\dot{q}_3,\cdots,\dot{q}_n,t)$ に上式を代入して q_1 を消去したものを今度は $\overline{G}$ とかく．ここで $\partial L/\partial \dot{q}_1=0$ および(1.70)を考慮すれば

$$\begin{aligned}\int_{t_1}^{t_2}dt\,\delta\overline{L} &= \int_{t_1}^{t_2}dt\sum_{i=2}^{n}\left\{\overline{\left(\frac{\partial L(q,\dot{q},t)}{\partial q_i(t)}\right)}\delta q_i(t)+\overline{\left(\frac{\partial L(q,\dot{q},t)}{\partial \dot{q}_i(t)}\right)}\delta \dot{q}_i(t)\right\}\\ &= -\int_{t_1}^{t_2}dt\sum_{i=2}^{n}\left\{\frac{d}{dt}\overline{\left(\frac{\partial L(q,\dot{q},t)}{\partial \dot{q}_i(t)}\right)}-\overline{\left(\frac{\partial L(q,\dot{q},t)}{\partial q_i(t)}\right)}\right\}\delta q_i(t)\end{aligned} \tag{1.72}$$

ここでは部分積分と境界条件(1.67)を用いた．その結果 q_1 の自由度を消去した修正された Lagrange 関数として

$$\mathsf{L}(q_2,q_3,\cdots,q_n,\dot{q}_2,\dot{q}_3,\cdots,\dot{q}_n,t)=\overline{L} \tag{1.73}$$

が導かれる．

このようにして，物理量としての直接の意味をもたないオフシェル的な量である Lagrange 関数から，Hamilton の原理を媒介として，運動方程式を導いた．あとでもまたみるようにこのような Lagrange 関数のオフシェル的な性格は大切であって，これを壊すような，例えば運動方程式の解を Lagrange 関

数の中で用いるというようなことはやってはならない．

最後に，(1.51)の Lagrange 関数 $\tilde{L}$ についてふれておこう．$\tilde{L}$ から作用積分をつくると

$$\int_{t_1}^{t_2} dt\,\tilde{L} = \int_{t_1}^{t_2} dt\,L - W(q(t_1), t_1) + W(q(t_2), t_2) \tag{1.74}$$

となる．ゆえに(1.54)を考慮するとき

$$\delta\int_{t_1}^{t_2} dt\,\tilde{L} = \delta\int_{t_1}^{t_2} dt\,L \tag{1.75}$$

となって，Hamilton の原理に関しては，$\tilde{L}$ と L とはまったく同等であり，Lagrange 関数として両者を区別する根拠は存在しない．この構造は 1-6 節でも議論される．

1-4 変数変換

Lagrange 関数 q_i は，任意に設定された時間間隔 $[t_2, t_1]$ $(t_2 > t_1)$ における関数である．力学における変数変換，例えば直交座標系から極座標系へ，あるいは慣性系から非慣性系への変数変換などは，すべて $[t_2, t_1]$ の上での関数の変換であって，具体的にはこの時間間隔での関数のセット $(q_1, q_2, \cdots, q_n)$ から $(q_1', q_2', \cdots, q_n')$ への変換

$$(q_1, q_2, \cdots, q_n) \to (q_1', q_2', \cdots, q_n') \tag{1.76}$$

によって与えられる．あるいは時間 t をあらわにかくならば

$$(q_1(t), q_2(t), \cdots, q_n(t)) \to (q_1'(t), q_2'(t), \cdots, q_n'(t)) \tag{1.77}$$

である．

変換についてのもう 1 つの大切な要求は，逆変換の存在である．これが保証されていないと，変換の前後における 2 つの記述の同等性が失われてしまうからである．以下で変換という言葉を使う場合には，とくに断わりがない限り，それの逆変換の存在は前提とされているものとする．

とくに $(q_1, q_2, \cdots, q_n)$ と $(q_1', q_2', \cdots, q_n')$ の関係が

$$q_i'(t) = q_i'(q, t)$$
$$\equiv q_i'(q_1(t), q_2(t), \cdots, q_n(t), t) \qquad (i=1,2,\cdots,n) \quad (1.78)$$

で与えられる場合，この変換は**点変換**(point transformation)とよばれる．これは時間微分などは含まない時刻 t における変数の関係である．

いま i 行 j 列の要素が a_{ij} $(i,j=1,2,\cdots,n)$ の行列を $\|a_{ij}\|$, その行列式を $\det\|a_{ij}\|$ とかくことにすれば，(1.78)の逆変換の存在から陰関数定理により

$$\det\left\|\frac{\partial q_i'}{\partial q_j}\right\| \neq 0 \quad \text{かつ} \quad \text{有限} \qquad (1.79)$$

あるいはこれと同等であるが，$\sum_{k=1}^{n}(\partial q_i'/\partial q_k)(\partial q_k/\partial q_j')=\delta_{ij}$ であることから

$$\det\left\|\frac{\partial q_i}{\partial q_j'}\right\| \neq 0 \quad \text{かつ} \quad \text{有限} \qquad (1.80)$$

でなければならない．(1.78)の逆関数を

$$q_i(t) = q_i(q', t)$$
$$\equiv q_i(q_1'(t), q_2'(t), \cdots, q_n'(t), t) \qquad (1.81)$$

とかく．

(1.81)を用いて Lagrange 関数 $L(q, \dot{q}, t)$ から，$L'(q', \dot{q}', t)$ を次式で定義しよう．

$$L'(q'(t), \dot{q}'(t), t) \equiv L(q(t), \dot{q}(t), t) \qquad (1.82)$$

このとき，両辺を t_1 から t_2 まで積分し変分をとってみよう．

$$\int_{t_1}^{t_2} dt\, \delta L'(q', \dot{q}', t) = \int_{t_1}^{t_2} dt\, \delta L(q, \dot{q}, t) \qquad (1.83)$$

よって，(1.55)を導いたのと同様にして

$$\sum_i \int_{t_1}^{t_2} dt \left\{\frac{\partial L'(q', \dot{q}', t)}{\partial q_i'(t)}\delta q_i'(t) + \frac{\partial L'(q', \dot{q}', t)}{\partial \dot{q}_i'(t)}\delta \dot{q}_i'(t)\right\}$$
$$= \sum_i \int_{t_1}^{t_2} dt \left\{\frac{\partial L(q, \dot{q}, t)}{\partial q_i(t)}\delta q_i(t) + \frac{\partial L(q, \dot{q}, t)}{\partial \dot{q}_i(t)}\delta \dot{q}_i(t)\right\} \qquad (1.84)$$

が得られる．ここで両辺の第 2 項をそれぞれ部分積分し，(1.81)から導かれる関係

$$\delta q_i'(t) = \sum_j \frac{\partial q_i'(t)}{\partial q_j(t)} \delta q_j(t) \tag{1.85}$$

を用いれば，(1.84)は

$$\begin{aligned} &\sum_j \int_{t_1}^{t_2} dt \left\{ \sum_i \frac{\partial q_i'(t)}{\partial q_j(t)} \left(\frac{d}{dt} \frac{\partial L'(q', \dot{q}', t)}{\partial \dot{q}_i'(t)} - \frac{\partial L'(q', \dot{q}', t)}{\partial q_i'(t)} \right) \right. \\ &\qquad \left. - \left(\frac{d}{dt} \frac{\partial L(q, \dot{q}, t)}{\partial \dot{q}_j(t)} - \frac{\partial L(q, \dot{q}, t)}{\partial q_j(t)} \right) \right\} \delta q_j(t) \\ &= \sum_i \left(\frac{\partial L'(q', \dot{q}', t)}{\partial \dot{q}_i'(t)} \delta q_i'(t) - \frac{\partial L(q, \dot{q}, t)}{\partial \dot{q}_i(t)} \delta q_i(t) \right) \Bigg|_{t_1}^{t_2} \end{aligned} \tag{1.86}$$

となる．ここでは(1.54)のような境界条件は用いられていないことに注意しよう．このとき，(1.82)により

$$\frac{\partial L'(q', \dot{q}', t)}{\partial \dot{q}_i'(t)} = \sum_j \frac{\partial L(q, \dot{q}, t)}{\partial \dot{q}_j(t)} \frac{\partial \dot{q}_j(t)}{\partial \dot{q}_i'(t)} = \sum_j \frac{\partial L(q, \dot{q}, t)}{\partial \dot{q}_j(t)} \frac{\partial q_j(t)}{\partial q_i'(t)}$$

が成り立つことを考慮し，(1.85)を用いると(1.86)の右辺は恒等的にゼロになる．しかも(1.86)の $\delta q_j(t)$ $(j=1,2,\cdots,n)$ は任意の無限小量であるから

$$\begin{aligned} &\sum_{i=1}^{n} \frac{\partial q_i'(t)}{\partial q_j(t)} \left(\frac{d}{dt} \frac{\partial}{\partial \dot{q}_i'(t)} - \frac{\partial}{\partial q_i'(t)} \right) L'(q', \dot{q}', t) \\ &= \left(\frac{d}{dt} \frac{\partial}{\partial \dot{q}_j(t)} - \frac{\partial}{\partial q_j(t)} \right) L(q, \dot{q}, t) \qquad (j=1,2,\cdots,n) \end{aligned} \tag{1.87}$$

が得られる．その導出からも分かるように，(1.87)は任意の $q_i(t)$ に対して成り立つ恒等式である．

ここで Lagrange 関数 $L(q, \dot{q}, t)$ を用いた Euler-Lagrange 方程式を $q_j(t)$ がみたしていれば(1.87)の右辺はゼロ，それゆえ左辺で(1.79)を考慮して

$$\frac{d}{dt} \frac{\partial L'(q', \dot{q}', t)}{\partial \dot{q}_i'(t)} - \frac{\partial L'(q', \dot{q}', t)}{\partial q_i'(t)} = 0 \tag{1.88}$$

が導かれる．逆に(1.88)が(1.87)で成り立っていれば，はじめの L を用いてかかれた Euler-Lagrange の方程式に到達する．すなわち L と L' はそれぞれ変数 q_i と q_i' に関して，相互に移行できる同等な役割を演じており，したがって(1.82)で定義された L' は，変数 q_i' を用いて表わされた Lagrange 関数とみ

なすことができる．いいかえれば，変換(1.77)が点変換であれば，これに対応したLagrange関数の変換 $L \to L'$ において，変換後のLagrange関数 L' は(1.82)によって与えられる．あるいは，点変換のもとでLagrange関数はスカラー量として変換するということができる．

このようにして，Lagrange関数が与えられたときわれわれは自由に点変換を行ない，これをLagrange形式の枠内において一貫して扱うことが可能となる．

簡単な点変換の例をひとつ述べておこう．慣性系において外力を受けずに自由に運動する質量 m の質点を，z 軸のまわりに一様な角速度 $\omega(>0)$ で回転する座標系から眺めてみる．質点の位置座標を慣性系と回転系のそれぞれで (x, y, z), (x', y', z') とすれば

$$
\begin{aligned}
x &= x' \cos \omega t - y' \sin \omega t \\
y &= x' \sin \omega t + y' \cos \omega t \\
z &= z'
\end{aligned}
\tag{1.89}
$$

よって，$V=0$ として，(1.19)で与えられる慣性系でのLagrange関数 $L = (m/2)(\dot{x}^2 + \dot{y}^2 + \dot{z}^2)$ は，(1.82)により

$$
L = L' = \frac{m}{2}(\dot{x}'^2 + \dot{y}'^2 + \dot{z}'^2) - m\omega(\dot{x}'y' - \dot{y}'x') + \frac{m}{2}\omega^2(x'^2 + y'^2)
\tag{1.90}
$$

これより，x', y', z' についてEuler-Lagrangeの方程式をつくると

$$
\begin{aligned}
m\ddot{x}' &= 2m\omega\dot{y}' + m\omega^2 x' \\
m\ddot{y}' &= -2m\omega\dot{x}' + m\omega^2 y' \\
m\ddot{z}' &= 0
\end{aligned}
\tag{1.91}
$$

が導かれる．もともと質点には力は作用していないが，回転系という非慣性系で眺めると，運動方程式の右辺は必ずしもゼロではなくなって，質点を含みかつ z 軸に垂直な面内に $(2m\omega\dot{y}', -2m\omega\dot{x}', 0)$ と $(m\omega^2 x', m\omega^2 y', 0)$ なる力が働いているかのような効果が生じてくる．これがいわゆるみかけの力で，前者が **Coriolis の力**，後者が**遠心力**である．回転軸(いまの場合は z 軸)方向の単位

長さのベクトルを $\boldsymbol{n}$，また回転系でみた質点の速度ベクトルを $\boldsymbol{v}'\equiv(\dot{x}',\dot{y}',\dot{z}')$ として，これらの力をベクトル記号で表わすと，Coriolis 力は $2m\omega(\boldsymbol{v}'\times\boldsymbol{n})$ となって速度ベクトルに垂直に，遠心力は $\boldsymbol{r}'=(x',y',z')$ とするとき $m\omega^2\boldsymbol{n}\times(\boldsymbol{r}'\times\boldsymbol{n})$ となる．ここに記号 × はベクトル積を表わす(図 1-1)．

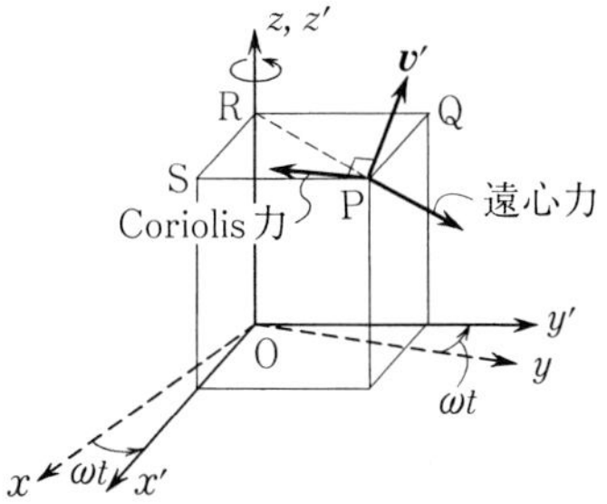

図 1-1 P は質点．遠心力，Coriolis 力のベクトルは，ともに xy 面に平行な平面内にある．

つぎに変換(1.77)が点変換ではない代表的な例として時間の原点を一定値だけずらすような変換を考えてみよう．時間軸上のある点が与えられた時間の原点から測って目盛 t の位置にあるとき，この点を原点の位置が時間軸の正の方向に a だけずれた所から測ると，その目盛は

$$t' = t-a \tag{1.92}$$

となる．原点をずらしたあとでの t' における一般化座標 $q_i'(t')$ とずらす前の座標 $q_i(t)$ は同じものだから(図 1-2)，$q_i'(t')=q_i(t)$，したがって(1.77)の右辺 $q_i'(t)$ は

$$q_i'(t) = q_i(t+a) \qquad (i=1,2,\cdots,n) \tag{1.93}^*$$

とかかれる．これは(1.78)で定義された点変換ではない．さて $q_i(t)=q_i'(t')$ を用いれば，オフシェル的な関係を記述する恒等式として

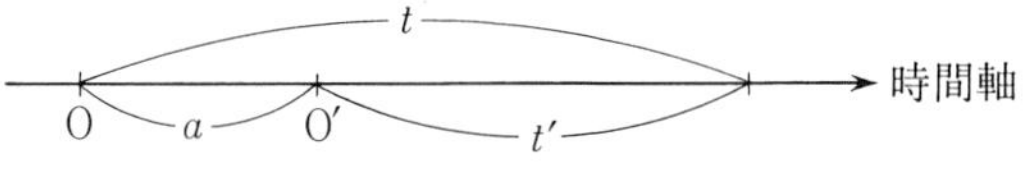

図 1-2 O, O′ はそれぞれ変換の前および後での時間座標の原点．

* $q_i(t)$, $q_i'(t)$ を $[t_2, t_1]$ $(t_2>t_1)$ で扱うためには，両者をより広い時間領域，例えば $[t_2+|a|, t_1-|a|]$ を含む領域で定義しておかなければならない．

$$\frac{d}{dt}\frac{\partial L(q(t),\dot{q}(t),t)}{\partial \dot{q}_i(t)}-\frac{\partial L(q(t),\dot{q}(t),t)}{\partial q_i(t)}$$
$$=\frac{d}{dt'}\frac{\partial L(q'(t'),\dot{q}'(t'),t'+a)}{\partial \dot{q}'_i(t')}-\frac{\partial L(q'(t'),\dot{q}'(t'),t'+a)}{\partial q'_i(t')} \quad (1.94)$$

が得られる．ただし $\dot{q}'_i(t')\equiv dq'_i(t')/dt'$．それゆえ

$$L'(q'(t),\dot{q}'(t),t) \equiv L(q'(t),\dot{q}'(t),t+a) \quad (1.95)$$

とするならば，$q_i(t)$ がオンシェルにあるとき，(1.94)の右辺からこれと同等なものとして

$$\frac{d}{dt}\frac{\partial L'(q'(t),\dot{q}'(t),t)}{\partial \dot{q}'_i(t)}-\frac{\partial L'(q'(t),\dot{q}'(t),t)}{\partial q'_i(t)}=0 \quad (1.96)$$

が導かれる．すなわち時間の原点の位置がずれている系での Lagrange 関数 L' は(1.95)によって与えられるとみなされる．この結果はまた L について作用積分を下のように書きかえることによっても導くことができる．

$$\int_{t_1}^{t_2} dt\, L(q(t),\dot{q}(t),t) = \int_{t_1-a}^{t_2-a} dt'\, L(q'(t'),\dot{q}'(t'),t'+a)$$
$$= \int_{t_1-a}^{t_2-a} dt'\, L'(q'(t'),\dot{q}'(t'),t')$$

すなわち，一方の変分原理は他方の変分原理を与えている．

(1.92)を一般化して

$$t = Q(\tau) \quad (1.97)$$

なる変換を考えよう．すなわち時刻 t の代わりに τ を時間の目盛とするような理論を考える．ただし t と τ に 1 対 1 の対応をつけ，また時間の流れの向きを保つために $dQ(\tau)/d\tau>0$ を仮定する．1 つの時点を t と τ のそれぞれの目盛の時計で読むわけであるから，このときもまた

$$q'_i(\tau) = q_i(t) \qquad (i=1,2,\cdots,n) \quad (1.98)$$

とかいてよい．したがって

$$\dot{q}_i(t) = \frac{d\tau}{dt}\frac{dq'_i(\tau)}{d\tau} = \frac{dq'_i(\tau)}{d\tau}\bigg/\frac{dQ(\tau)}{d\tau} = \mathring{q}'_i(\tau)/\mathring{Q}(\tau) \quad (1.99)$$

ここでは τ 微分については，t 微分との混乱を避けるために $\circ$ の記号を用いた．すなわち $\mathring{F}(\tau)\equiv dF(\tau)/d\tau$．さて，作用積分の書き換えを行なおう．(1.98)，(1.99)より

$$\int_{t_1}^{t_2} dt\, L(q(t),\dot{q}(t),t) = \int_{\tau_1}^{\tau_2} d\tau\, \mathring{Q}(\tau) L(q'(\tau),\mathring{q}'(\tau)/\mathring{Q}(\tau),Q(\tau))$$
$$= \int_{\tau_1}^{\tau_2} d\tau\, L_Q(q'(\tau),\mathring{q}'(\tau)) \qquad (1.100)$$

ここで，$\tau_a\equiv Q^{-1}(t_a)$ $(a=1,2)$ かつ

$$L_Q(q'(\tau),\mathring{q}'(\tau)) \equiv \mathring{Q}(\tau)L(q'(\tau),\mathring{q}'(\tau)/\mathring{Q}(\tau),Q(\tau)) \qquad (1.101)$$

であって，われわれはこれを変換後の系の Lagrange 関数とみなしてよい．実際，(1.100)の両辺を変分すれば

$$\frac{d}{d\tau}\frac{\partial L_Q(q'(\tau),\mathring{q}'(\tau))}{\partial \mathring{q}_i'(\tau)} - \frac{\partial L_Q(q'(\tau),\mathring{q}'(\tau))}{\partial q_i'(\tau)} = 0 \qquad (i=1,2,\cdots,n)$$
$$(1.102)$$

が，$L(q(t),\dot{q}(t),t)$ を用いてかかれた Euler-Lagrange の方程式と同等であるのは直ちに分かる．

このようにして，われわれは(1.97)を媒介とし時間 t の代わりに τ をパラメーターとする Lagrange 形式に到達した．t は τ のある与えられた単調増加関数である．しかしここで，t は τ の関数ではあるが，$q_i'(\tau)$ と同様の力学変数とみなしたらどうなるかを考えてみよう．ただし，$q_i'(\tau)$ についてはこれまで通りの議論ができるように，Lagrange 関数としては(1.101)で与えられる L_Q を用いることにし，そこでは $Q(\tau)$ は与えられた決まった関数ではなく，オフシェル的な量として例えば変分原理においては $q_i'(\tau)$ と同様に $Q(\tau)\to Q(\tau)+\delta Q(\tau)$ なる変換を受ける*．その結果として導かれる Euler-Lagrange の方程式は $q_i'(\tau)$ に関しては(1.102)，また $Q(\tau)$ に関しては

---

* オフシェルといっても完全に任意ではなく，(1.101)の右辺が定義できるために，$\mathring{Q}\neq 0$ は仮定されている．

$$\frac{d}{d\tau}\frac{\partial L_Q(q'(\tau),\mathring{q}'(\tau))}{\partial \mathring{Q}(\tau)}-\frac{\partial L_Q(q'(\tau),\mathring{q}'(\tau))}{\partial Q(\tau)}=0 \qquad (1.103)$$

である．そこでこれら $n+1$ 個の方程式を(1.101)を用いてかき換えよう．まず，(1.102)は若干の計算によって

$$\left[\frac{d}{d\tau}\frac{\partial L(q'(\tau),x(\tau),Q(\tau))}{\partial x_i(\tau)}-\mathring{Q}(\tau)\frac{\partial L(q'(\tau),x(\tau),Q(\tau))}{\partial q_i'(\tau)}\right]_{x_i(\tau)=\mathring{q}_i'(\tau)/\mathring{Q}(\tau)}$$
$$=0 \qquad (i=1,2,\cdots,n) \qquad (1.104)$$

となることが分かる．他方，(1.103)の左辺はていねいに計算をすると

$$(1.103)\text{の左辺} = -\sum_i \frac{\mathring{q}_i'(\tau)}{\mathring{Q}(\tau)}\left[\frac{d}{d\tau}\frac{\partial L(q'(\tau),x(\tau),Q(\tau))}{\partial x_i(\tau)}\right.$$
$$\left.-\mathring{Q}(\tau)\frac{\partial L(q'(\tau),x(\tau),Q(\tau))}{\partial q_i'(\tau)}\right]_{x_i(\tau)=\mathring{q}_i'(\tau)/\mathring{Q}(\tau)} \qquad (1.105)$$

となり，ここに(1.104)を用いれば(1.103)は自動的に成立している．したがって，(1.104)の n 個の方程式だけが独立となり，$n+1$ 個の $q_1'(\tau), q_2'(\tau), \cdots, q_n'(\tau), Q(\tau)$ の関数形をその解として決めることはできない．もともと $Q(\tau)$ として，$\mathring{Q}(\tau)\neq 0$ という制約はあるものの，いわば勝手に選んだ関数にも適用できるように理論をかき換えたわけであるから，この結果は当然といえる．そして，この不定関数 $Q(\tau)$ を t とおき，τ の代わりに t を用いて $q_i(t)\equiv q_i'(\tau)$ とかくならば，(1.104)ははじめの $L(q(t),\dot{q}(t),t)$ を用いてかかれた Euler-Lagrange の方程式に帰着する．その意味では $Q(\tau)$ を力学変数とみなすような一般化を行なってみても新しい内容が何も盛り込まれたわけではない．しかし，このような形に理論をかいておくと便利なこともある．それについては次の節の中で述べよう．

1-5 Noether の定理

自然現象を特徴づけるもののひとつに**対称性**(symmetry)という性質がある．系を記述する変数に対してある変数変換を行なった場合，系の記述の方式，た

とえば，運動方程式の形あるいはLagrange関数の関数形が変換前と同じであるならば，このときの運動方程式あるいはLagrange関数は，この変換で**不変**(invariant)，または**対称**(symmetric)であるという．

この節で述べようとするのは，とくに無限小の変数変換でLagrange関数が不変の場合であって，このとき不変性に対応した積分定数を1個見出すことができる．いま無限小変換を

$$q_i'(t) = q_i(t) + \bar{\delta}q_i(t) \qquad (i=1,2,\cdots,n) \tag{1.106}$$

とかこう．$\bar{\delta}q_i(t)$は任意の無限小実パラメーターϵに比例するある与えられた量である．(1.106)に対応するLagrange関数の変化は

$$\begin{aligned}\bar{\delta}L(q,\dot{q},t) &= L(q'(t),\dot{q}'(t),t) - L(q(t),\dot{q}(t),t) \\ &= \sum_{i=1}^{n}\left(\frac{\partial L(q,\dot{q},t)}{\partial q_i(t)}\bar{\delta}q_i(t) + \frac{\partial L(q,\dot{q},t)}{\partial \dot{q}_i(t)}\bar{\delta}\dot{q}_i(t)\right) \\ &= \sum_{i=1}^{n}\frac{d}{dt}\left(\frac{\partial L(q,\dot{q},t)}{\partial \dot{q}_i(t)}\bar{\delta}q_i(t)\right) \\ &\quad - \sum_{i=1}^{n}\bar{\delta}q_i(t)\left(\frac{d}{dt}\frac{\partial}{\partial \dot{q}_i(t)} - \frac{\partial}{\partial q_i(t)}\right)L(q,\dot{q},t)\end{aligned} \tag{1.107}$$

となる．いうまでもなく，$L(q,\dot{q},t)$は$L(q(t),\dot{q}(t),t)$の略記，また$\bar{\delta}\dot{q}_i(t) = d(\bar{\delta}q_i(t))/dt$である．

ここで(1.106)が点変換の場合を考えよう．このときには，変換の前後でのLagrange関数の間は(1.82)が成立する．したがって，ϵを任意の実パラメーターとして$\bar{\delta}q_i(t)$が

$$\bar{\delta}q_i(t) = \epsilon S_i(q(t),t) \tag{1.108}$$

とかかれるとき，もし変換の前後のLagrange関数の関数形が同じ(これを**Lagrange関数が不変**であるという)，すなわち

$$L'(q'(t),\dot{q}'(t),t) = L(q'(t),\dot{q}'(t),t) \tag{1.109}$$

であるならば，(1.107)の左辺は(1.82)によりゼロ，よって

$$\frac{d}{dt}\sum_{i=1}^{n}\left(\frac{\partial L(q,\dot{q},t)}{\partial \dot{q}_i(t)}S_i\right) = \sum_{i=1}^{n}S_i\left(\frac{d}{dt}\frac{\partial}{\partial \dot{q}_i(t)} - \frac{\partial}{\partial q_i(t)}\right)L(q,\dot{q},t) \tag{1.110}$$

なる関係を得る．この式は $q_i(t)$ の関数形とは無関係に成立する恒等式であることに注意しよう．ここで $q_i(t)$ をオンシェルにおき，運動方程式(1.59)を用いると(1.110)の右辺はゼロ，したがって

$$\sum_{i=1}^{n} \frac{\partial L(q,\dot{q},t)}{\partial \dot{q}_i(t)} S_i = C \quad (\text{定数}) \tag{1.111}$$

となり，積分定数が導かれる．

一般に $\varphi(q,\dot{q},t)$ が定数，つまり $d\varphi(q,\dot{q},t)/dt$ が運動方程式を用いた場合ゼロになるときは，$\varphi(q,\dot{q},t)$ は，**保存量**(conserved quantity)，あるいは**運動の定数**(constant of motion)，または**運動の積分**(integral of motion)とよばれる．(1.111)の左辺が保存量であることはいうまでもない．

上の結果をまとめておこう．

定理 1-1 ϵ を無限小パラメーターとする点変換

$$q_i(t) \to q_i'(t) = q_i(t) + \epsilon S_i(q,t) \qquad (i=1,2,\cdots,n) \tag{1.112}$$

のもとで，Lagrange 関数が不変であるならば

$$I = \sum_{i=1}^{n} \frac{\partial L(q,\dot{q},t)}{\partial \dot{q}_i(t)} S_i(q,t) \tag{1.113}$$

は保存量となる．

Lagrange 関数が不変であるならば運動方程式は不変，つまり(1.109)から分かるように，q_i および q_i' でかかれたそれぞれの運動方程式は不変になる．しかし，運動方程式を不変にする変換が必ずしも Lagrange 関数を不変にしないことに注意しなければならない．たとえば，調和振動子の運動方程式 $\ddot{q}+\omega^2 q=0$ は，無限小変換 $q \to q'=(1+\epsilon)q$ で不変であるが，Lagrange 関数 $L=(\dot{q}^2+\omega^2 q^2)/2$ を不変にしていない．このようなことが起こるのは，運動方程式がオンシェルでの振舞いだけを規定しているのに対し，すでに述べたように Lagrange 関数にはオンシェル以外のオフシェル的な情報も含まれており，Lagrange 関数の不変性にはこのような部分についての不変性までが要求されるため，そのときの変換に運動方程式の場合よりも強い制約が課せられること

になるからである．無限小変換のもとでの不変性が保存量と関連づけられるのは，Lagrange 関数の不変性(より一般的には下に述べるような，準不変性)であって，必ずしも運動方程式の不変性ではない．この点でも Lagrange 関数の役割は重要である．

1-3 節で，Lagrange 関数 L と(1.51)で定義された $\tilde{L}$ は少なくとも変分原理に関しては同等であることを述べた．両者の同等性については，次節でさらに立ち入った議論がなされるが，この観点から，変換(1.112)のもとでの Lagrange 関数の不変性(1.109)をさらに一般化して

$$\tilde{L}(q'(t),\dot{q}'(t),t) = L(q'(t),\dot{q}'(t),t)-\epsilon\frac{d}{dt}W(q'(t),t) \tag{1.114}$$

とかき，このとき Lagrange 関数は**準不変**(quasi-invariant)であるということにしよう．(1.82)を用いて ϵ の 1 次までをとれば

$$\delta L = L(q',\dot{q}',t)-L(q,\dot{q},t) = \epsilon\frac{d}{dt}W(q,t) \tag{1.115}$$

を得る．よって(1.107)より定理 1-1 の系として次の結果が導かれることは容易に分かる．

> **系 1-1**　無限小点変換(1.112)のもとで Lagrange 関数が準不変性(1.114)に従うならば
>
> $$I = \sum_{i=1}^{n}\frac{\partial L(q,\dot{q},t)}{\partial\dot{q}_i(t)}S_i - W(q,t) \tag{1.116}$$
>
> は保存量である．

準不変性の例はいろいろあるが，最も簡単な 1 例として一様な重力のもとでの質点の鉛直方向の運動を考えよう．このとき $L=\dfrac{m}{2}\dot{x}^2-mgx$，それゆえ $x\to x+\epsilon$ なる変換で $\delta L=-\epsilon\dfrac{d}{dt}(mgt)$ となり，保存量として $I=m(\dot{x}+gt)$ が得られる．

系 1-1 を含め定理 1-1 は **Noether の定理**といわれる．また，この定理から得られる保存量は **Noether の保存量**，またはしばしば **Noether 電荷**(Noether charge)ともよばれる．あとの名称は，場の理論において Noether の定理の典型的な結果として電荷の保存則が導かれる* ことに由来する．

q_j が循環座標のときは，この変数は Lagrange 関数に時間微分をした形でのみ含まれるゆえ，$q_j \to q_j + \epsilon$ で Lagrange 関数は不変，よって Noether の定理により $\partial L/\partial \dot{q}_j$ は保存量となる．これはすでに得られた(1.50)に他ならない．

以下 Noether の定理によく用いられる点変換の例を若干あげておく．

（i） 座標系の平行移動

N 個の質点からなる系を考えよう．ただし系にはホロノミックな拘束条件が課せられていてもよく，各質点の位置ベクトル $\boldsymbol{r}_a = (x_a, y_a, z_a)$ $(a=1, 2, \cdots, N)$ は n 個の一般化座標 $q_1, q_2, \cdots, q_n$ をもって(1.27)のように表わされているとする．いま変換(1.112)において S_i を適当にとったとき

$$\begin{cases} x_a \to x'_a = x_a(q', t) = x_a(q, t) - \epsilon \\ y_a \to y'_a = y_a(q', t) = y_a(q, t) \\ z_a \to z'_a = z_a(q', t) = z_a(q, t) \end{cases} \qquad (a=1, 2, \cdots, N) \qquad (1.117)$$

となったとしよう．このときの変換(1.112)は，x 方向への距離 ϵ の**平行移動** (parallel displacement)または**並進**とよばれる．x_a の変化 $-\epsilon$ は q_i が(1.108)で与えられた $\bar{\delta} q_i$ だけ変化したことによるものゆえ $-\epsilon = \sum_i (\partial x_a/\partial q_i)\bar{\delta} q_i$，同様にして $0 = \sum_i (\partial y_a/\partial q_i)\bar{\delta} q_i = \sum_i (\partial z_a/\partial q_i)\bar{\delta} q_i$ でなければならない．したがって，ここに(1.108)を用いるとき，(1.117)が成り立つためには，S_i は

$$\begin{cases} \displaystyle\sum_i \frac{\partial x_a}{\partial q_i} S_i = -1 \\ \displaystyle\sum_i \frac{\partial y_a}{\partial q_i} S_i = \sum_i \frac{\partial z_a}{\partial q_i} S_i = 0 \end{cases} \qquad (a=1, 2, \cdots, N) \qquad (1.118)$$

を満足しなければならない．

このときもし Lagrange 関数が x 軸方向への平行移動の変換で不変であるとするならば，上記の S_i を用いて表わされた(1.113)は保存量となる．この保

* 本講座第 5 巻，大貫義郎：場の量子論，第 3 章参照．

存量の物理的な意味を考えてみよう．話を具体的にするために，Lagrange関数 $L(q,\dot{q},t)$ は

$$\mathcal{L}(\boldsymbol{r},\dot{\boldsymbol{r}},t)=\frac{1}{2}\sum_{a=1}^{N}m_a\dot{\boldsymbol{r}}_a^2-V(\boldsymbol{r},t) \tag{1.119}$$

に(1.27)を用いて得られたものとする．すなわち $L(q,\dot{q},t)=\mathcal{L}(\boldsymbol{r},\dot{\boldsymbol{r}},t)$ である．(1.27)はホロノミックな拘束条件があればそれを消去した結果であるから $n\leqq 3N$ と考えてよい．ところで，$\partial\dot{\boldsymbol{r}}_a/\partial\dot{q}_i=\partial\boldsymbol{r}_a/\partial q_i$ を考慮すれば

$$\begin{aligned}\frac{\partial L(q,\dot{q},t)}{\partial\dot{q}_i}&=\sum_a\left(\frac{\partial\dot{x}_a}{\partial\dot{q}_i}\frac{\partial}{\partial\dot{x}_a}+\frac{\partial\dot{y}_a}{\partial\dot{q}_i}\frac{\partial}{\partial\dot{y}_a}+\frac{\partial\dot{z}_a}{\partial\dot{q}_i}\frac{\partial}{\partial\dot{z}_a}\right)\mathcal{L}(\boldsymbol{r},\dot{\boldsymbol{r}},t)\\&=\sum_a m_a\left(\frac{\partial x_a}{\partial q_i}\dot{x}_a+\frac{\partial y_a}{\partial q_i}\dot{y}_a+\frac{\partial z_a}{\partial q_i}\dot{z}_a\right)\end{aligned} \tag{1.120}$$

を得る．それゆえ両辺に S_i をかけて i について和をとり(1.118)を用いると

$$\sum_i\frac{\partial L}{\partial\dot{q}_i}S_i=-\sum_a m_a\dot{x}_a \tag{1.121}$$

すなわち右辺は系の全運動量の x 成分(にマイナス符号をつけたもの)になっている．それゆえ，少なくともここで扱ったLagrange関数に関しては，それが x 軸方向への平行移動の変換で不変であるならば，全運動量の x 成分は保存することが分かる．

y 軸方向あるいは z 軸方向への平行移動の変換に関しても同様の議論を行なうことができる．そうしてもし，x 軸，y 軸，z 軸のそれぞれの方向への平行移動の変換で前記のLagrange関数が不変であるならば，3次元ベクトルとしての系の全運動量は保存することになる．平行移動の変換は，3次元空間に設けられたDescartes座標系のその座標軸の向きを変えずに座標の原点を移動させる変換である．それゆえ，このような変換のもとでの不変性は，系の記述が座標原点をどこにとるかとは無関係にできることを意味し，いわば空間が一様であることが運動量の保存則を保証するといえる．

(ii) 座標系の回転

z 軸を固定したまま，これを軸として座標系の回転を行ない，x 軸，y 軸の

向きを変える変換を，**z 軸のまわりの回転**，または **z 軸のまわりの空間回転**とよぶ(図 1-3)．回転角を θ とすれば，a 番目の質点の座標 x_a, y_a, z_a はこの変換によって

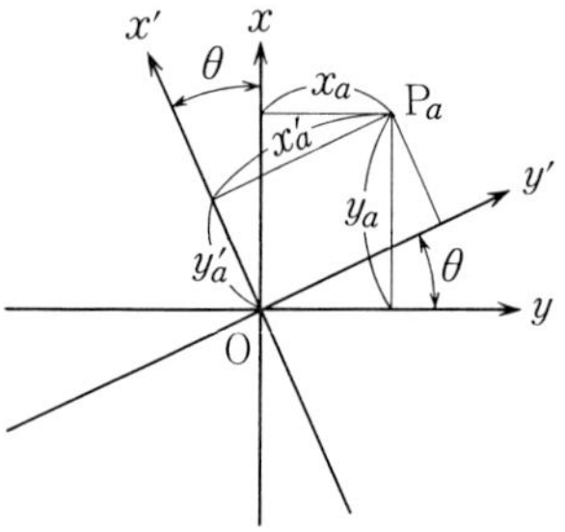

図 1-3 z 軸のまわりの角 θ の回転．P_a は第 a 番目の質点．

$$\begin{cases} x_a \rightarrow x_a' = x_a \cos\theta + y_a \sin\theta \\ y_a \rightarrow y_a' = -x_a \sin\theta + y_a \cos\theta \qquad (a=1,2,\cdots,N) \\ z_a \rightarrow z_a' = z_a \end{cases} \tag{1.122}$$

となる．とくに θ が無限小の角 ϵ のときには上の変換は

$$\begin{cases} x_a \rightarrow x_a' = x_a + \epsilon y_a \\ y_a \rightarrow y_a' = -\epsilon x_a + y_a \qquad (a=1,2,\cdots,N) \\ z_a \rightarrow z_a' = z_a \end{cases} \tag{1.123}$$

となる．いまこの変換が，ある特別な S_i を用いた一般化座標の無限小変換(1.112)により，(1.27)を介して与えられたとき，われわれは変換(1.112)を z 軸のまわりの無限小(空間)回転とよぶ．平行移動の変換のときに(1.118)を導いたのと同様にして，このとき S_i は(1.123)により

$$\begin{cases} \displaystyle\sum_i \frac{\partial x_a}{\partial q_i} S_i = y_a \\ \displaystyle\sum_i \frac{\partial y_a}{\partial q_i} S_i = -x_a \qquad (a=1,2,\cdots,N) \\ \displaystyle\sum_i \frac{\partial z_a}{\partial q_i} S_i = 0 \end{cases} \tag{1.124}$$

を満足していることが分かる．

さて Lagrange 関数 $L(q, \dot{q}, t)$ が z 軸のまわりの無限小回転で不変であると

しよう．ただし，ふたたび$L(q,\dot{q},t)$は(1.119)の(1.27)によるかき換えで得られるものとする．このとき(1.120)が成り立つゆえ，両辺にS_iをかけて(1.124)を用いるならば，保存量は

$$\sum_i \frac{\partial L}{\partial \dot{q}_i} S_i = -\sum_a m_a (x_a \dot{y}_a - y_a \dot{x}_a) \qquad (1.125)$$

となる．右辺は全角運動量のz成分(にマイナス符号をつけたもの)に他ならない．

x軸，y軸それぞれのまわりの無限小回転に関しても全く同じような議論をすることができ，そうしてこのときLagrange関数が不変であるならば，全角運動量のx成分，y成分もまた保存量となる．一般に，座標原点を固定したまま，例えば右手系の座標系を座標軸の向きの異なる別の右手系の座標系に変える変換を**3次元回転**，または**空間回転**とよぶ．そうして任意の3次元回転は，x, y, z軸のまわりの適当な無限小角の回転を適当な順序で無限回行なうことによって達成できることが知られている．いい換えれば，Lagrange関数が任意の3次元回転のもとで不変であることと，x軸，y軸，z軸それぞれのまわりの無限小回転で不変であることは等価であって，上記のLagrange関数の場合にはこれは全角運動量の保存則を意味する．つまり系の記述が等方的であることが，この保存則に結びついているのである．

(iii) Galilei変換

簡単のために，つぎのLagrange関数で与えられる2体系を考察する．

$$L(\boldsymbol{r},\dot{\boldsymbol{r}}) = \frac{1}{2}\sum_{a=1}^{2} m_a \dot{\boldsymbol{r}}_a^2 - V(|\boldsymbol{r}_1 - \boldsymbol{r}_2|) \qquad (1.126)$$

いまこのLagrange関数を記述している座標系に対して，これとの相対速度が一定値$\boldsymbol{v}$であるような座標系を考えてみよう．このとき前者の座標系からみた各質点の位置$\boldsymbol{r}_a$ $(a=1,2)$は後者の座標系からみた位置$\boldsymbol{r}'_a$と

$$\boldsymbol{r}'_a = \boldsymbol{r}_a - \boldsymbol{v}t \qquad (a=1,2) \qquad (1.127)$$

なる関係で結ばれている．ただし，2つの座標系の各座標軸は$t=0$のときに完全に重なっているとした．(1.127)を用いて定義される点変換$\boldsymbol{r}_a \to \boldsymbol{r}'_a$を

Galilei 変換という．さて，$\boldsymbol{r}=\boldsymbol{r}'+\boldsymbol{v}t$ を(1.127)に用いれば，運動をしている座標系での Lagrange 関数は，(1.82)により

$$
\begin{aligned}
L'(\boldsymbol{r}',\dot{\boldsymbol{r}}',t) &= L(\boldsymbol{r}'+\boldsymbol{v}t,\dot{\boldsymbol{r}}'+\boldsymbol{v}) \\
&= \sum_{a=1}^{2}\left(\frac{m_a}{2}\dot{\boldsymbol{r}}_a'^2 - V(|\boldsymbol{r}_1'-\boldsymbol{r}_2'|)+m_a\dot{\boldsymbol{r}}_a'\boldsymbol{v}+\frac{m_a}{2}\boldsymbol{v}^2\right) \\
&= L(\boldsymbol{r}',\dot{\boldsymbol{r}}')+\frac{d}{dt}\sum_{a=1}^{2}\left(m_a\boldsymbol{r}_a'\boldsymbol{v}-\frac{m_a}{2}\boldsymbol{v}^2 t\right)
\end{aligned}
$$

となる．すなわち Lagrange 関数(1.126)は Galilei 変換のもとで準不変となる．通常この性質を **Galilei 不変性**(Galilei invariance)とよんでいる．いま $\boldsymbol{v}$ を無限小速度，例えば $\boldsymbol{v}=(\epsilon,0,0)$ とすれば(1.116)により保存量を得ることができる．このとき(1.114)の W は

$$W(\boldsymbol{r}) = -(m_1x_1+m_2x_2) \tag{1.128}$$

また $\boldsymbol{r}_a'=\boldsymbol{r}_a+\epsilon\boldsymbol{S}$ とかけば $\boldsymbol{S}=(-t,0,0)$ であるから，保存量

$$\sum_{a=1}^{2}\frac{\partial L(\boldsymbol{r},\dot{\boldsymbol{r}})}{\partial\dot{x}_a}(-t)-W(\boldsymbol{r}) = \sum_{a=1}^{2}m_a(x_a-\dot{x}_a t) \tag{1.129}$$

が得られる．無限小速度を $\boldsymbol{v}=(0,\epsilon,0)$，または $\boldsymbol{v}=(0,0,\epsilon)$ としたときにも同様の議論を行なうことができる．その結果として，(1.126)の Galilei 不変性から，ベクトル $\sum_{a=1}^{2}m_a(\boldsymbol{r}_a-\dot{\boldsymbol{r}}_a t)$ が保存量となることが分かる．しかし，この量に対して，運動量や角運動量のような直観的なイメージを与えるのはむずかしい．1つにはその表式が時間の原点をどこにとるかによって変わること，また空間の幾何学的な性質との結びつきに乏しいからといえる．

以上，点変換のもとで Noether の定理から導かれる保存量の例をみてきた．つぎに点変換でない例として，(1.92)，(1.93)によって与えられる時間の原点をずらす変換のもとでの Lagrange 関数の不変性を考察しよう．変換後の Lagrange 関数は(1.95)の左辺である．Lagrange 関数の不変性は変換の前後での関数形が同じであること，すなわち $L'(q'(t),\dot{q}'(t),t)=L(q'(t),\dot{q}'(t),t)$ が要求される．これは(1.95)によれば

$$L(q'(t),\dot{q}'(t),t) = L(q'(t),\dot{q}'(t),t+a) \tag{1.130}$$

を意味し，したがって，a が任意であることを考慮するとき，(1.92)のもとでの Lagrange 関数の不変性は，その Lagrange 関数が時間 t を陽に含まないことを結論する．それゆえ，この不変性のもとでは Lagrange 関数を $L(q(t), \dot{q}(t))$ とかくことにする．

さて，a を任意の無限小パラメーター ϵ とみなそう．このとき変換(1.93)は

$$q_i'(t) = q_i(t)+\epsilon\dot{q}_i(t) \qquad (i=1,2,\cdots,n) \tag{1.131}$$

となる．点変換ではないので無限小変換には q_i の時間微分が現われる．(1.131)に対応した Lagrange 関数の変化は，(1.107)において $\bar{\delta}q_i(t)=\epsilon\dot{q}_i(t)$ とし，$L(q,\dot{q},t)$ を $L(q,\dot{q})$ とすればよいから

$$\begin{aligned} &L(q'(t),\dot{q}'(t))-L(q(t),\dot{q}(t)) \\ &\quad =\epsilon\sum_{i=1}^{n}\frac{d}{dt}\left(\frac{\partial L(q,\dot{q})}{\partial\dot{q}_i(t)}\dot{q}_i(t)\right)-\epsilon\sum_{i=1}^{n}\dot{q}_i(t)\left(\frac{d}{dt}\frac{\partial}{\partial\dot{q}_i(t)}-\frac{\partial}{\partial q_i(t)}\right)L(q,\dot{q}) \end{aligned} \tag{1.132}$$

他方，(1.93)から $q_i'(t)=q_i(t+\epsilon)$ であるから

$$L(q'(t),\dot{q}'(t)) = L(q(t),\dot{q}(t))+\epsilon\frac{d}{dt}L(q(t),\dot{q}(t)) \tag{1.133}$$

ともかかれる．ゆえに(1.132),(1.133)より恒等式

$$\frac{d}{dt}\left(\sum_{i=1}^{n}\frac{\partial L(q,\dot{q})}{\partial\dot{q}_i(t)}\dot{q}_i(t)-L(q,\dot{q})\right) = \sum_{i=1}^{n}\dot{q}_i(t)\left(\frac{d}{dt}\frac{\partial}{\partial\dot{q}_i(t)}-\frac{\partial}{\partial q_i(t)}\right)L(q,\dot{q}) \tag{1.134}$$

が導かれた．ここで右辺に運動方程式を適用することにより次の定理を得る．

定理 1-2 Lagrange 関数が時間 t を陽に含まないならば

$$H \equiv \sum_{i=1}^{n}\frac{\partial L(q,\dot{q})}{\partial\dot{q}_i(t)}\dot{q}_i(t)-L(q,\dot{q}) \tag{1.135}$$

は保存量となる．

時間の原点を任意にずらしても Lagrange 関数が不変であるという要請にもとづくこの定理もまた **Noether の定理**とよばれている．

運動エネルギー T およびポテンシャルエネルギー V がそれぞれ

$$T = \frac{1}{2}\sum_{i,j=1}^{n} a_{ij}(q)\dot{q}_i\dot{q}_j, \qquad V = V(q) \tag{1.136}$$

であるような系の Lagrange 関数 $L(q, \dot{q}) = T - V$ に対しては

$$H = T + V \tag{1.137}$$

となるゆえ，この場合 H の保存はエネルギーの保存を意味している．なお，t を陽に含まずしかも Lagrange 関数が上の形をとらない場合，このとき得られる保存量 H もまたエネルギーと認めることができるかという問題がある．実はこれはエネルギーとは何かという定義にかかわる問題で，これについては次節で論ずることにしよう．

系 1-1 を含め定理 1-1, 1-2 において，無限小変換のもとでの(広い意味での) Lagrange 関数の不変性と保存量の関係をみてきた．これは，定理 1-1, 1-2 を特殊ケースとして，つぎの一般的な形にまとめられる．

> **定理 1-3**　ϵ を無限小パラメーターとする，ある与えられた無限小変換
>
> $$q_i \to q_i' = q_i + \epsilon S_i(q, \dot{q}, t) \qquad (i = 1, 2, \cdots, n) \tag{1.138}$$
>
> のもとでの Lagrange 関数の変化が
>
> $$\delta L(q, \dot{q}, t) = \epsilon \frac{d}{dt}\mathscr{W}(q, \dot{q}, t) \tag{1.139}$$
>
> であるならば
>
> $$I = \sum_i \frac{\partial L(q, \dot{q}, t)}{\partial \dot{q}_i} S_i(q, \dot{q}, t) - \mathscr{W}(q, \dot{q}, t) \tag{1.140}$$
>
> は保存量となる．

証明はこれまでの議論と同様に行なえば容易に与えることができるので，ここではくり返さない．(1.140)の I もまた **Noether の保存量**といわれる．なお，この定理とは逆に，保存量が存在したとき，(1.139)の意味で Lagrange 関数を準不変にするような q_i に対する無限小変換をつねに構成することがで

きるかという問題がある．これについては2-4節で論ずることにする．

Lagrange関数が t を陽に含まないとき，これを(1.101)のかたちにかくと

$$L_Q(q'(\tau),\mathring{q}'(\tau)) = \mathring{Q}(\tau)L(q'(\tau),\mathring{q}'(\tau)/\mathring{Q}(\tau)) \tag{1.141}$$

となって，$Q(\tau)$ は循環座標を表わしその結果

$$\frac{\partial L_Q}{\partial \mathring{Q}(\tau)} = -E \quad (\text{定数}) \tag{1.142}$$

を得る．ここで(1.141)の右辺を用いて $\partial L_Q/\partial \mathring{Q}(\tau)$ を計算し，$q'(\tau)=q(t)$，$\mathring{q}'(\tau)/\mathring{Q}(\tau)=\dot{q}(t)$ を考慮すると

$$E = H \tag{1.143}$$

となっている．(1.141)を用いれば(1.69)に従って L_Q から(1.140)を用いて余分な変数 $Q(\tau)$ を消去した修正Lagrange関数 $\mathscr{L}_Q$ を求めることができる．すなわち，(1.142)から $\mathring{Q}(\tau)$ を解いて $\mathring{Q}(\tau)=f(q'(\tau),\mathring{q}'(\tau))$ とするとき

$$\mathscr{L}_Q = \underline{L_Q}+Ef(q'(\tau),\mathring{q}'(\tau)) \tag{1.144}$$

ここで，$\underline{L_Q}$ は L_Q の中の $\mathring{Q}(\tau)$ に $f(q'(\tau),\mathring{q}'(\tau))$ を用いたものである．

もし，H が(1.136)を用いて(1.137)で与えられるときは

$$\mathring{Q}(\tau) = f(q'(\tau),\mathring{q}'(\tau)) = \sqrt{\frac{\sum_{i,j} a_{ij}\mathring{q}_i'(\tau)\mathring{q}_j'(\tau)}{2(E-V)}} \tag{1.145}$$

これより(1.144)を経て

$$\underline{L_Q} = \sqrt{2(E-V)\sum_{i,j} a_{ij}(q'(\tau))\mathring{q}_i'(\tau)\mathring{q}_j'(\tau)} \tag{1.146}$$

が求められる．$Q(\tau)$ が消去された記述では $q_i'(\tau)=q_i(t)$，$\mathring{q}_i'(\tau)/\mathring{Q}(\tau)=\dot{q}_i(t)$ といった関係式は，もはや必要がないので，以下 $q_i'(\tau)$ の代わりに $q_i(\tau)$ を用いることにしよう．(1.146)を用いての変分原理は，$\delta q_i(\tau_1)=\delta q_i(\tau_2)=0$ という条件のもとに

$$\delta\int_{\tau_1}^{\tau_2} d\tau\sqrt{2(E-V(q))\sum_{i,j} a_{ij}(q)\frac{dq_i(\tau)}{d\tau}\frac{dq_j(\tau)}{d\tau}} - 0 \tag{1.147}$$

とかかれる．それゆえ配位空間における2点 $(q_1,q_2,\cdots,q_n)$ と $(q_1+dq_1,q_2+$

$dq_2, \cdots, q_n+dq_n$）間の距離を

$$ds \equiv \sqrt{2(E-V(q))\sum_{i,j} a_{ij}(q)dq_i dq_j} \tag{1.148}$$

と定義すれば，(1.147)は

$$\delta\int_{P_1}^{P_2} ds = 0 \tag{1.149}$$

とかくことができる．ここでの積分は2点 P_1, P_2 を通る曲線に沿っての積分であって，$\int_{P_1}^{P_2} ds$ はその曲線の P_1 から P_2 に至る「長さ」である．そうして(1.149)は，運動方程式の解が与える P_1, P_2 を通る軌道がこれら2点間を通る曲線のうちでその「長さ」が停留値となるものを選ぶことを示している．

1-6 合成系

同一の運動方程式を与えるような Lagrange 関数が一意的でないことは1-3節のはじめで簡単にふれたが，この節ではこの問題をまず考えることにしよう．

すでに述べたように，Lagrange 関数 L とこれに時間についての全微分項を加えてつくった Lagrange 関数 $\tilde{L}=L-dW/dt$ は同一の運動方程式を導く．また，L とこれを定数倍した $L'=cL$ $(c\neq 0)$ は Lagrange 関数として同じ運動方程式を与えることは明らかである．しかしこの他にも，L のかたちが具体的に与えられているときには，例えば，つぎのような L と L' はともに同じ運動方程式を導く．質量がともに m，位置が $\boldsymbol{r}_a$ $(a=1,2)$ の2粒子からなる系において

$$\begin{cases} L = \dfrac{m}{2}\displaystyle\sum_{a=1,2}\dot{\boldsymbol{r}}_a^2 - V(\boldsymbol{r}_1-\boldsymbol{r}_2) \\ L' = m\dot{\boldsymbol{r}}_1\dot{\boldsymbol{r}}_2 + V(\boldsymbol{r}_1-\boldsymbol{r}_2) \end{cases} \tag{1.150}$$

のそれぞれは，運動方程式

$$m\ddot{\boldsymbol{r}}_1 = -\nabla_1 V(\boldsymbol{r}_1-\boldsymbol{r}_2), \quad m\ddot{\boldsymbol{r}}_2 = \nabla_1 V(\boldsymbol{r}_1-\boldsymbol{r}_2) \tag{1.151}$$

を与える．ここで $\nabla_1 V \equiv (\partial V/\partial x_1, \partial V/\partial y_1, \partial V/\partial z_1)$ である．

あるいはまた

$$\begin{cases} L = e^{\gamma t/m}\left(\dfrac{m}{2}\dot{x}^2+gmx\right) \\ L' = \dfrac{g^2m^3}{\gamma^2}\left\{\exp\left(\dfrac{\gamma}{gm}\dot{x}+\dfrac{\gamma^2}{gm^2}x\right)-\dfrac{\gamma}{gm}\dot{x}-1\right\} \end{cases} \tag{1.152}$$

において，L, L' はともに運動方程式

$$m\ddot{x}+\gamma\dot{x} = mg \tag{1.153}$$

を与える．この式は $\gamma>0$ のとき，重力加速度 g の中を抵抗を受けて落下する質点の運動を表わす．

表式が複雑になることを厭わなければ，これ以外にもさまざまな例をつくることができるが，このように1つの運動方程式に対して多様なLagrange関数が許されるのは，すでに述べたように運動方程式がオンシェルの $q_i(t)$ を規定しているのに対し，Lagrange関数がオフシェルを含む量であって，このようなオンシェルからずれた部分に任意性の入る余地があるからである．しかも，この部分はこのままでは観測の対象にはならず，したがってその意味では同じ運動方程式を与えるLagrange関数はすべて同等の存在理由をもつと言ってよさそうである．しかしそれほど話は単純ではない．現実の対象は，つねに大きな系の部分系をなし，これに含まれない外部の系が必ず存在する．したがって，系に外部から刺激を与えると，これまでの運動の軌道にずれが生じる．いわば，これによって孤立系のときは見えなかったLagrange関数のオフシェル的な構造が，ずれた軌道を記述する運動方程式を媒介として観測されることになるはずである．それゆえ，外部のある部分を含めて，これと接触をもつように合成系をつくり，このような条件のもとでの運動を考察すればLagrange関数の適否が判定されることが予想される．

まず，われわれが議論の対象とする系を S_{I}，また外部の系を S_{II} とかき，これらが十分に空間的に隔たっており相互の影響が完全に無視できて S_{I}, S_{II} が独立に運動する場合のそれぞれのLagrange関数を L_{I}, L_{II} と記すことにしよう．そうして，S_{I} と S_{II} からなる系を $S_{\mathrm{I+II}}$ とし，$S_{\mathrm{I}}, S_{\mathrm{II}}$ を同時に記述する

Lagrange 関数を $L_{\mathrm{I+II}}$ とかく．$S_{\mathrm{I+II}}$ 内のこれら 2 つの部分系が空間的に十分離れていれば，$L_{\mathrm{I+II}}=L_{\mathrm{I}}+L_{\mathrm{II}}$ である．しかし，われわれの知りたいのはこのときの S_{I} における軌道からずれた点での系の振舞いであるから，S_{II} を S_{I} に近づけてそれらの間に相互作用を起こさせなければならない．この相互作用は，L_{I} の与える運動方程式の解を勝手にすこしずらすような働きをすればよいので，さほど強い必要はない．むしろ微弱であってもよいから相互作用のかたちをいろいろ変え，これに応じた軌道のずれがどのようになるかを調べることが重要である．実際，相互作用が強すぎると，$S_{\mathrm{I}}, S_{\mathrm{II}}$ それぞれの中に新たな相互作用が誘発され，調べようとしているもともとの系の構造が変わってしまうことがあるからである．$S_{\mathrm{I}}, S_{\mathrm{II}}$ 間の相互作用がそれほど強くなければ，これらの合成系の Lagrange 関数としては相互作用項 L_{int} を付加した

$$L_{\mathrm{I+II}} = L_{\mathrm{I}}+L_{\mathrm{II}}+L_{\mathrm{int}} \tag{1.154}$$

を仮定してよい．このかたちの Lagrange 関数の典型的な例は(1.19)にみられる．例えば，(1.154)で $L_{\mathrm{I}}=m_1\dot{\boldsymbol{r}}_1^2/2$，$L_{\mathrm{II}}=m_2\dot{\boldsymbol{r}}_2^2/2$，$L_{\mathrm{int}}=-V(\boldsymbol{r}_1-\boldsymbol{r}_2)$ かつ十分大きな $|\boldsymbol{r}|$ に対し $V(\boldsymbol{r})=0$ とすれば，これは，(1.19)でこの V を用い $T=L_{\mathrm{I}}+L_{\mathrm{II}}$ としたものに他ならない．その意味では，(1.150)で $\lim_{|\boldsymbol{r}|\to\infty} V(\boldsymbol{r})=0$ としたときには，(1.154)の仮定は(1.150)の 2 行目の Lagrange 関数 L' の可能性を最初から排除してしまうことになるが，しかし，より一般的に，(1.150)の V の形のいかんにかかわらず，この L' が不適切である理由については少しあとに述べる．

L_{II} としては，いろいろのとり方が考えられるが，ここではこれが基準となる Lagrange 関数なので，さしあたり最も簡単な質量 M の 1 体系(位置ベクトルを $\bar{\boldsymbol{r}}$ と記す)を用いることにし

$$L_{\mathrm{II}} = \frac{M}{2}\dot{\bar{\boldsymbol{r}}}^2 \tag{1.155}$$

としよう．また L_{int} としては，これも簡単のためにポテンシャル相互作用を考えることにして

$$L_{\mathrm{int}} = -\mathcal{V}(q, \bar{\boldsymbol{r}}) \tag{1.156}$$

とかく．ここで q は S_{I} における系の座標（一般には多成分）を示す．仮定により，任意の与えられた q に対し $\mathcal{V}$ は

$$\lim_{|\bar{\boldsymbol{r}}|\to\infty} \mathcal{V}(q,\bar{\boldsymbol{r}}) = 0 \tag{1.157}$$

をみたすことが要求されるが*，これ以外にはその関数形は場合ごとに自由に設定できるものとする．

そこでまず，(1.150)の $L'=L_{\mathrm{I}}$ のときを考えてみよう．$\mathcal{V}$ としては位置が変数 $\boldsymbol{r}_1$ で記述される粒子とだけ相互作用をもつ $\mathcal{V}(\boldsymbol{r}_1-\bar{\boldsymbol{r}})$ を考えよう．このとき(1.154)より導かれる Euler-Lagrange の方程式は，S_{I} における粒子に対して

$$\begin{cases} m\ddot{\boldsymbol{r}}_1+\nabla_1 V(\boldsymbol{r}_1-\boldsymbol{r}_2)=0 \\ m\ddot{\boldsymbol{r}}_2-\nabla_1 V(\boldsymbol{r}_1-\boldsymbol{r}_2)+\nabla_1\mathcal{V}(\boldsymbol{r}_1-\bar{\boldsymbol{r}})=0 \end{cases} \tag{1.158}$$

となる．ところで，ポテンシャル $\mathcal{V}(\boldsymbol{r}_1-\bar{\boldsymbol{r}})$ は S_{I} においては位置が $\boldsymbol{r}_1$ の粒子に対してのみ相互作用をもつはずであるが，(1.158)は全く逆で，$\boldsymbol{r}_2$ の粒子に対してだけこのポテンシャルのつくる力が及んでいる．これは明らかに Newton の運動の第 2 法則に反している．すなわち(1.150)の L, L' はともに第 2 法則をみたす同一の方程式を導きこの限りにおいては問題はないが，外部からの影響を考慮する場合には L' はたちまち矛盾に逢着する．よって(1.150)の L' は正しい Lagrange 関数として採用することはできない．この点(1.150)の L には何の問題も起こらないことは容易に分かる．

同じようにして(1.152)も吟味することができる．外部からのポテンシャル $\mathcal{V}$ の作用のもとでは，重力 mg，抵抗の力 $-\gamma\dot{x}$ の他に $-\partial\mathcal{V}/\partial x$ なる力が加わるから，Newton の第 2 法則により，運動方程式は

$$m\ddot{x} = mg-\gamma\dot{x}-\partial\mathcal{V}/\partial x \tag{1.159}$$

でなければならない．しかし，L_{I} として(1.152)の L を用いたときは(1.154)によって与えられる Euler-Lagrange の方程式は

* ポテンシャルは，その定義（7 ページ）から明らかなように，これに t だけの任意関数を加えることが許される．(1.157)はこの任意関数を適当にとった上での条件である．

$$m\ddot{x} = mg - \gamma\dot{x} - e^{-\gamma t/m}\partial\mathcal{V}/\partial x \tag{1.160}$$

となって，明らかに(1.159)と相容れない．また(1.152)の L' を用いた場合には，(1.160)の右辺第3項が $-\exp[-(\gamma\dot{x}/gm+\gamma^2x/gm^2)]\partial\mathcal{V}/\partial x$ となり，これも(1.159)に反している．それゆえ(1.152)の L, L' はいずれも(1.153)を記述する上で正しい Lagrange 関数とみなすことができない．(1.153)を導き，しかも外部からの影響のもとでも矛盾をもたない Lagrange 関数は現在知られていない．おそらく存在しないのではないかと思われる*.

上の議論では Newton の第2法則が用いられたが，一般に運動方程式が与えられれば，それが現実の運動を正しく記述しているかどうかを判定することは，実験を通して原理的に可能であるということが，ここでの主張である．前に述べた Lagrange 関数を定数倍するような任意性もこれによって除去されることは明らかであろう．すなわち，定数 c が決定されるか，あるいは c をどのようにとろうと cL そのものが不適格となるかが判定されるわけである．このような立場からは，外界から加えられるさまざまな刺激のもとでの運動方程式の振舞いが吟味されることとなるが，そのような吟味に合格して初めて S_{I} における Lagrange 関数が決定することになる．ただしこのような Lagrange 関数の決まり方が一意的かという問題はさらに検討されなければならない．

そこで，S_{I} を記述するための正しい Lagrange 関数として，$L(q,\dot{q},t)$，$L'(q,\dot{q},t)$ が選定されたとしよう．すなわち，L と L' は S_{I} の記述において同一の運動方程式を与えるばかりか，外的影響が共通であればそれが何であろうと，それぞれの場合の合成系 $S_{\mathrm{I+II}}$ における Euler-Lagrange の方程式は同一の初期条件のもとに同一の解を所有し，しかもその解が実験的にも支持されていたとする．

さて，S_{I} は一般化座標 $q_1, q_2, \cdots, q_n$ によって記述されているとしよう．$L_{\mathrm{I+II}}$

---

* ポテンシャル $V(\boldsymbol{r})$ のもとでの抵抗 $-\gamma\dot{\boldsymbol{r}}$ $(\gamma>0)$ を伴う質点の運動 $m\ddot{\boldsymbol{r}}=-\nabla V(\boldsymbol{r})-\gamma\dot{\boldsymbol{r}}$ は，形式的には Lagrange 関数

$$L = e^{\gamma t/m}\left(\frac{m}{2}\dot{\boldsymbol{r}}^2 - V(\boldsymbol{r})\right)$$

から導くことができるが，これも上記と同じ理由により採用することはできない．

から導かれる Euler-Lagrange の方程式は，このとき

$$\begin{cases} \dfrac{d}{dt}\dfrac{\partial L}{\partial \dot{q}_i}-\dfrac{\partial L}{\partial q_i} = -\dfrac{\partial \mathcal{V}}{\partial q_i} \\ \dfrac{d}{dt}\dfrac{\partial L'}{\partial \dot{q}_i}-\dfrac{\partial L'}{\partial q_i} = -\dfrac{\partial \mathcal{V}}{\partial q_i} \\ M\ddot{\boldsymbol{r}} = -\bar{\nabla}\mathcal{V} \end{cases} \tag{1.161}$$

となる．ただし $\bar{\nabla}\equiv(\partial/\partial\bar{x},\partial/\partial\bar{y},\partial/\partial\bar{z})$．すでに述べたように $\mathcal{V}$ は(1.157)に従う以外には自由にその形が設定でき，したがって t に陽に依存していてもよい．このような条件のもとで $\mathcal{V}$ を適当にとれば，これに応じて $q_i(t)$ として勝手なものが(1.161)の解になるようにすることができる．それゆえ，(1.161)の第1，第2式から $-\partial\mathcal{V}/\partial q_i$ を消去した

$$\frac{d}{dt}\frac{\partial}{\partial \dot{q}_i}F-\frac{\partial}{\partial q_i}F = 0 \qquad (i=1,2,\cdots,n) \tag{1.162}$$

は，任意の q_i に対して成立する恒等式とみなしてよい．ただし，ここで

$$F \equiv L'-L \tag{1.163}$$

(1.162)は

$$\sum_j \frac{\partial^2 F}{\partial \dot{q}_i\partial \dot{q}_j}\ddot{q}_j+\sum_j \frac{\partial^2 F}{\partial \dot{q}_i\partial q_j}\dot{q}_j+\frac{\partial^2 F}{\partial \dot{q}_i\partial t}-\frac{\partial F}{\partial q_i} = 0 \tag{1.164}$$

とかかれるが，$\ddot{q}_j\ (j=1,2,\cdots,n)$ を含むのは第1項だけであり，しかも $\ddot{q}_j$ は $q_i, \dot{q}_i$ とは独立に勝手な値をとり得るから

$$\frac{\partial^2 F}{\partial \dot{q}_i\partial \dot{q}_j} = 0 \qquad (i,j=1,2,\cdots,n) \tag{1.165}$$

なる恒等式が成立していなければならない．これより

$$F = B_0(q,t)+\sum_i B_i(q,t)\dot{q}_i \tag{1.166}$$

これを(1.164)に用いれば，$q_0\equiv t$ とかくとき

$$\frac{\partial B_\alpha}{\partial q_\beta} = \frac{\partial B_\beta}{\partial q_\alpha} \qquad (\alpha,\beta=0,1,2,\cdots,n) \tag{1.167}$$

を得る．よって $B_\alpha=\partial W/\partial q_\alpha$ ならしめる $W(q,t)$ が存在しなければならない*．すなわち $B_0=\partial W/\partial t$，$B_i=\partial W/\partial q_i$ となるゆえ，この結果を(1.166)に用いれば

$$F=\frac{\partial W(q,t)}{\partial t}+\sum_i\frac{\partial W(q,t)}{\partial q_i}\dot{q}_i=\frac{d}{dt}W(q,t) \tag{1.168}$$

したがって，(1.163)より

$$L'=L+\frac{d}{dt}W(q,t) \tag{1.169}$$

が導かれる．ここで $W(q,t)$ の関数形は任意である．すなわち上のことは次のようにまとめられる．

> Lagrange 関数 L が与えられたときに，これと同一変数をもち，いかなる条件のもとにおいても，同じ結果を導く Lagrange 関数は(1.169)で与えられるかたちのものに限られる．

(1.169)のタイプの Lagrange 関数の任意性については，すでに 1-3 節で触れたが，上にみたように L が正しい Lagrange 関数である限り，(1.169)以外の任意性は許されないことが分かった．

合成系の議論と関連して，ここでエネルギー，運動量あるいは角運動量といった保存量の定義について考えてみよう．

Lagrange 関数が時間 t を陽に含んでいないときは，定理 1-2 により(1.135)の H が保存量になり，とくに Lagrange 関数が運動エネルギー T とポテンシャルエネルギー V の差 $T-V$ のときには，H は $T+V$ となって系の全エネルギーを表わす．問題は，H がこのような形にまとまらず，いわば，古典力学の単純な形式におさまらないときに，たとえそれが保存量であってもこれをエネルギーとして認め得るかということである．しかし，孤立系だけを扱っている限り，これについての結論を得ることができない．つまり，エネルギー

* 例えば，参考文献[4]付録参照．

は既知の系との関連で考察されることが必要である．そこで，系 S_{I} において(1.135)の保存量 H が求められたとき，この S_{I} と微弱な相互作用をもつ系 S_{II} を考えてみる．ここで S_{II} の Lagrange 関数 L_{II} は $T-V$ で記述され，したがってそのエネルギーを $T+V$ としよう．$S_{\mathrm{I}}, S_{\mathrm{II}}$ 間の相互作用 Lagrange 関数 L_{int} としては，時間には陽に依存しないものを用いることにする．ただし S_{I}, S_{II} における変数の1階の時間微分を含んでいてもかまわない．ただすぐあとで議論するように，十分微弱であるとする．このとき，$L_{\mathrm{I+II}} \equiv L_{\mathrm{I}}+L_{\mathrm{II}}+L_{\mathrm{int}}$ に Noether の定理を用いれば

$$H_{\mathrm{I+II}} \equiv H+(T+V)+R \tag{1.170}$$

が保存量となる．ここで，R は L_{int} からの寄与でその値は $H+(T+V)$ に較べて無視できる程度に小さく，任意の時刻において，$H_{\mathrm{I+II}}$ は十分よい近似で $H+(T+V)$ に等しいものとしよう．しかし L_{int} が完全にゼロでなければ，これを通じて十分長い時間の間に，$H_{\mathrm{I+II}}$ は値を一定に保ちつつも，S_{II} のエネルギー値 $T+V$ に増・減の変化が起こり得る．このとき，われわれは H を S_{I} のエネルギーと定義する．このように，一般にエネルギーは，既知のエネルギーと加法的に合成されて保存量をつくる．

L_{I} が正しく設定されていれば，(1.170)によって H はエネルギーとみなされる．しかし S_{I} の運動方程式を正しく与えたとしても，外部の影響を考慮した前記の判定により排除される Lagrange 関数からは，正しいエネルギーを導くことはできない．エネルギーの定義は，外界との関連の正しい記述のもとではじめて可能となるからである．例えば，(1.152)の L' は，すでに述べたように(1.153)を導くが正しい Lagrange 関数ではない．それゆえ，これに定理1-2を機械的に適用して保存量をつくっても，これはエネルギーではないのである．

運動量や角運動量も全く同様にして定義される．このときも，S_{II} は通常の力学的な全運動量，全角運動量をもつ系で，これを基準として S_{I} の運動量や角運動量の定義が与えられることになる．つまり，S_{II} の運動量(角運動量)と一緒になり，その全体がふたたび保存量となるときに S_{I} の運動量(角運動量)

が決定される．もちろんこのとき，S_{I} は座標系の平行移動(空間回転)の変換で不変であり，また L_{int} に対しても同様の性質が課せられなければならない．

以上のエネルギー，運動量，角運動量の定義は，例えば質点力学を離れて，電磁場のような波動場のもつエネルギーや，またそこでの運動量，角運動量を定義する際にも用いられる．これらの諸量の保存則は，すでにみてきたように平行移動や空間回転，さらに時間の原点の移動の変換のもとでの物理法則(ここでは Lagrange 関数)の不変性という，いわば時空間の構造そのものに根ざした普遍的な性格をもっている．その意味でも，これらの概念の適用範囲は古典力学の枠をはるかに越えたものということができる．

この章を終えるにあたり，Newton の第 3 法則についてふれておこう．第 2 法則によれば，運動量の時間的な変化の割合はその物体に及ぼされる力に等しい．すなわち微小時間 Δt の間に運動量が $\Delta\boldsymbol{p}$ だけ変化したとき，力は $\Delta\boldsymbol{p}/\Delta t$ である．もし，2 個の物体の間に力が作用しあうとき，一方の物体の時刻 t と $t+\Delta t$ の間の運動量の変化を $\Delta\boldsymbol{p}$ としよう．このとき運動量が保存しているならば，他方の物体の同じ時間間隔における運動量の変化は $-\Delta\boldsymbol{p}$ となり，したがって前者が $\boldsymbol{F}$ の力を受ければ，後者は $-\boldsymbol{F}$ の力を受けることになる．これは第 3 法則にほかならない．Lagrange 形式の言葉でいうならば，これは 2 物体の間に働く相互作用 L_{int} が平行移動の変換のもとで不変であることを意味する．すなわち，慣性系において基準とする座標の原点をどこにとろうが，それと無関係なかたちで L_{int} が与えられるということが第 3 法則であるということができる．

2

Hamilton形式

前章で述べたLagrange形式にもとづいて，この章では理論的な整備がさらに進められ，力学上の高度な問題へのアプローチの準備がなされる．Lagrange形式では変数として配位空間の座標 q_i（$i=1,2,\cdots,n$）が用いられたが，ここではこれを倍増した正準変数とよばれるものが主役となる．この理論形式は正準形式またはHamilton形式とよばれ，量子力学や統計力学の記述においてもまた欠かすことができない．

2-1 Hamiltonの方程式

Noetherの定理における保存量(1.113), (1.135)には，$\partial L/\partial \dot{q}_i$ なる量が現われる．1体系で，例えば L が $m\dot{\boldsymbol{r}}^2/2-V(\boldsymbol{r})$ とかかれる場合には，この量は運動量の3個の成分 $m\dot{x}$, $m\dot{y}$, $m\dot{z}$ を表わしている．そこでこれを一般の場合にも拡張して

$$p_i = \frac{\partial L}{\partial \dot{q}_i} \qquad (i=1,2,\cdots,n) \tag{2.1}$$

とかくことにし，これを**一般化運動量**(generalized momentum)，**正準運動量**

(canonical momentum)，あるいは $\boldsymbol{q_i}$ **に共役な運動量**(momentum conjugate to q_i)などとよぶ．とくに Lagrange 関数が

$$\det\left\|\frac{\partial^2 L}{\partial\dot{q}_i\partial\dot{q}_j}\right\| \neq 0 \tag{2.2}$$

をみたしている場合，L は**非特異**(non-singular) Lagrange 関数といわれる*．このときは(2.1)を $\dot{q}_i$ について解くことができて，これを $p_j, q_j\ (j=1,2,\cdots,n)$ の関数として表わすことができる．力学においては多くの場合，時刻 t において，配位空間での速度 $\dot{q}_i\ (i=1,2,\cdots,n)$ は位置座標 $q_i\ (i=1,2,\cdots,n)$ とは独立にその値をとることができる．そして，とくに(2.2)が成り立っているならば，同時刻に $q_1,q_2,\cdots,q_n$ と独立にとれる量として，$\dot{q}_1,\dot{q}_2,\cdots,\dot{q}_n$ の代わりに $p_1,p_2,\cdots,p_n$ を用いてもよい．そのときには，$2n$ 個の量 $q_1,q_2,\cdots,q_n$，$p_1,p_2,\cdots,p_n$ を独立変数として理論をつくることが可能となる．もちろん，$q_1,q_2,\cdots,q_n$，$\dot{q}_1,\dot{q}_2,\cdots,\dot{q}_n$ を独立変数としてもよいわけだが，しかし前者においては，下にみるように理論記述の形式が著しく簡明になるばかりか，$2n$ 個の独立変数が理論の詳細とは関係なく，ほぼ同等に扱えるという点においてはなはだ重要である．

まず，(2.1)およびこれを解いて $\dot{q}_i$ を $p_j, q_j\ (j=1,2,\cdots,n)$ の関数として表わした式を用いれば，保存量(1.113)，(1.135)は，それぞれ

$$I = \sum_{i=1}^{n} p_i S_i(q,t) \tag{2.3}$$

および

$$H = H(q,p) \equiv \sum_{i=1}^{n} \dot{q}_i p_i - L(q,\dot{q}) \tag{2.4}$$

とかかれる．とくに，(2.4)は $\dot{q}_1,\dot{q}_2,\cdots,\dot{q}_n$ と $p_1,p_2,\cdots,p_n$ の関係が **Legendre 変換**で与えられることを示している．

Legendre 変換は，熱力学などでもしばしば用いられる変数変換で，次のように定義される．

---

* これに対し，$\det\|\partial^2 L/\partial\dot{q}_i\partial\dot{q}_j\|=0$ となるような L を**特異**(singular) Lagrange 関数という．

$F(x)$ は $x_1, x_2, \cdots, x_n$ の関数で，これを用いて変数 y_i を

$$y_i = \frac{\partial F(x)}{\partial x_i} \qquad (i=1,2,\cdots,n) \tag{2.5}$$

で定義する．ただし，$\det\|\partial y_i/\partial x_j\| \neq 0$ で，(2.5)は x_i について解くことができるものとする．このとき y_i $(i=1,2,\cdots,n)$ の関数 $G(y)$ を

$$F(x)+G(y) = \sum_{i=1}^{n} x_i y_i \tag{2.6}$$

を用いて定義することにしよう．(2.5)を用いればこれは恒等的に成り立つ式である．ここで，x_i を任意に無限小量 δx_i だけ変化させて，$x_i \to x_i+\delta x_i$ という変換を行なうと，これに対応して $y_i \to y_i+\delta y_i$ となる．ゆえに，恒等式(2.6)より $\delta F(x)+\delta G(y) = \sum_i (y_i \delta x_i + x_i \delta y_i)$，他方 $\delta F(x) = \sum_i (\partial F/\partial x_i)\delta x_i$，$\delta G(y) = \sum_i (\partial G/\partial y_i)\delta y_i$ であるから，結局

$$\sum_{i=1}^{n}\left(y_i - \frac{\partial F}{\partial x_i}\right)\delta x_i + \sum_{i=1}^{n}\left(x_i - \frac{\partial G}{\partial y_i}\right)\delta y_i = 0 \tag{2.7}$$

が得られる．上式第1項は(2.5)よりゼロ，また δx_i $(i=1,2,\cdots,n)$ は勝手な無限小量であるから，δy_i $(i=1,2,\cdots,n)$ 同士も互いに独立な無限小量である．よって(2.7)から

$$x_i = \frac{\partial G(y)}{\partial y_i} \tag{2.8}$$

が導かれる．逆に，(2.8)が成り立てば(2.6)を媒介として(2.5)が得られることも容易にわかる．このような(2.6)を媒介とする $x_1, x_2, \cdots, x_n$ と $y_1, y_2, \cdots, y_n$ の間の相互の変換は **Legendre 変換**(Legendre transformation)とよばれる．

さて，(2.4)において $q_1, q_2, \cdots, q_n$ には全く手を触れずに変数 $\dot{q}_1, \dot{q}_2, \cdots, \dot{q}_n$ と $p_1, p_2, \cdots, p_n$ にのみ着目し，上の議論での x_i に $\dot{q}_i$ を，y_i に p_i $(i=1,2,\cdots,n)$ を対応させて考えよう．この際 $F(x)$ に対応するのは $L(q,\dot{q},t)$，$G(y)$ に対応する関数は $H(q,p)$ である．このとき(2.4)は(2.6)に，また(2.1)は(2.5)に対応する．それゆえ Legendre 変換の結果として，(2.8)に対応して $\dot{q}_i = \partial H(q,p)/\partial p_i$ が得られることが分かる．

以上は，Lagrange 関数が t をあらわに含まず H が保存量となる場合であるが，(2.4)を一般化して

$$H(q,p,t) = \sum_{i=1}^{n} \dot{q}_i p_i - L(q,\dot{q},t) \tag{2.9}$$

とかくことにする．ここで p_i はふたたび(2.1)によって定義された量である．(2.9)の左辺は**ハミルトニアン**(Hamiltonian)または Hamilton 関数とよばれる．この式を媒介として，ふたたび Legendre 変換により

$$\dot{q}_i = \frac{\partial H(q,p,t)}{\partial p_i} \tag{2.10}$$

を得る．これは(2.1)を $\dot{q}_i$ について解いた結果に他ならない．(2.10)は(2.1)を用い時刻 t において，$q_i \to q_i$，$\dot{q}_i \to \dot{q}_i + \delta\dot{q}_i$ に対応して q_i を固定したまま $p_i \to p_i + \delta p_i$ としたときに導かれる関係である．そこで今度は(2.1)で同じく時刻 t において，$q_i \to q_i + \delta q_i$，$\dot{q}_i \to \dot{q}_i$ なる変換を考えてみよう．(2.1)によれば $p_i = p_i(q,\dot{q},t)$ とかかれるから，このときも p_i は変化を受ける．それを $p_i \to p_i + \delta' p_i$ とかき，これを(2.9)に用いると

$$\begin{aligned} &\sum_i \frac{\partial H(q,p,t)}{\partial p_i}\delta' p_i + \sum_i \frac{\partial H(q,p,t)}{\partial q_i}\delta q_i \\ &\quad = \sum_i \dot{q}_i \delta' p_i - \sum_i \frac{\partial L(q,\dot{q},t)}{\partial q_i}\delta q_i \end{aligned} \tag{2.11}$$

を得る．ここで(2.10)を用い，かつ δq_i が任意の無限小量であることを考慮すれば

$$\frac{\partial H(q,p,t)}{\partial q_i} = -\frac{\partial L(q,\dot{q},t)}{\partial q_i} \qquad (i=1,2,\cdots,n) \tag{2.12}$$

が導かれる．p_i を(2.1)で定義し，$H(q,p,t)$ を(2.9)で与えるとき，得られた(2.10)，(2.12)はともに運動方程式とは無関係に成立する恒等式であることに注意しよう．

ここで，q_i が Euler-Lagrange の方程式(1.59)を満足しているとしよう．(2.1)，(2.12)を(1.59)に用いれば直ちに $\dot{p}_i = -\partial H(q,p,t)/\partial q_i$ を得る．それゆ

え，これと(2.10)を合わせて，q_i, p_i に対する方程式として

$$\begin{cases} \dot{q}_i = \dfrac{\partial H(q,p,t)}{\partial p_i} \\ \dot{p}_i = -\dfrac{\partial H(q,p,t)}{\partial q_i} \end{cases} \tag{2.13}$$

が導かれる．これを**Hamiltonの方程式**という．

逆に，まずハミルトニアン $H(q,p,t)$ が与えられ，(2.13)が成り立つとするならば

$$\det\left\|\frac{\partial^2 H(q,p,t)}{\partial p_i \partial p_j}\right\| \neq 0 \tag{2.14}$$

を前提とするとき，(2.13)の第1式は p_i について解くことができ，(2.9)を使って $L(q,\dot{q},t)$ が定義される．それゆえLegendre変換によりこのLagrange関数を用いて(2.1)が導かれる．このとき前と同様にして(2.12)が得られるので，これと(2.1)および(2.13)の第2式によって，Euler-Lagrangeの方程式が導かれる．

このようにして，条件(2.2)，(2.14)のもとに，Euler-Lagrangeの方程式とHamiltonの方程式は，運動方程式として全く同等であることが分かった．

Hamiltonの方程式で用いられる $2n$ 個の変数 $q_1, q_2, \cdots, q_n$，$p_1, p_2, \cdots, p_n$ は**正準変数**(canonical variable)とよばれる．そうして，これらを座標とする $2n$ 次元の空間を**相空間**(phase space)という．

Hamiltonの方程式が解かれれば，変数 q_i, p_i $(i=1,2,\cdots,n)$ は時間 t の関数として決定され，時間の経過とともにこれらは相空間の中に軌跡をえがく．とくに，Hamiltonの方程式(2.13)においては，各変数の時間微分はいずれも1階でそれらは左辺にのみ存在するゆえ，任意に q_i, p_i $(i=1,2,\cdots,n)$ の初期値が与えられれば，この点を始点として一意的に軌跡がえがかれることは容易に分かる．

実際，ϵ を無限小の時間間隔とすると，(2.13)より

$$\begin{cases} q_i(t+\epsilon) = q_i(t) + \dfrac{\partial H(q(t), p(t), t)}{\partial p_i(t)}\epsilon \\[2ex] p_i(t+\epsilon) = p_i(t) - \dfrac{\partial H(q(t), p(t), t)}{\partial q_i(t)}\epsilon \end{cases} \tag{2.15}$$

とかかれるから，時刻 t での相空間の点が運動方程式の結果として時刻 $t+\epsilon$ において占める位置は一意的に決定される．したがって，このような無限小の時間の経過をつぎつぎに行なうことによって，ただ 1 つの軌跡がえがかれることになる．この議論からただちに分かることは，相空間において同時刻で 2 つの軌跡が交わらないことである．とくに，ハミルトニアンがあらわに t を含まないときには，任意の 2 個の軌跡が異なる時間においても交わることはあり得ない．

Lagrange 形式における Euler-Lagrange の方程式の解は，配位空間においてやはり軌跡を与えるが，このときには 1 点を通る軌跡は，その時刻での $\dot{q}_i$ の値として一般に勝手なものが許されるゆえに無限個存在し，相空間にみられた一意性は失われる．この意味で，次元を倍増した相空間では系に関してより多くの情報を読みとることができる．

量子力学への橋渡しになる正準変数を用いてかかれた重要な記号に **Poisson 括弧**(Poisson bracket)がある．これは A, B を正準変数の関数とするとき，次式で定義される．

$$\{A, B\} \equiv \sum_{i=1}^{n}\left(\frac{\partial A}{\partial q_i}\frac{\partial B}{\partial p_i} - \frac{\partial B}{\partial q_i}\frac{\partial A}{\partial p_i}\right) \tag{2.16}$$

$\{A, B\}$ は A と B の Poisson 括弧とよばれ，下の性質をもつ．

$$\{A, B\} = -\{B, A\} \tag{2.17}$$

$$\{A, B+C\} = \{A, B\} + \{A, C\} \tag{2.18}$$

$$\{A, BC\} = \{A, B\}C + B\{A, C\} \tag{2.19}$$

とくに正準変数に対しては

$$\{q_i, p_j\} = \delta_{ij}, \qquad \{q_i, q_j\} = \{p_i, p_j\} = 0 \tag{2.20}$$

が成り立つ．(2.20)は**基本 Poisson 括弧**とよばれ，これと(2.17)～(2.19)から(2.16)が逆に導かれる．実際，(2.19)が微分の Leibniz 則 $(fg)'=f'g+fg'$ と同形であることに着目すれば，

$$\{A,B\} = \sum_i\left(\{A,q_i\}\frac{\partial B}{\partial q_i}+\{A,p_i\}\frac{\partial B}{\partial p_i}\right) \tag{2.21}$$

これは B を q_i, p_i $(i=1,2,\cdots,n)$ でベキ展開して(2.19)を用いれば容易に得られる．同様にして

$$\begin{aligned}\{q_i,A\} &= \sum_j\left(\{q_i,q_j\}\frac{\partial A}{\partial q_j}+\{q_i,p_j\}\frac{\partial A}{\partial p_j}\right) = \frac{\partial A}{\partial p_i}\\ \{p_i,A\} &= \sum_j\left(\{p_i,q_j\}\frac{\partial A}{\partial q_j}+\{p_i,p_j\}\frac{\partial A}{\partial p_j}\right) = -\frac{\partial A}{\partial q_i}\end{aligned} \tag{2.22}$$

ここでは(2.20)を用いた．ゆえに(2.17)を考慮すれば，(2.21)と(2.22)から(2.16)が得られる．

Poisson 括弧はまた

$$\{A,\{B,C\}\}+\{B,\{C,A\}\}+\{C,\{A,B\}\} = 0 \tag{2.23}$$

を恒等的に満足する．(2.23)を **Jacobi の恒等式**(Jacobi identity)という．これの証明は，(2.16)を使った直接の機械的な計算を辛抱強くやればできないことはないが，煩雑で長いばかりか見通しが悪い．以下の方法も決してよいとは言えないが，幾分かは単純化されている．

定義により

$$\begin{aligned}\{A,\{B,C\}\} &= \sum_i\left(\frac{\partial A}{\partial q_i}\frac{\partial\{B,C\}}{\partial p_i}-\frac{\partial\{B,C\}}{\partial q_i}\frac{\partial A}{\partial p_i}\right)\\ &= \sum_i\left(\frac{\partial A}{\partial q_i}\left\{\frac{\partial B}{\partial p_i},C\right\}+\frac{\partial A}{\partial q_i}\left\{B,\frac{\partial C}{\partial p_i}\right\}-\left\{\frac{\partial B}{\partial q_i},C\right\}\frac{\partial A}{\partial p_i}-\left\{B,\frac{\partial C}{\partial q_i}\right\}\frac{\partial A}{\partial p_i}\right)\end{aligned} \tag{2.24}$$

ここで，

$$\frac{\partial\{F,G\}}{\partial x} = \left\{\frac{\partial F}{\partial x},G\right\}+\left\{F,\frac{\partial G}{\partial x}\right\} \qquad (x=p_i \text{ または } q_i) \tag{2.25}$$

が成り立つことを使った．他方，(2.17),(2.19)より

$$\begin{aligned}
\frac{\partial A}{\partial q_i}\left\{\frac{\partial B}{\partial p_i}, C\right\} &= \left\{\frac{\partial A}{\partial q_i}\frac{\partial B}{\partial p_i}, C\right\} - \left\{\frac{\partial A}{\partial q_i}, C\right\}\frac{\partial B}{\partial p_i} \\
\frac{\partial A}{\partial q_i}\left\{B, \frac{\partial C}{\partial p_i}\right\} &= \left\{B, \frac{\partial A}{\partial q_i}\frac{\partial C}{\partial p_i}\right\} - \left\{B, \frac{\partial A}{\partial q_i}\right\}\frac{\partial C}{\partial p_i} \\
\left\{\frac{\partial B}{\partial q_i}, C\right\}\frac{\partial A}{\partial p_i} &= \left\{\frac{\partial B}{\partial q_i}\frac{\partial A}{\partial p_i}, C\right\} - \frac{\partial B}{\partial q_i}\left\{\frac{\partial A}{\partial p_i}, C\right\} \\
\left\{B, \frac{\partial C}{\partial q_i}\right\}\frac{\partial A}{\partial p_i} &= \left\{B, \frac{\partial C}{\partial q_i}\frac{\partial A}{\partial p_i}\right\} - \frac{\partial C}{\partial q_i}\left\{B, \frac{\partial A}{\partial p_i}\right\}
\end{aligned} \tag{2.26}$$

これらを(2.24)に代入すれば

$$\begin{aligned}
\{A, \{B, C\}\} &= \{\{A, B\}, C\} + \{B, \{A, C\}\} \\
&\quad + \sum_i \left(-\left\{\frac{\partial A}{\partial q_i}, C\right\}\frac{\partial B}{\partial p_i} - \left\{\frac{\partial A}{\partial q_i}, B\right\}\frac{\partial C}{\partial p_i} + \frac{\partial B}{\partial q_i}\left\{C, \frac{\partial A}{\partial p_i}\right\} + \frac{\partial C}{\partial q_i}\left\{B, \frac{\partial A}{\partial p_i}\right\} \right)
\end{aligned} \tag{2.27}$$

を得る．ここで左辺は B, C の入れかえで反対称，右辺の第 1 行は(2.17)によってこの入れかえで反対称，ところが右辺の第 2 行は明らかに対称である．それゆえ，これの第 2 行目はゼロでなければならない*．よって Jacobi の恒等式(2.23)が導かれた．

Poisson 括弧を用いると，Hamilton の方程式は

$$\begin{cases} \dot{q}_i = \{q_i, H\} \\ \dot{p}_i = \{p_i, H\} \end{cases} \tag{2.28}$$

とかくことができる．また正準変数でかかれた物理量 $F(p, q, t)$ の時間変化は

$$\dot{F} = \frac{\partial F}{\partial t} + \sum_i \left(\dot{q}_i \frac{\partial F}{\partial q_i} + \dot{p}_i \frac{\partial F}{\partial p_i} \right) \tag{2.29}$$

であるから，$\dot{q}_i, \dot{p}_i$ に Hamilton の方程式を用いれば，結局

$$\dot{F} = \frac{\partial F}{\partial t} + \{F, H\} \tag{2.30}$$

となる．それゆえ F が保存量であるためには，右辺に Hamilton の方程式の解を代入したときにゼロ，すなわちオンシェルの関係として

* もちろんこれは直接の計算でも確かめられる．

$$\frac{\partial F}{\partial t}+\{F, H\} = 0 \qquad (2.31)^*$$

が成り立つことが要求される．

2-2 正準変換 I

Lagrange 形式でわれわれは点変換を導入し，Lagrange 関数を便利なかたちにかきかえることを議論した．この節では Hamilton 形式での変数変換を考えることにしよう．この場合の変数は正準変数 $q_1, q_2, \cdots, q_n$，$p_1, p_2, \cdots, p_n$ であって，(1.78)の点変換に相当するのは

$$q_i' = q_i'(q, p, t), \qquad p_i' = p_i'(q, p, t) \qquad (i=1, 2, \cdots, n) \qquad (2.32)$$

である．もちろんこの変換に逆変換が存在することは前提とされている．Lagrange 形式では任意の点変換に対して，変換後の Lagrange 関数を(1.82)の左辺で与えると，新変数に対しても Euler-Lagrange の方程式(1.88)が成立するのをみた．Hamilton 形式においても，(逆のある)任意の変換(2.32)に対して，ハミルトニアン $H'(q', p', t)$ を適当に定義すれば，新変数に対する Hamilton の方程式として

$$\begin{cases} \dot{q}_i' = \dfrac{\partial H'(q', p', t)}{\partial p_i'} \\ \dot{p}_i' = -\dfrac{\partial H'(q', p', t)}{\partial q_i'} \end{cases} \qquad (i=1, 2, \cdots, n) \qquad (2.33)$$

なるかたちの式が導けないものであろうか．しかしたとえそれができたとしても実は十分でないのである．(1.82)の意味は，同一の対象に対して単にオンシェルのみならず，オフシェルでの運動つまり外部から影響を受けたときの運動をも点変換が正しい記述を与えるということである．ところが変換(2.32)によって(2.33)が実現できるというだけでは，オンシェルでの記述がこのとき同じ

---

* F が保存量であれば，これはオンシェルの制約を離れた恒等式にすぎないことが，あと(2-4節)で示される．

対象に対して可能というだけであって，これをオフシェルまで及ぼせるという保証がない．例えば，簡単のために $n=1$ としてみよう．Hamilton の方程式

$$\begin{cases} \dot{q} = \dfrac{\partial H(q,p,t)}{\partial p} \\ \dot{p} = -\dfrac{\partial H(q,p,t)}{\partial q} \end{cases} \tag{2.34}$$

において，$q'=aq+bp$，$p'=cq+dp$ なる変換を考える．ただし a,b,c,d は実定数で，逆変換が存在するためには $ad-bc\neq 0$ でなければならない．このとき $H'(q',p',t)=(ad-bc)H(q,p,t)$ とするならば，(2.33)で $n=1$ としたときの式が成り立つことは容易に分かる．しかし，あとで示されるように $ad-bc\neq 1$ のときには，系が外部からの影響を受けている場合，外部の系との合成に矛盾が生じ，ダッシのついた変数でかかれた系とつかない変数でかかれた系は関連を失って，いわば同一の対象を異なる変数で記述したことにはならなくなるのである．すでに前章1-6節で強調したように，オフシェル的な性質への配慮は極めて重要であり，これを無視することは許されない．

オフシェル的な性質を端的に含んでいるのは，すでにみてきたように，Lagrange 関数である．それゆえ出発点となった $L(q,\dot{q},t)$ と等価でしかも正準変数を用いてかかれた「Lagrange 関数」を導入する必要がある．もちろんこれは変分原理を適用した結果として Hamilton の方程式を導くものでなければならない．したがって，この Lagrange 関数に変数変換(2.32)をほどこしたとき，オンシェルの関係として(2.33)が導かれるためには，いかなる条件が(2.32)に課せられるかを調べることが，われわれの当面の目標となる．

まず，正準変数を用いてかかれた Lagrange 関数としては

$$L(q,\dot{q},p,t) \equiv \sum_i \dot{q}_i p_i - H(q,p,t) \tag{2.35}$$

が，$L(q,\dot{q},t)$ と等価であることはつぎのようにして分かる．変数 $q_1,q_2,\cdots,q_n$, $p_1,p_2,\cdots,p_n$ のうち $L(q,\dot{q},p,t)$ は $\dot{p}_i$ $(i=1,2,\cdots,n)$ を含まない．したがって，(1.70)に対応して

$$\frac{\partial L(q,\dot{q},p,t)}{\partial p_i} = \dot{q}_i - \frac{\partial H(q,p,t)}{\partial p_i} = 0 \tag{2.36}$$

が成り立つ．これは Hamilton の方程式(2.13)の第1行目に他ならない．H は(2.14)をみたしているので p_i について解くことができ，それは前章1-3節の(1.71)に相当する．そこでは，変数 q_1 を $L(q,\dot{q},t)$ から消去した $\overline{L}$ が，修正 Lagrange 関数として修正前の $L(q,\dot{q},t)$ と等価であったと同様に，上記の p_i を $L(q,\dot{q},p,t)$ に代入して p_i を消去した $\overline{L(q,\dot{q},p,t)}$ は $L(q,\dot{q},p,t)$ と等価である．しかも $\overline{L(q,\dot{q},p,t)}$ は，(2.35)，(2.9)によれば，$L(q,\dot{q},t)$ そのものであり，それゆえに(2.35)の $L(q,\dot{q},p,t)$ は出発点にとった $L(q,\dot{q},t)$ と完全に等価であることが分かる．

さらに，$q_1, q_2, \cdots, q_n$，$p_1, p_2, \cdots, p_n$ を変数として $L(q,\dot{q},p,t)$ から，Euler-Lagrange の方程式をつくると，Hamilton の方程式の第1行目である(2.36)に加えて，(2.13)の第2行目の式も与えられる．

それゆえに，われわれは正準変数を用いてかかれた Lagrange 関数として(2.35)を採用することができる*．もちろんこれに，1-6節で議論したオンシェル，オフシェルいずれにおいても，全く物理的な影響を与えない，時間についての全微分の項 $dW(q,p,t)/dt$ をつけ加えることは許される．

さて，新変数 q_i', p_i' $(i=1,2,\cdots,n)$ でかかれた Lagrange 関数を $L'(q',\dot{q}',p',\dot{p}',t)$ とし，これから上に述べたのと同じ意味で(2.33)が導かれたとするならば，それは一般に

$$L'(q',\dot{q}',p',\dot{p}',t) = \sum_i \dot{q}_i' p_i' - H'(q',p',t) + \frac{d}{dt}W'(q',p',t) \tag{2.37}$$

とかかれなければならない．そうしてこれを(2.32)を用いてかき換えれば，さきに議論した Lagrange 関数，すなわち(2.35)に時間で全微分した項を加えたものと恒等的に等しくなる必要がある．言い換えれば，$\sum_i \dot{q}_i p_i - H(q,p,t)$ と $\sum_i \dot{q}_i' p_i' - H'(q',p',t)$ との差は時間の全微分項となる．いまそれを改めて

---

* ただしこれは特異 Lagrange 関数になっている．

$dW(q,p,t)/dt$ とかくならば

$$\sum_i \dot{q}_i p_i - H(q,p,t) + \frac{d}{dt}W(q,p,t) = \sum_i \dot{q}'_i p'_i - H'(q',p',t) \quad (2.38)$$

という恒等式が成立することになる．それゆえ

$$\frac{d}{dt}W(q,p,t) = \sum_i\left(\frac{\partial W}{\partial q_i}\dot{q}_i + \frac{\partial W}{\partial p_i}\dot{p}_i\right) + \frac{\partial W}{\partial t}$$

$$\dot{q}'_i = \sum_j\left(\frac{\partial q'_i}{\partial q_j}\dot{q}_j + \frac{\partial q'_i}{\partial p_j}\dot{p}_j\right) + \frac{\partial q'_i}{\partial t}$$

を上式に代入して，両辺の $\dot{q}_i$, $\dot{p}_i$ の係数を較べれば

$$p_i + \frac{\partial W}{\partial q_i} = \sum_j p'_j \frac{\partial q'_j}{\partial q_i}, \qquad \frac{\partial W}{\partial p_i} = \sum_j p'_j \frac{\partial q'_j}{\partial p_i} \quad (2.39)$$

$$H(q,p,t) - \frac{\partial W}{\partial t} + \sum_i p'_i \frac{\partial q'_i}{\partial t} = H'(q',p',t) \quad (2.40)$$

が得られる．

このようにして，われわれが必要とする相空間上での変換(2.32)に対しては，(2.39)を満足するような $W(q,p,t)$ が存在することが要求される．そうしてこれをみたすような変換は**正準変換**(canonical transformation)とよばれている．(2.40)は，このときの W を用いて変換後のハミルトニアン $H'(q',p',t)$ を与える式であって，正準変換を規定する式ではない．なお，(2.39)をみたす W には，(p,q) を含まない時間だけの関数 $f(t)$ を加えるという任意性がある．いうまでもなくこのとき H' には $-df(t)/dt$ が加わる．この任意性はあとで利用される．

なお，(2.34)のすぐ下に述べた $q'=aq+bp$, $p'=cq+dp$ は，$ad-bc \neq 1$ のときは正準変換ではない．実際，$\dot{q}'p'=(ad-bc)\dot{q}p+(1/2)d(acq^2+dbp^2+2bcqp)/dt$ となって，$\dot{q}'p'-H'$ と $\dot{q}p-H$ の差は時間についての全微分ではなくなるからである．したがって，1-6 節で述べたように外部の系と $\dot{q}'p'-H'$ との合成系に変数変換 $(q',p')\to(q,p)$ をほどこした結果は，$\dot{q}p-H$ と外部との正しい合成系を与えることができない．すなわち，この場合正準変換は $ad-bc=1$ で

あることが要求される．

われわれは恒等式(2.38)を用いて正準変換を定義したが，この式は正準変換の定義とは無関係な(2.40)をも与えるという意味で余分な情報を含んでいる．この余分な部分を落して話をすっきりさせるためには，つぎのようにやればよい．(2.38)の両辺に dt をかけると

$$\sum_i (p'_i dq'_i - p_i dq_i) = dW(q, p, t) - \{H'(q', p', t) - H(q, p, t)\}dt \quad (2.41)$$

なる恒等式を得る．ここで $dt \to 0$ とおくと

$$\sum_i (p'_i dq'_i - p_i dq_i) = dW(q, p, t) \quad (2.42)$$

となる．ここで $dt=0$ を考慮すれば上の dW, dq'_i は

$$dW = \sum_i \left(\frac{\partial W}{\partial q_i} dq_i + \frac{\partial W}{\partial p_i} dp_i\right)$$

$$dq'_i = \sum_j \left(\frac{\partial q'_i}{\partial q_j} dq_j + \frac{\partial q'_i}{\partial p_j} dp_j\right)$$

とかかれるゆえ，(2.42)の両辺を比較してただちに正準変換の定義式(2.39)が導かれる．

このようにして正準変換は，時間の変化を含まない一定時刻 t における変換として定義されていることに注意しよう．つまり運動方程式とは無関係な変換である．

(2.39)の2つの式は，やや形がきたないので W の代わりに次式で与えられる $G(q, p, t)$ を用いてかき換えよう．すなわち

$$G \equiv -2W + \sum_i (q'_i p'_i - q_i p_i) \quad (2.43)$$

とすると，(2.39)は

$$\begin{cases} \dfrac{\partial G}{\partial q_i} = p_i - \displaystyle\sum_j \left(\frac{\partial q'_j}{\partial q_i} p'_j - \frac{\partial p'_j}{\partial q_i} q'_j\right) \\ \dfrac{\partial G}{\partial p_i} = -q_i - \displaystyle\sum_j \left(\frac{\partial q'_j}{\partial p_i} p'_j - \frac{\partial p'_j}{\partial p_i} q'_j\right) \end{cases} \quad (2.44)$$

と表わされる．他方，(2.40)は

$$H'(q',p',t) = H(q,p,t)+\frac{1}{2}\sum_i\left(\frac{\partial q_i'}{\partial t}p_i'-\frac{\partial p_i'}{\partial t}q_i'\right)+\frac{1}{2}\frac{\partial G}{\partial t} \qquad (2.45)$$

である．

(2.32)によって与えられる変換 $q_1, q_2, \cdots, q_n$, $p_1, p_2, \cdots, p_n \to q_1', q_2', \cdots, q_n'$, p_1', $p_2', \cdots, p_n'$ を以下では簡略化して

$$(q,p) \to (q',p') \qquad (2.46)$$

とかくことにしよう．したがって変換 $(q,p)\to(q',p')$ が正準変換であるとは，逆変換が可能でかつ(2.44)をみたす $G(q,p,t)$ が存在することである．

(2.44)の第1，第2式のそれぞれに $\partial q_i/\partial q_j'$, $\partial p_i/\partial q_j'$ をかけたものを足し合わせ，さらに i について和をとると

$$\frac{\partial G'}{\partial q_j'} = p_j'-\sum_i\left(\frac{\partial q_i}{\partial q_j'}p_i-\frac{\partial p_i}{\partial q_j'}q_i\right) \qquad (2.47)$$

となる．ここで G' は

$$G'(q',p',t) \equiv -G(q,p,t) \qquad (2.48)$$

の略記である．同様に(2.44)の第1，第2式にそれぞれ $\partial q_i/\partial p_j'$, $\partial p_i/\partial p_j'$ をかけて和をとり，i について足せば

$$\frac{\partial G'}{\partial p_j'} = -q_j'-\sum_i\left(\frac{\partial q_i}{\partial p_j'}p_i-\frac{\partial p_i}{\partial p_j'}q_i\right) \qquad (2.49)$$

を得る．(2.47), (2.49)は(2.44)でダッシのついた量とつかない量を入れ換えた式である．すなわち

> $(q,p)\to(q',p')$ が正準変換であるならば，逆変換 $(q',p')\to(q,p)$ もまた正準変換である．

われわれは第1章の Lagrange 形式から出発し，それから正準運動量を求め Hamilton の方程式に到達して，これを記述する変数として正準変数を定義した．しかし上にみるように，正準変換の結果得られた新変数 q_i', p_i' $(i=1,2,\cdots,n)$ もまた Hamilton の方程式(2.33)を記述する．もっとも，ここのハミル

トニアン H' が $\det\|\partial^2 H'/\partial p_i'\partial p_j'\| \neq 0$ を満足するという保証はなく*，したがって，$p_i' = \partial L'(q', \dot{q}', t)/\partial \dot{q}_i'$ とするような Lagrange 関数 $L'(q', \dot{q}', t)$ が，H' に対応してつねに存在するということはできない．そこで，Legendre 変換で Lagrange 形式に直結され得るかどうかとは無関係に，その定義を拡張して Hamilton の方程式を記述する $2n$ 個の変数をすべて**正準変数**とよぶことにしよう．このようにしておけば，(2.42)または(2.44)で定義された正準変換によって，新しい正準変数が，第1章の Lagrange 形式とのつながりを顧慮することなしに，つぎつぎに生みだされる．この意味で正準変換は Lagrange 形式の点変換よりもはるかに広い．あとで示されるように，後者は前者に特殊ケースとして含まれる．

正準変換の具体的な議論に入る前に，この変換の一般的な性質をさらに立ち入って吟味しておく必要がある．形式的な議論では，正準変数を表わすのに q_i, p_i の2種類の文字を使用するのは煩雑で見通しを悪くするので，われわれは以下に定義される $2n$ 個の変数 x_α $(\alpha = 1, 2, \cdots, 2n)$ を用いることにする．すなわち

$$\begin{cases} x_i \equiv q_i \\ x_{n+i} \equiv p_i \end{cases} \qquad (i = 1, 2, \cdots, n) \tag{2.50}$$

とする．x_α は**シンプレクティックな**(symplectic)**変数**とよばれる．さらに，あとの便宜のために $2n$ 行 $2n$ 列の行列 $[J]$ を

$$[J] \equiv \begin{pmatrix} \mathbf{0}_n & \mathbf{1}_n \\ -\mathbf{1}_n & \mathbf{0}_n \end{pmatrix} \tag{2.51}$$

で定義しておこう．ここで $\mathbf{0}_n$ は n 行 n 列のゼロ行列，$\mathbf{1}_n$ は n 行 n 列の単位行列である．$[J]$ が次の性質をもつことは容易に分かる．

$$\begin{aligned} [J]^{\mathrm{T}} &= [J]^{-1} = -[J] \\ \det[J] &= 1 \end{aligned} \tag{2.52}$$

ここで T は転置行列，すなわち $[J]^{\mathrm{T}}$ は $[J]$ の行と列を入れ換えたものを指

---

* あとでみるように，正準変換の結果，$H'=0$ とすることもできる．

す．さらに，(q', p') を表わすシンプレクティック変数を x'_α とするとき*，α 行 β 列の成分が $\partial x'_\alpha/\partial x_\beta$ であるような $2n$ 行 $2n$ 列の行列を $[\partial x'/\partial x]$ と記すことにしよう．逆変換の存在から，もちろん

$$\det\,[\partial x'/\partial x] \neq 0 \tag{2.53}$$

でなければならない．以上の準備のもとに

$$\boldsymbol{G}_\alpha = \sum_\beta [J]_{\alpha\beta} x_\beta - \sum_{\beta,\gamma} [\partial x'/\partial x]^{\mathrm{T}}_{\alpha\beta} [J]_{\beta\gamma} x'_\gamma \tag{2.54}$$

とかこう．この $\boldsymbol{G}_\alpha$ に対し，(2.44)より $(x)\to(x')$ が正準変換の場合そしてそのときに限って

$$\boldsymbol{G}_\alpha = \frac{\partial G}{\partial x_\alpha} \tag{2.55}$$

をみたす G が存在する．以下，(2.55)を

$$\boldsymbol{G} = [J]x - [\partial x'/\partial x]^{\mathrm{T}} [J] x' \tag{2.56}$$

とかく．

いま $(x)\to(x')$，$(x')\to(x'')$ を正準変換とする．このとき後者に対しては，(2.56)，(2.55)に対応して

$$\boldsymbol{G}' = [J]x' - [\partial x''/\partial x']^{\mathrm{T}} [J] x'' \tag{2.57}$$

$$\boldsymbol{G}'_\alpha = \frac{\partial G'}{\partial x'_\alpha} \tag{2.58}$$

となるような $\boldsymbol{G}'$ が存在する．(2.57)より $[J]x' = \boldsymbol{G}' + [\partial x''/\partial x']^{\mathrm{T}}[J]x''$ であるから，これを(2.56)に代入し，

$$\begin{aligned}[\partial x'/\partial x]^{\mathrm{T}}[\partial x''/\partial x']^{\mathrm{T}} &= ([\partial x''/\partial x'][\partial x'/\partial x])^{\mathrm{T}} \\ &= [\partial x''/\partial x]^{\mathrm{T}}\end{aligned}$$

および

$$([\partial x'/\partial x]^{\mathrm{T}}\boldsymbol{G}')_\alpha = \sum_\beta \frac{\partial x'_\beta}{\partial x_\alpha}\frac{\partial G'}{\partial x'_\beta} = \frac{\partial G'}{\partial x_\alpha}$$

* ここでは，$\alpha, \beta, \cdots$ のギリシア文字の添字は $1, 2, \cdots, 2n$ の値をとる．また $2n$ 行 $2n$ 列の行列は [　] 記号で表わす．

なる関係を考慮すれば，

$$\boldsymbol{G}''_\alpha \equiv \frac{\partial}{\partial x_\alpha}(G+G') \tag{2.59}$$

として

$$\boldsymbol{G}'' = [J]x - [\partial x''/\partial x]^{\mathrm{T}}[J]x'' \tag{2.60}$$

が導かれる．すなわち

> $(q,p)\to(q',p')$，$(q',p')\to(q'',p'')$ がともに正準変換のとき，これらを合成して得られる変換 $(q,p)\to(q'',p'')$ もまた正準変換である．

このようにして，正準変換の合成を通して新たな正準変換がつぎつぎと生み出される．いま同一の対象に対して Hamilton の方程式による 2 通りの記述が与えられたとしよう．このとき，それぞれの方程式を記述している 2 組の正準変数は互いに正準変換で結ばれなければならない．なぜならば同一対象ということは，出発点となった Lagrange 関数 L が同一ということで，最初につくられた正準変数 q_i，$p_i(=\partial L/\partial \dot{q}_i)$ $(i=1,2,\cdots,n)$ に 2 通りの正準変換をほどこした結果が，2 つの Hamilton の方程式のそれぞれの正準変数になっているはずである．それゆえ，正準変換の逆変換，また 2 つの正準変換の合成がともに正準変換であることから，上の結果は容易に了解される．

Lagrange 関数から得られた最初の正準変数に正準変換をほどこしたものを，すべて正準変数とよぶことにしたために，Poisson 括弧の定義に対し再吟味が必要となる．実際，(2.16)の表式は，そこで採用された正準変数に依存して与えられており，正確には(2.16)は，それを明示するために

$$\{A,B\}_{(q,p)} = \sum_i \left(\frac{\partial A}{\partial q_i}\frac{\partial B}{\partial p_i} - \frac{\partial B}{\partial q_i}\frac{\partial A}{\partial p_i}\right) \tag{2.61}$$

とかかれねばならない．しかしながら，下にみるように，$(q,p)\to(q',p')$ が正準変換であれば

$$\{A,B\}_{(q,p)} = \{A,B\}_{(q',p')} \tag{2.62}$$

が証明され，その結果 Poisson 括弧への添字は落すことができるのである．

(2.62)を証明するためには

$$\{q_i', p_j'\}_{(q,p)} = \delta_{ij}, \qquad \{q_i', q_j'\}_{(q,p)} = \{p_i', p_j'\}_{(q,p)} = 0 \tag{2.63}$$
$$(i, j=1, 2, \cdots, n)$$

を示せば十分である．なぜならば(2.20)から(2.16)を導いたのと同様にして，このとき

$$\{A, B\}_{(q,p)} = \sum_i \left(\frac{\partial A}{\partial q_i'}\frac{\partial B}{\partial p_i'} - \frac{\partial B}{\partial q_i'}\frac{\partial A}{\partial p_i'}\right) \tag{2.64}$$

が成り立つからである．

さて，(2.63)はシンプレクティックな変数を用いれば

$$[\partial x'/\partial x][J][\partial x'/\partial x]^{\mathrm{T}} = [J] \tag{2.65}$$

とかかれる．そこで，これを証明しよう．まず(2.54)の両辺を x_ρ で偏微分すると

$$\begin{aligned}\frac{\partial \boldsymbol{G}_\alpha}{\partial x_\rho} = [J]_{\alpha\rho} - \sum_{\beta,\gamma} [\partial x'/\partial x]^{\mathrm{T}}_{\alpha\beta}[J]_{\beta\gamma}[\partial x'/\partial x]_{\gamma\rho} \\ - \sum_{\beta,\gamma} \frac{\partial^2 x_\beta'}{\partial x_\alpha \partial x_\rho}[J]_{\beta\gamma} x_\gamma'\end{aligned} \tag{2.66}$$

ここで右辺の第1行は α, ρ について反対称，第2行は対称である．ところで $(x) \to (x')$ が正準変換であれば $\boldsymbol{G}_\alpha$ は(2.55)で与えられるゆえ，左辺の $\partial \boldsymbol{G}_\alpha / \partial x_\rho$ は α, ρ について対称，よって右辺第1行はゼロ，すなわち

$$[\partial x'/\partial x]^{\mathrm{T}}[J][\partial x'/\partial x] = [J] \tag{2.67}$$

が成り立つ．(2.67)の両辺の逆行列をとると，$[J]^{-1} = -[J]$ から

$$[\partial x'/\partial x]^{-1}[J]([\partial x'/\partial x]^{\mathrm{T}})^{-1} = [J] \tag{2.68}$$

よって，左から $[\partial x'/\partial x]$，右から $[\partial x'/\partial x]^{\mathrm{T}}$ をかければ，(2.65)を得る．ゆえに，(2.62)は証明された．すなわち，Poisson 括弧は正準変換のもとで不変である．

逆に，変換 $(x) \to (x')$ が(2.65)を満足していれば，これが正準変換であることは直ちに導かれる．実際，(2.65)より(2.68)，(2.67)を経て，(2.66)の右辺の第1行はゼロ，よって

$$\frac{\partial \boldsymbol{G}_\alpha}{\partial x_\rho} = \frac{\partial \boldsymbol{G}_\rho}{\partial x_\alpha} \tag{2.69}$$

ここで，**一般化された Green の定理**，「$x_1, x_2, \cdots, x_k$ を変数とする k 個の実関数 $V_r(x)$ が

$$\frac{\partial V_r(x)}{\partial x_s} = \frac{\partial V_s(x)}{\partial x_r} \qquad (r, s=1, 2, \cdots, k) \tag{2.70}$$

をみたし，かつ $V_r(x)$ の定義域が単連結であるならば，

$$V_r(x) = \frac{\partial W(x)}{\partial x_r} \tag{2.71}$$

となるような関数 $W(x)$ が存在する*」，を用いれば，(2.55)をみたす G が存在することになる．さらに，(2.65)の左右両辺の行列式をとるならば，$(\det[\partial x'/\partial x])^2=1$ となって，$(x)\to(x')$ の逆変換の存在も保証され，$(x)\to(x')$ が正準変換であることが結論される．

以上の結果としてつぎの定理を得る．

> **定理 2-1**　$(q, p)\to(q', p')$ が正準変換であるための必要十分条件は，(2.63)が成立することである．

正準変換 $(q, p)\to(q', p')$ のもう 1 つの重要な性質は，

$$\frac{\partial(q_1', q_2', \cdots, q_n', p_1', p_2', \cdots, p_n')}{\partial(q_1, q_2, \cdots, q_n, p_1, p_2, \cdots, p_n)} = 1 \tag{2.72}$$

すなわち，変数変換のヤコビアンが 1 になることである．これは左辺の $2n$ 行 $2n$ 列の行列式をていねいに評価することにより証明されるが**，ここでは，議論をやや限定した無限小正準変換の場合の証明が次節で与えられる((2.77)参照)．

---

* 領域が単連結とは，その領域内の任意に与えられた 2 点を結ぶ任意の 2 つの曲線は，この領域から外に出ることなしに連続的な変形によって，一方から他方に移行が可能なことをいう．ここでは，$\boldsymbol{G}_\alpha$ の定義域の単連結性は暗黙の前提となっている．一般化された Green の定理の証明は，例えば参考文献 [4] の付録をみられたい．

** 例えば，参考文献 [4]，130～131 ページ参照．

この節でわれわれは正準変換とはどのようなものかをみてきた．またそれを表わすいくつかの方式についても議論をしてきた．それを表 2-1 にまとめておこう．

表 2-1 正準変換

	$(q, p) \to (q', p')$ が正準変換であるとは	本文中の式番号
(i)	$\sum_i (p_i' dq_i' - p_i dq_i) = dW \qquad (dt=0)$ となるような $W = W(q, p, t)$ の存在	(2.42)
(ii)	$\begin{cases} \dfrac{\partial G}{\partial q_i} = p_i - \sum_j \left(\dfrac{\partial q_j'}{\partial q_i} p_j' - \dfrac{\partial p_j'}{\partial q_i} q_j' \right) \\ \dfrac{\partial G}{\partial p_i} = -q_i - \sum_j \left(\dfrac{\partial q_j'}{\partial p_i} p_j' - \dfrac{\partial p_j'}{\partial p_i} q_j' \right) \end{cases}$ となるような $G = G(q, p, t)$ の存在	(2.44)
(iii)	$\{q_i', p_j'\}_{(q,p)} = \delta_{ij}$ $\{q_i', q_j'\}_{(q,p)} = \{p_i', p_j'\}_{(q,p)} = 0$	(2.63)

(i)および(ii)においては，逆変換 $(q', p') \to (q, p)$ の存在が前提にされている．

正準変換の定義としては，この表の(i)，(ii)，(iii)のどれを用いてもよい．これらは互いに同等だからである．すでに述べてきたように，正準変換はハミルトニアンの形や運動方程式には依拠することなしに定義される時刻 t における変換であって，例えば Hamilton の方程式(2.13)を別のかたちの Hamilton の方程式(2.33)にかきかえる変換として，これを定義することは許されないことに注意すべきである．

2-3 正準変換 II

前節の正準変換の一般的な考察にもとづいて，具体的な扱いに関する議論に入ることにしよう．

その 1 つは無限小正準変換，つまり各正準変数が正準変換の結果，無限小量

だけ変化する場合である．シンプレクティックな変数によって表わせば，この変換は時刻 t において

$$x_\alpha \to x'_\alpha = x_\alpha + \epsilon f_\alpha(x,t) \qquad (\alpha=1,2,\cdots,2n) \tag{2.73}$$

とかかれる．ここで ϵ は無限小の実パラメーターである．(2.73)が正準変換であることから，x'_α は(2.65)をみたさなければならない．それゆえ，(2.73)の x'_α を(2.65)に代入し，ϵ の2次以上の項を無視すれば，$([J]^{-1}[\partial f/\partial x])^{\mathrm{T}} = [J]^{-1}[\partial f/\partial x]$ を得る．ここで(2.52)における左の式を使った．すなわち

$$\frac{\partial}{\partial x_\alpha}([J]^{-1}f)_\beta = \frac{\partial}{\partial x_\beta}([J]^{-1}f)_\alpha \tag{2.74}$$

よって，さきの一般化された Green の定理により

$$([J]^{-1}f(x,t))_\alpha = \frac{\partial I(x,t)}{\partial x_\alpha} \tag{2.75}$$

となるような $I(x,t)$ が存在する．逆に，このような $I(x,t)$ を用いれば(2.73)は正準変換となることは容易に分かる．それゆえ，(2.75)は無限小変換(2.73)が正準変換であるための必要十分条件である．$I(x,t)$ を用いて(2.73)を表わせば

$$x_\alpha \to x'_\alpha = x_\alpha + \epsilon \sum_\beta [J]_{\alpha\beta} \frac{\partial I(x,t)}{\partial x_\beta} \tag{2.76}$$

あるいは，正準変数 q_i, p_i でこれをかき換えれば Poisson 括弧を用いて

$$\begin{cases} q_i \to q'_i = q_i + \epsilon\{q_i, I(q,p,t)\} \\ p_i \to p'_i = p_i + \epsilon\{p_i, I(q,p,t)\} \end{cases} \qquad (i=1,2,\cdots,n) \tag{2.77}$$

となる．(2.76)または(2.77)は無限小正準変換の一般形で，それは $I(q,p,t)$ $(\equiv I(x,t))$ により一意的に指定される．$I(q,p,t)$ はこの正準変換の**生成子** (generator)といわれる．(2.77)は次節の逆 Noether の定理で利用される．

ここで，無限小正準変換の場合に(2.72)を証明しておこう．(2.73)より

$$[\partial x'/\partial x] = [1] + \epsilon[\partial f/\partial x] \tag{2.78}$$

となり，ここで $[1]$ は $2n$ 行 $2n$ 列の単位行列である．ゆえに，ϵ の1次の項までをとると

$$\frac{\partial(q'_1, q'_2, \cdots, q'_n, p'_1, p'_2, \cdots, p'_n)}{\partial(q_1, q_2, \cdots, q_n, p_1, p_2, \cdots, p_n)} = \det[\partial x'/\partial x] = \det([1]+\epsilon[\partial f/\partial x])$$
$$= 1+\epsilon \,\mathrm{tr}[\partial f/\partial x] \tag{2.79}$$

ここで tr $[A]$ は行列 $[A]$ の対角成分の総和である*．(2.75)より $[\partial f/\partial x]_{\alpha\beta}=\sum_\gamma [J]_{\alpha\gamma}\partial^2 I/\partial x_\gamma \partial x_\beta$，それゆえ $[J]^{\mathrm{T}}=-[J]$ から $\mathrm{tr}[\partial f/\partial x]=0$，すなわち，任意の無限小正準変換に対して(2.72)が証明された．

無限小正準変換をつぎつぎと行なえば，ある種の有限の正準変換を生みだすことができる．Hamilton の方程式(2.28)は $q'_i(t)=q_i(t+\epsilon)$，$p'_i(t)=p_i(t+\epsilon)$ とすれば

$$\begin{cases} q'_i(t) = q_i(t)+\epsilon\{q_i(t), H(q(t), p(t), t)\} \\ p'_i(t) = p_i(t)+\epsilon\{p_i(t), H(q(t), p(t), t)\} \end{cases} \tag{2.80}$$

となり，(2.77)と同形の式を得る．いい換えれば時刻 t における正準変数のセット $(q(t), p(t))$ は，$H(q(t), p(t), t)$ を生成子とする無限小正準変換によって，$(q(t+\epsilon), p(t+\epsilon))$ と結ばれている．この操作をくり返せば，正準変換の合成の結果として $(q(t), p(t))$ と $(q(t+\Lambda), p(t+\Lambda))$ は，有限の Λ に対して，正準変換で結ばれており，したがって，Hamilton の方程式を解くことは，このような正準変換をいかにして発見するかにかかっているといえる．これについては，すこしあとで，また立ち帰って論ずるであろう．

一般の場合，(2.38)あるいは(2.42)の $W(q, p, t)$ が与えられたとき，(2.39)から q'_i, p'_i を (q, p) の関数として解くことができれば，関数 $W(q, p, t)$ に対応した正準変換が求まることになるが，W がごく特殊な場合でもこれは容易ではなく，実際上は不可能といってよい．

そこで，通常はつぎのような手段がとられる．q_i, q'_i が独立な場合には，$q'_i=q'_i(q, p, t)$ $(i=1, 2, \cdots, n)$ が p_i について解けたとして $p_i=p_i(q, q', t)$ とし，これを $W(q, p, t)$ に代入して

$$W = -W_1(q, q', t) \tag{2.81}$$

* 一般に $\det[A]=\exp(\mathrm{tr}\log[A])$ なる関係が成り立つ．

とおく．これを恒等式(2.38)に用い両辺の $\dot{q}_i$, $\dot{q}'_i$ の係数を比較すれば

$$p_i = \frac{\partial W_1(q, q', t)}{\partial q_i}, \qquad p'_i = -\frac{\partial W_1(q, q', t)}{\partial q'_i} \tag{2.82}$$

となる．ここで第1式を q'_i について解き，さらにそれを第2式に用いれば，q'_i, p'_i が (q, p) の関数として表わされ，$(q, p) \to (q', p')$ の正準変換が確定する．もちろんそのためには

$$\det\left\|\frac{\partial^2 W_1(q, q', t)}{\partial q_i \partial q'_j}\right\| \neq 0 \tag{2.83}$$

でなければならない．なお，ハミルトニアンの変換は

$$H' = H + \frac{\partial W_1}{\partial t} \tag{2.84}$$

で与えられる．関数 $W_1(q, q', t)$ は正準変換をつくり出すという意味で**母関数**(generating function)とよばれる．

しかし，これ以外にも母関数は考えられる．例えば，q_i, p'_i $(i=1, 2, \cdots, n)$ を独立変数とみなし，母関数 $W_2(q, p', t)$ を

$$W = \sum_i q'_i p'_i - W_2(q, p', t)$$

で定義すれば，こんどはこれを(2.38)に代入し $\dot{q}_i$, $\dot{p}'_i$ の係数から

$$\begin{aligned} &p_i = \frac{\partial W_2}{\partial q_i}, \qquad q'_i = \frac{\partial W_2}{\partial p'_i} \qquad (i=1, 2, \cdots, n) \\ &H' = H + \frac{\partial W_2}{\partial t} \end{aligned} \tag{2.85}$$

が得られる．ただし，$p_i = \partial W_2/\partial q_i$ が p'_i について解けるための条件として，$\det \|\partial^2 W_2/\partial q_i \partial p'_j\| \neq 0$ が要求される．

同様にして，p_i, q'_i $(i=1, 2, \cdots, n)$ が独立であれば

$$W = -\sum_i p_i q_i - W_3(p, q', t) \tag{2.86}$$

として

$$q_i = -\frac{\partial W_3}{\partial p_i}, \quad p_i' = -\frac{\partial W_3}{\partial q_i'} \quad (i=1,2,\cdots,n)$$
$$H' = H+\frac{\partial W_3}{\partial t} \quad (\det\|\partial^2 W_3/\partial p_i \partial q_j'\| \neq 0) \tag{2.87}$$

が，また p_i, p_i' $(i=1,2,\cdots,n)$ が独立であれば

$$W = -\sum_i (p_i q_i - p_i' q_i') - W_4(p, p', t) \tag{2.88}$$

として

$$q_i = -\frac{\partial W_4}{\partial p_i}, \quad q_i' = \frac{\partial W_4}{\partial p_i'} \quad (i=1,2,\cdots,n)$$
$$H' = H+\frac{\partial W_4}{\partial t} \quad (\det\|\partial^2 W_4/\partial p_i \partial p_j'\| \neq 0) \tag{2.89}$$

が導かれる．

このように，各場合に応じて母関数 W_1, W_2, W_3, W_4 を用いて正準変換を与えることができる．もちろん，変換に応じて，いくつかの母関数の混用もあり得る．

母関数の最も簡単な応用例として，配位空間での変換(1.76)において $q_i' = f_i(q, t)$ $(i=1,2,\cdots,n)$ で表わされる点変換が，正準変換として扱えるかどうかを吟味しよう．ここで，逆変換の存在から $\det\|\partial f_i/\partial q_j\| \neq 0$ は前提とされている．この場合，例えば

$$W_2(q, p', t) = \sum_i p_i' f_i(q, t) \tag{2.90}$$

とおけば，(2.85)により $q_i' = f_i(q, t)$，$p_i = \sum_j p_j' \partial f_j/\partial q_i$，すなわち，前者は要求された点変換が実現されることを示し，後者は $(q, p) \to (q', p')$ を正準変換とするような p_i' の存在を表わす*.

さきに，無限小変換の結果として，$(q(t), p(t))$ と $(q(t+\Lambda), p(t+\Lambda))$ は正準変換で結ばれていることを述べた．t_0 をある与えられた時刻とし，$\Lambda = t_0 - t$

* 上記の点変換を正準変換として実現するためには，$W_2 = \sum_i p_i' f_i(q, t) + F(q, t)$ としてもよい．それゆえ，この点変換を導く正準変換は一意的ではない．

とすれば，これは

$$(q'(t), p'(t)) \equiv (q(t_0), p(t_0)) \tag{2.91}$$

が $(q(t), p(t))$ と正準変換で結ばれることを意味する．その結果として，正準変換

$$\begin{cases} q_i'(t) = q_i'(q(t), p(t), t, t_0) \\ p_i'(t) = p_i'(q(t), p(t), t, t_0) \end{cases} \quad (i=1,2,\cdots,n) \tag{2.92}$$

が与えられれば，これを $q_i(t), p_i(t)$ について解き，(2.91)を考慮して

$$\begin{cases} q_i(t) = q_i(q(t_0), p(t_0), t, t_0) \\ p_i(t) = p_i(q(t_0), p(t_0), t, t_0) \end{cases} \quad (i=1,2,\cdots,n) \tag{2.93}$$

が得られることになる．これは時刻 t_0 における初期値を $q_i(t_0), p_i(t_0)$ としたときの Hamilton の方程式の解に他ならない．そこで，$(q(t), p(t))$ と(2.92)の $(q'(t), p'(t))$ を結ぶ正準変換を求めることを考えよう．

(2.91)によれば，$(q'(t), p'(t))$ は時間 t には依存しないから $\dot{q}_i(t)=\dot{p}_i(t)=0$ $(n=1,2,\cdots,n)$，よってこれらの変数に対する Hamilton の方程式は

$$\frac{\partial H'(q'(t), p'(t), t)}{\partial q_i'(t)} = \frac{\partial H'(q'(t), p'(t), t)}{\partial p_i'(t)} = 0 \quad (i=1,2,\cdots,n) \tag{2.94}$$

となる．いい換えれば，$q_i'(t), p_i'(t)$ が運動方程式の解として定数となるための必要十分条件は(2.94)が恒等的に成立すること，すなわち H' は t のみの関数である．他方，正準変換の母関数 W には t のみの任意関数 $f(t)$ をつけ加える不定性がつねに存在する．それは H' には df/dt のかたちでつけ加わるから，f を適当に選べば H' をゼロにすることができる．そのときの正準変換の母関数を $W_2(q(t), p'(t), t)$ $(=W_2(q(t), p(t_0), t))$ とかけば，(2.85)より

$$H' = H(q, p, t) + \frac{\partial}{\partial t} W_2(q, p^0, t) = 0 \tag{2.95}$$

$$p_i = \frac{\partial W_2(q, p^0, t)}{\partial q_i}, \quad q_i^0 = \frac{\partial W_2(q, p^0, t)}{\partial p_i^0} \quad (i=1,2,\cdots,n) \tag{2.96}$$

を得る．ここで $q_i^0 \equiv q_i(t_0)$，$p_i^0 \equiv p_i(t_0)$ $(i=1,2,\cdots,n)$ で，これらはともに定数である．なお，$q_i(t_0), p_i(t_0)$ $(i=1,2,\cdots,n)$ は独立にとれるゆえ，t と t_0 のへだたりが，あまり大きくなければ，$q_i(t), p_i(t_0)$ $(i=1,2,\cdots,n)$ は独立とみなすことができる．

さて，(2.96)の第1式を(2.95)に代入すれば，

$$H\left(q, \frac{\partial W_2}{\partial q}, t\right) + \frac{\partial W_2}{\partial t} = 0 \tag{2.97}$$

となって，母関数 W_2 のみたすべき式が導かれる．

そこで(2.97)と同じかたちの方程式

$$H\left(q, \frac{\partial S}{\partial q}, t\right) + \frac{\partial S}{\partial t} = 0 \tag{2.98}$$

を考えよう．ここで S は $n+1$ 個の変数 $q_1, q_2, \cdots, q_n, t$ の関数であるが，われわれは(2.98)をみたす S のうちで W_2 と同じ母関数の役割をするものを求める必要がある．とくに W_2 には $q_1, q_2, \cdots, q_n, t$ の他に n 個の独立な定数 p_i^0 $(i=1,2,\cdots,n)$ が含まれていることに注意しなければならない．方程式(2.98)を **Hamilton-Jacobi の方程式**という．

他方，偏微分方程式論によると，f 個の変数をもつ1階の偏微分方程式の解のうちに f 個の独立な任意定数を含むものがあるときに，この解は**完全解**(complete solution)とよばれている．ここでは，Hamilton-Jacobi の方程式(2.98)が完全解をもつものとして議論をすすめよう．すなわち，このときの解は $n+1$ 個の独立な任意定数を含むことになるが，S は(2.98)の中で偏微分されたかたちでのみ現われるゆえ，任意定数のうちの1個は単に加法的につけ加わっているに過ぎない．完全解からこれを除いた n 個の任意定数 $\alpha_1, \alpha_2, \cdots, \alpha_n$ を含む解を $S(q,t,\alpha)$ とかき，**付加定数を除いた完全解**とよぶことにしよう．

この $S(q,t,\alpha)$ が求まれば，これが母関数 W_2 に代わる役割をして，下にみるように Hamilton の方程式の解を導くことができる．まず，p_i と定数 β_i $(i=1,2,\cdots,n)$ を

$$\begin{cases} p_i = \dfrac{\partial S(q,t,\alpha)}{\partial q_i} \\ \beta_i = \dfrac{\partial S(q,t,\alpha)}{\partial \alpha_i} \end{cases} \qquad (i=1,2,\cdots,n) \tag{2.99}$$

で定義しよう．(2.99)の第2式を q_i について解き

$$q_i(t) = q_i(\alpha,\beta,t) \qquad (i=1,2,\cdots,n) \tag{2.100}$$

とかく．ここで，$q_i\ (i=1,2,\cdots,n)$ が独立であることから，$\det\|\partial^2 S/\partial\alpha_i\partial q_j\| \neq 0$ を用いた．さらにこれを(2.99)の第1式に代入すれば

$$p_i(t) = p_i(\alpha,\beta,t) \qquad (i=1,2,\cdots,n) \tag{2.101}$$

が得られる．ここで(2.100)，(2.101)が Hamilton の方程式をみたしていることを示すのは容易である．(2.99)の2式のそれぞれを時間微分すれば

$$\dot{p}_i = \sum_j \frac{\partial^2 S}{\partial q_i \partial q_j}\dot{q}_j + \frac{\partial^2 S}{\partial q_i \partial t}, \qquad 0 = \sum_j \frac{\partial^2 S}{\partial \alpha_i \partial q_j}\dot{q}_j + \frac{\partial^2 S}{\partial \alpha_i \partial t} \tag{2.102}$$

他方，Hamilton-Jacobi の方程式(2.98)を q_i および α_i で偏微分すると

$$\begin{gathered} \frac{\partial H(q,p,t)}{\partial q_i} + \sum_j \frac{\partial H(q,p,t)}{\partial p_j}\frac{\partial^2 S}{\partial q_i \partial q_j} + \frac{\partial^2 S}{\partial q_i \partial t} = 0 \\ \sum_j \frac{\partial H(q,p,t)}{\partial p_j}\frac{\partial^2 S}{\partial \alpha_i \partial q_j} + \frac{\partial^2 S}{\partial \alpha_i \partial t} = 0 \end{gathered} \tag{2.103}$$

(2.102)の第1，第2式に，(2.103)で得られた $\partial^2 S/\partial q_i \partial t$，$\partial^2 S/\partial \alpha_i \partial t$ を代入すると次式を得る．

$$\begin{gathered} \dot{p}_i + \frac{\partial H(q,p,t)}{\partial q_i} = \sum_j \frac{\partial^2 S}{\partial q_i \partial q_j}\left(\dot{q}_j - \frac{\partial H(q,p,t)}{\partial p_j}\right) \\ \sum_j \frac{\partial^2 S}{\partial \alpha_i \partial q_j}\left(\dot{q}_j - \frac{\partial H(q,p,t)}{\partial p_j}\right) = 0 \end{gathered} \tag{2.104}$$

ここで，$\det\|\partial^2 S/\partial\alpha_i\partial q_j\| \neq 0$ を考慮すれば，直ちに Hamilton の方程式に到着する．

(2.100)，(2.101)で $t=t_0$ とおけば，$q_i(t_0)=q_i(\alpha,\beta,t_0)$，$p_i(t_0)=p_i(\alpha,\beta,t_0)$ となって，定数 α_i, β_i は初期値と関係づけられるが，実は，この関係は正準変

換である．実際には(2.99)より，$(q(t), p(t))$ と (α, β) は S を母関数として正準変換で結ばれ，はじめに述べた $(q(t), p(t))$ と $(q(t_0), p(t_0))$ は W_2 を母関数とする正準変換で結ばれている．したがって $(q(t), p(t))$ を媒介として $(q(t_0), p(t_0))$ と (α, β) の関係は正準変換で与えられることになる．

$S(q, t, \alpha)$ は **Hamilton の主関数**(Hamilton's principal function)といわれる．

このようにして，Hamilton の方程式を解く問題は Hamilton-Jacobi の方程式の完全解を 1 つ見つけるということに帰着できた．これについて具体的な議論はさらに第 II 部で行なわれる．

2-4 逆 Noether の定理

物理学で系のもつ対称性や保存則は，ダイナミックスの詳細な性質とは無関係に，系の特徴的な構造を明示することがあるために，しばしば重要視されてきた．とくに微視的な世界にはさまざまな対称性が見られ，そこでの Noether の定理の役割は欠かすことができない重要性をもつ．この定理は前章の 1-6 節で述べたように，オフシェル的な性格をもつ Lagrange 関数が，ある無限小変換で不変(あるいは準不変)のとき，(1.110)(あるいは(1.115))にみるような恒等式を導き，これにオンシェルの条件つまり運動方程式を適用して，保存量を導くものであった．

この節では，これの逆，つまり保存量が存在するときに，これを出発点の Lagrange 関数 $L(q, \dot{q}, t)$ から Noether の保存量として導き出すような，変数 q_i に対する無限小変換は存在するか，という問題を考えてみよう．保存量はオンシェルの量として与えられ，他方，無限小変換はオフシェル的な構造をもつ Lagrange 関数に対して行なうものであるから，その性格が限定されている前者から後者を規定することは不可能のようにみえるが，ある条件のもとにこれは可能となる．しかし，これを直接みるのは難しいので，その準備として正準形式で Noether の定理を再定式化することから議論をはじめよう．

正準変数でかかれた Lagrange 関数は(2.35)の $L(q,\dot{q},p,t)$ で与えられる．いま無限小変換のもとでの時刻 t における q_i, p_i の変化が，ϵ を無限小パラメーターとして

$$\begin{cases} \bar{\delta} q_i = \epsilon s_i(q,p,t) \\ \bar{\delta} p_i = \epsilon r_i(q,p,t) \end{cases} \qquad (i=1,2,\cdots,n) \tag{2.105}$$

であったとき，対応する Lagrange 関数の変化が

$$\bar{\delta} L(q,\dot{q},p,t) = \epsilon \frac{d}{dt} w(q,p,t) \tag{2.106}$$

とかかれたとしよう．つまり，準不変性があったとする．

このとき，(2.35)の右辺より

$$\begin{aligned} \bar{\delta} L(q,\dot{q},p,t) &= \sum_i \left(p_i \bar{\delta}\dot{q}_i + \dot{q}_i \bar{\delta} p_i - \frac{\partial H}{\partial q_i}\bar{\delta} q_i - \frac{\partial H}{\partial p_i}\bar{\delta} p_i \right) \\ &= \frac{d}{dt}\left(\sum_i p_i \bar{\delta} q_i \right) + \sum_i \left\{ \left(\dot{q}_i - \frac{\partial H}{\partial p_i} \right) \bar{\delta} p_i - \left(\dot{p}_i + \frac{\partial H}{\partial q_i} \right) \bar{\delta} q_i \right\} \end{aligned} \tag{2.107}$$

となるゆえ，(2.105)，(2.106)を用いれば

$$\frac{d}{dt}\left(\sum_i p_i s_i(q,p,t) - w(q,p,t) \right) = \sum_i \left\{ \left(\dot{p} + \frac{\partial H}{\partial q_i} \right) s_i(q,p,t) - \left(\dot{q} - \frac{\partial H}{\partial p_i} \right) r_i(q,p,t) \right\} \tag{2.108}$$

が導かれる．これは任意の q_i, p_i $(i=1,2,\cdots,n)$ に対して成り立つオフシェル的な関係であることに注意しよう．よってオンシェルの条件つまり Hamilton の方程式をここに導入すれば，(2.108)の右辺はゼロになり

$$J \equiv \sum_i p_i s_i(q,p,t) - w(q,p,t) \tag{2.109}$$

が保存量となる．以上が正準形式での Noether の定理であり，J は Noether の保存量である．

上記の結果の逆はどうであろうか．それをみるために

$$J = J(q,p,t) \tag{2.110}$$

が保存量，すなわち Hamilton の方程式を使うと，$dJ/dt=0$ が成り立ったとしよう．それゆえ(2.31)によって，この条件は

$$\frac{\partial J}{\partial t}+\{J,H\}=0 \tag{2.111}$$

と表わされる．q_i, p_i $(i=1,2,\cdots,n)$ が Hamilton の方程式の解であるという条件のもとに，この式が導かれていることは(2.30),(2.31)の議論の過程から明らかであろう．

ところで，われわれの考えている出発点の Lagrange 関数は非特異的，つまり(2.2)を満足しており，その結果 $2n$ 個の正準変数 $q_1,q_2,\cdots,q_n$，$p_1,p_2,\cdots,p_n$ はすべて独立な変数として扱うことができる．このときつぎの命題が成立することに注意しよう．

> オンシェル上に制限された任意の正準変数のセット (q,p) に対して，関数 $A(q,p,t)$ が
>
> $$A(q,p,t)=0 \tag{2.112}$$
>
> をみたすとき，$A(q,p,t)$ は q_i, p_i $(i=1,2,\cdots,n)$ のいかんに関せず恒等的にゼロとなる．

証明は必要ないかも知れないが，あえて述べると，(2.15)の前後で議論したように，任意の時刻 t_0 において任意の値 $q_i(t_0)$，$p_i(t_0)$ $(i=1,2,\cdots,n)$ を初期値とする Hamilton の方程式の解はつねに存在する．したがって，仮定により $A(q(t_0),p(t_0),t_0)=0$ は $q_i(t_0)$，$p_i(t_0)$ $(i=1,2,\cdots,n)$ の値とは無関係に成り立つことになり，その結果この式はこれらの初期値を含まない $A(t_0)=0$ を意味することになるが，他方，t_0 の値自身も任意に設定できるから，結局 $A\equiv 0$ が帰結されることになる．

すなわち，オンシェル上に制約された正準変数のセットに対して成り立つとした(2.111)は，実はこの制約をはずしても成立する恒等式だったのである．このようにしてわれわれは，この場合オンシェル上の関係をオフシェル的な関係に移行させることができた．

ここで $\bar{\delta}q_i$, $\bar{\delta}p_i$ $(i=1,2,\cdots,n)$ を次式で定義する.

$$\begin{cases} \bar{\delta}q_i \equiv \epsilon\{q_i, J(q,p,t)\} = \epsilon\dfrac{\partial J(q,p,t)}{\partial p_i} \\ \bar{\delta}p_i \equiv \epsilon\{p_i, J(q,p,t)\} = -\epsilon\dfrac{\partial J(q,p,t)}{\partial q_i} \end{cases} \quad (i=1,2,\cdots,n) \tag{2.113}$$

これらを用いた無限小変換 $(q,p)\to(q+\bar{\delta}q, p+\bar{\delta}p)$ のもとでの $L(q,\dot{q},p,t)$ の変化をみるには,(2.107)の $\bar{\delta}q_i$, $\bar{\delta}p_i$ に(2.113)を代入すればよいから,その結果

$$\bar{\delta}L(q,\dot{q},p,t) = \frac{d}{dt}\left(\sum_i p_i\bar{\delta}q_i\right)-\epsilon\sum_i\left(\frac{\partial J}{\partial q_i}\dot{q}_i+\frac{\partial J}{\partial p_i}\dot{p}_i\right)+\epsilon\{J,H\} \tag{2.114}$$

なるオフシェル的な関係が得られる.ゆえに,ここで恒等式(2.111)を右辺に用い

$$\frac{dJ}{dt} = \sum_i\left(\frac{\partial J}{\partial q_i}\dot{q}_i+\frac{\partial J}{\partial p_i}\dot{p}_i\right)+\frac{\partial J}{\partial t} \tag{2.115}$$

が恒等的に成り立つことを利用すれば

$$\bar{\delta}L(q,\dot{q},p,t) = \epsilon\frac{d}{dt}\left(\sum_i p_i\frac{\partial J}{\partial p_i}-J\right) \tag{2.116}$$

が導かれる.ここで

$$w(q,p,t) = \sum_i p_i\frac{\partial J(q,p,t)}{\partial p_i}-J(q,p,t) \tag{2.117}$$

とおけば,J が保存するという仮定のもとに無限小変換(2.113)によって,Noether の定理の前提(2.106)が成立していることが分かる.ちなみに,$\partial J/\partial p_i = s_i(q,p,t)$, $-\partial J/\partial q_i = r_i(q,p,t)$ とおいてみるならば(2.113)によって(2.105)が再現され,しかも(2.117)から $J=\sum p_i s_i - w$ となって保存量は(2.109)と完全に一致し,順逆2つの議論の整合性をみることができる.すなわち,正準形式における逆 Noether の定理が証明された.

以上の準備のもとに,Lagrange 形式における逆 Noether の定理を吟味しよう.つまり,保存量 $I(q,\dot{q},t)$ が存在するとき,q_i に対する適当な無限小変換のもとでの Lagrange 関数 $L(q,\dot{q},t)$ の変換が,定理 1-3 の前提であった

(1.139)を再現し，しかも，そこから導かれる Noether の保存量が $I(q,\dot{q},t)$ に等しくなるようにできるかという問題である．なお以下では，p_i $(i=1,2,\cdots,n)$ を含む関数から(2.1)を用いて p_i を消去したものを，(2.36)のすぐ下の議論のように，その関数の上にバーを付けて表わすことにする．例えば

$$\overline{F(q,p,t)} \equiv F(q,p,t)\Big|_{p_i=\partial L(q,\dot{q},t)/\partial \dot{q}_i} \qquad (i=1,2,\cdots,n) \quad (2.118)$$

である．

さて

$$L(q,\dot{q},t) = \overline{L(q,\dot{q},p,t)} = \sum_i \overline{p_i}\,\dot{q}_i - \overline{H(q,p,t)} \qquad (2.119)$$

であることはすでに述べた．このときつぎの恒等式が成り立つことが示される．

$$\begin{cases} \dot{q}_i = \overline{\left(\dfrac{\partial H(q,p,t)}{\partial p_i}\right)} \\ \dfrac{\partial L(q,\dot{q},t)}{\partial q_i} = -\overline{\left(\dfrac{\partial H(q,p,t)}{\partial q_i}\right)} \end{cases} \qquad (i=1,2,\cdots,n) \qquad (2.120)$$

実際，恒等式(2.119)において q_i $(i=1,2,\cdots,n)$ を任意の無限小量 δq_i だけ変化させ，$q_i \to q_i+\delta q_i$ とすると*

$$\sum_i \left(\frac{\partial L(q,\dot{q},t)}{\partial q_i}\delta q_i + \frac{\partial L(q,\dot{q},t)}{\partial \dot{q}_i}\delta \dot{q}_i\right) = \sum_i \left(\delta\overline{p_i}\,\dot{q}_i + \overline{p_i}\,\delta\dot{q}_i - \overline{\left(\frac{\partial H}{\partial q_i}\right)}\delta q_i - \overline{\left(\frac{\partial H}{\partial p_i}\right)}\delta\overline{p_i}\right) \qquad (2.121)$$

となる．ここで p_i の定義(2.1)から左右両辺の第2項は相等しい．また $\delta\overline{p_i}$ はこれも(2.1)より

$$\delta\overline{p_i} = \sum_j \left(\frac{\partial^2 L}{\partial \dot{q}_i \partial \dot{q}_j}\delta \dot{q}_j + \frac{\partial^2 L}{\partial \dot{q}_i \partial q_j}\delta q_j\right) \qquad (2.122)$$

となるゆえ，結局，(2.121)は

$$\sum_{i,j} \frac{\partial^2 L}{\partial \dot{q}_i \partial \dot{q}_j}\left\{\dot{q}_i - \overline{\left(\frac{\partial H}{\partial p_i}\right)}\right\}\delta\dot{q}_j + \sum_j \left\{\sum_i \frac{\partial^2 L}{\partial \dot{q}_i \partial q_j}\left(\dot{q}_i - \overline{\left(\frac{\partial H}{\partial p_i}\right)}\right) - \frac{\partial L}{\partial q_j} - \overline{\left(\frac{\partial H}{\partial p_j}\right)}\right\}\delta q_j = 0 \qquad (2.123)$$

* もちろんこのとき $\dot{q}_i \to \dot{q}_i + \delta\dot{q}_i$，ただし $\delta\dot{q}_i = d(\delta q_i)/dt$.

なる形の恒等式に帰着する．ここで δq_i は任意であるから，δq_i, $\delta \dot{q}_i(=d\delta q_i/dt)$ $(i=1,2,\cdots,n)$ は互いに独立な無限小量とみなしてよい．したがって，(2.123)においてこれら無限小量の係数はすべてゼロとなり，しかも(2.2)が成立していることから直ちに恒等式(2.120)が導かれることが分かる．

さて，保存量 $I(q,\dot{q},t)$ から $\dot{q}_i$ を消去してこれを (q,p) を用いて表わしたものを $J(q,p,t)$ とかくことにしよう．もちろん，これも保存量であり

$$I(q,\dot{q},t)=\overline{J(q,p,t)} \tag{2.124}$$

が成り立っている．ところで $\dot{J}(q,p,t)=0$ から，さきの命題により(2.111)が恒等式として成立する．それゆえ，両辺にバーをつければ

$$\overline{\left(\frac{\partial J}{\partial t}\right)}+\sum_i\left\{\overline{\left(\frac{\partial J}{\partial q_i}\right)}\,\overline{\left(\frac{\partial H}{\partial p_i}\right)}-\overline{\left(\frac{\partial J}{\partial p_i}\right)}\,\overline{\left(\frac{\partial H}{\partial q_i}\right)}\right\}=0 \tag{2.125}$$

ここで(2.120)を考慮すると，上式は

$$\sum_i\frac{\partial L(q,\dot{q},t)}{\partial q_i}\overline{\left(\frac{\partial J}{\partial p_i}\right)}=-\overline{\left(\frac{\partial J}{\partial t}\right)}-\sum_i\overline{\left(\frac{\partial J}{\partial q_i}\right)}\dot{q}_i \tag{2.126}$$

なる関係にかき換えられる．

ここでわれわれは，(2.113)に対応して

$$\bar{\delta}q_i\equiv\epsilon\overline{\left(\frac{\partial J(q,p,t)}{\partial p_i}\right)}\qquad(i=1,2,\cdots,n) \tag{2.127}$$

で定義された $\bar{\delta}q_i$ による無限小変換 $q_i\to q_i+\bar{\delta}q_i$ を導入しよう．このときに，Lagrange 関数 $L(q,\dot{q},t)$ の変化は

$$\bar{\delta}L(q,\dot{q},t)=\sum_i\left(\frac{\partial L(q,\dot{q},t)}{\partial\dot{q}_i}\bar{\delta}\dot{q}_i+\frac{\partial L(q,\dot{q},t)}{\partial q_i}\bar{\delta}q_i\right) \tag{2.128}$$

したがって

$$\begin{aligned}\bar{\delta}L(q,\dot{q},t)&=\frac{d}{dt}\left(\sum_i\overline{p_i}\,\bar{\delta}q_i\right)-\sum_i\left(\frac{d\overline{p_i}}{dt}-\frac{\partial L(q,\dot{q},t)}{\partial q_i}\right)\bar{\delta}q_i\\&=\frac{d}{dt}\left(\sum_i\overline{p_i}\,\bar{\delta}q_i\right)-\epsilon\sum_i\overline{\left(\frac{\partial J}{\partial p_i}\right)}\frac{d\overline{p_i}}{dt}+\epsilon\sum_i\frac{\partial L(q,\dot{q},t)}{\partial q_i}\overline{\left(\frac{\partial J}{\partial p_i}\right)}\end{aligned} \tag{2.129}$$

となる．上式右辺の第 3 項に(2.126)を代入すると

$$
\begin{aligned}
\bar{\delta}L(q,\dot{q},t) &= \frac{d}{dt}\Big(\sum_i \overline{p_i}\,\bar{\delta}q_i\Big) \\
&\quad -\epsilon\left[\overline{\left(\frac{\partial J}{\partial t}\right)}+\sum_i\left\{\overline{\left(\frac{\partial J}{\partial q_i}\right)}\dot{q}_i+\overline{\left(\frac{\partial J}{\partial p_i}\right)}\frac{d\overline{p_i}}{dt}\right\}\right] \\
&= \epsilon\frac{d}{dt}\Big(\sum_i \frac{\partial L(q,\dot{q},t)}{\partial \dot{q}_i}\overline{\left(\frac{\partial J}{\partial p_i}\right)}-\bar{J}\Big) \qquad (2.130)
\end{aligned}
$$

すなわち $L(q,\dot{q},t)$ は，(2.127)を用いた q_i の無限小変換のもとで準不変性をみたしている．したがって(2.127)および(2.130)を定理 1-3 に適用すれば，このときの Noether の保存量は $\bar{J}=I(q,\dot{q},t)$ となって，最初に導入した保存量が再現される．すなわち，逆 Noether の定理が証明された．これを下にまとめておこう．

定理 2-2 一般化座標 q_1, q_2, …, q_n で記述された非特異的な Lagrange 関数 $L(q,\dot{q},t)$ の系において $I(q,\dot{q},t)$ が保存量であるならば，$L(q,\dot{q},t)$ を準不変にし，その結果として，$I(q,\dot{q},t)$ を Noether の保存量として導くような q_i $(i=1,2,\cdots,n)$ に対する無限小変換がつねに存在する*.

以上の結果として，Noether の保存量の関数はまた Noether の保存量となり，また 2 個の Noether の保存量同士の Poisson 括弧もまた Noether の保存量となることは容易に導かれる．

なお，$I(q,\dot{q},t)$ を Noether の保存量とするような無限小変換で Lagrange 関数が(準不変でなく)不変，すなわち $\bar{\delta}L=0$ となるための条件を考えてみよう．このとき(2.130)の右辺はゼロとなるが，この条件を正準変数で表わせば

$$
\sum_i p_i\frac{\partial J(q,p,t)}{\partial p_i}-J(q,p,t) = c\ (\text{定数}) \qquad (2.131)
$$

となる．もともと保存量にはこれに定数を加える任意性がつねに存在するから，

* 非特異性の条件(2.2)は逆 Noether の定理に対する十分条件であって少しこれをゆるめることができるが，ここではその議論には立ち入らない．

右辺の定数はJにくり入れることができて，$\tilde{J}=J+c$とすれば，(2.131)は

$$\sum_i p_i \frac{\partial \tilde{J}(q,p,t)}{\partial p_i} = \tilde{J}(q,p,t) \tag{2.132}$$

とかくことができる．これは$\tilde{J}(q,p,t)$がp_i ($i=1,2,\cdots,n$)の1次式，したがって

$$J(q,p,t) = \sum_i p_i S_i(q,t) + \text{定数} \tag{2.133}$$

となることを意味し，このとき(2.127)より$\bar{\delta}q_i=\epsilon S_i(q,t)$となる．すなわち，$\delta L=0$ならしめるNoetherの定理における無限小変換は点変換に限られることが分かる．

本節および1-6節でみてきたように，保存則とLagrange関数の(準)不変性は不可分の関係にある．Lagrange関数を離れて単に運動方程式を不変にするというだけでは，この変換を保存量と結びつけることはできない．

なお，Hamiltonの方程式の解(2.93)を逆に解いて，初期値$q_i(t_0)$, $p_i(t_0)$ ($i=1,2,\cdots,n$)を$(q(t),p(t))$およびtで表わしたものは，独立な保存量となる．他方，任意の保存量$J(q(t),p(t),t)$は$J(q(t_0),p(t_0),t_0)$に等しく，すべて初期値で表わされる．それゆえ，結局この系における独立な保存量の数は$2n$である．これらがすべてみつかれば運動方程式は解かれたことになると考えてよさそうに思われるが，特別の場合を除き，実際には話はそれほど単純ではない(4-3節参照)．

基礎編補遺

1-6節で議論したように，同一の運動方程式を導くLagrange関数の形は一意的ではない．それはよくいわれているようなdW/dtなる項を加えうるという任意性以外にも，多様な可能性があるということであった．もともとLagrange関数は一般化座標$q_j(t)$とその時間微分の関数であって，$q_j(t)$自身

の関数形には制約がない．したがってここにオフシェルの情報が内蔵されるが，運動方程式にはその違いが顔を出さないために，Lagrange 関数に任意性の付け入る余地が生じたのである．孤立系において，導かれる運動方程式が同じであれば，得られる物理の情報は同一である．それゆえ異なる Lagrange 関数のうちいずれが是であり非であるかを判定することはできない．そのため，1-6 節では孤立系を解放して外界の影響を取り入れ，Lagrange 関数に違いを与えるオフシェルの情報を引き出すことを考えた．その結果，許される任意性を前記の dW/dt に限定することができたのである．いわば，対象とする系の外界との交渉を考察することが理論を決める上で基本的に重要であった．

しかし，系が量子力学に従うときには事情は全く異なってくる．この場合，Heisenberg 描像に立てば古典力学と同様の運動方程式が導かれるが，$q_j(t)$ が演算子であるためにこの方程式の解を求めてもそれに軌道の概念を付与することができない．量子力学によれば $q_j(t)$ の観測値は古典的な軌道上に限定されずにある確率をもって分散するからである．あるいは経路積分を用いて，2 点間の粒子の伝搬を記述する Green 関数を求めることを考えてみよう．そのとき，2 点を結ぶすべての経路からの寄与がたしあげられなければならない*．つまりここでは指数関数に現われる Lagrange 関数のオフシェルの振舞いをことごとく考慮した計算を行なうことが要求されるのである．その結果 Lagrange 関数の違い，つまりオフシェルの構造の違いが，得られる確率振幅に違いをもたらし，物理量の観測を通してそれを実際に吟味することが可能となってくる．このように量子力学的な系では，古典論と異なり，孤立系においても Lagrange 関数の適否の議論ができるという点は注目してよい．もちろん量子力学は基本的には微視的な系を対象とするものであるがゆえに，この議論をそのまま巨視的な系に拡張することはできないが，微視的世界を通すことが許されるならば Lagrange 関数のより深い一面が浮き彫りにされてくるということができよう．

---

* 大貫義郎・鈴木増雄・柏太郎：経路積分の方法（本講座第 12 巻，1992）参照．

II

展開編

第Ⅰ部では力学，とくに解析力学のいろいろな形式について学んだ．Lagrange 形式，Hamilton 形式，正準変換など力学を語る上での最も基本となる第Ⅰ部の内容は国語の学習に例えれば「文法」に相当する．第Ⅱ部では解析力学の言葉で記述された対象，つまり古典力学の世界に 1 歩足を踏み入れることにしよう．これは「文法」に対して「現代国語」の学習に当たる．

伝統的な物理学の目的の 1 つに「基本方程式を求めること」がある．それは古典力学においては Newton の運動方程式であり，量子力学においては Schrödinger の波動方程式である．かつての巨匠たちは惑星運動の注意深い観察やスペクトル線の分析から実に巧みにこれらの基礎方程式を導いた．現在でもよりミクロな構成物に適用される基礎方程式捜しは続いている．そしてこれらの基礎方程式さえ求まれば，あとは単なる数学の問題で「解きさえすれば」全てがわかるというシナリオである．解析的に解けなければコンピューターに任せれば良いではないかと．

しかしこの「解く」という操作は実は大変な難題であり，そう簡単なものではない．そこで通常陥る罠は，簡単に解ける調和振動子や Kepler 運動の様子，イメージをもって古典力学の世界を代表させてしまうことである．この視点は力学，とくに古典力学を前世紀に完成された過去のものとみなすことにつながる．ところが古典力学の世界は決して調和振動子のようには簡単ではなく，調和振動子は決して古典力学の世界を代表してはいない．われわれは 3 体問題すら解けないのである．そしてこれは決してわれわれの知識の不足に起因するものではない．

一見簡単に見える Newton の運動方程式をいかにして解くかを真剣に考えたとき，読者はときにカオス，ソリトンといった言葉に代表される非線形力学の研究の最前線を垣間見ることになるであろう．

3 積分可能な力学系

3-1 求積法

一般に運動を記述する微分方程式系が

$$\frac{dx_i}{dt} = F_i(x_1, x_2, \cdots, x_N) \qquad (i=1,2,\cdots,N) \tag{3.1}$$

の形に与えられたとしよう．Newton の運動方程式には座標の 2 階微分が登場するが，Hamilton の方程式にすれば(3.1)の形となる．ここで未知変数の数 N を微分方程式系(3.1)の**階数**(order)という．この方程式系の解で N 個の任意定数を含む

$$x_i = \phi_i(t, c_1, c_2, \cdots, c_N) \tag{3.2}$$

をその**一般解**(general solution)という．そして微分方程式系(3.1)から一般解の表式(3.2)を求めることを「(3.1)を解く」という．

例題 3-1 1 階の微分方程式

$$\frac{dx}{dt} = x \tag{3.3}$$

の一般解は $x=ce^t$．ここで c は任意定数．$c=\pm e^{-t_0}$ と置くことにより一般解は $x=\pm e^{t-t_0}$ とも書ける．▌

例題 3-2 単振動の方程式

$$\frac{dx_1}{dt} = x_2, \qquad \frac{dx_2}{dt} = -x_1 \tag{3.4}$$

の一般解は c_1, c_2 を任意定数として

$$x_1 = c_1 \sin t + c_2 \cos t, \qquad x_2 = c_1 \cos t - c_2 \sin t \tag{3.5}$$

三角関数の合成公式を使えば C, t_0 を新たな任意定数の組として

$$x_1 = C \sin(t-t_0), \qquad x_2 = C \cos(t-t_0) \tag{3.6}$$

とも書き直せる．▌

上の 2 つの例で見るように，微分方程式系(3.1)の右辺に t をあらわに含まない**自励系**においては任意定数の 1 つを独立変数 t の付加定数 t_0 とすることができ，一般解は

$$x_i = \phi_i(t-t_0, C_1, C_2, \cdots, C_{N-1}) \tag{3.7}$$

と書き直すことができる．

さて，与えられた微分方程式系(3.1)に対して，いかに一般解(3.2)または(3.7)の表式を得るかが問題となる．ある意味では，(3.1)の一般解はつねに Taylor 級数展開の形で求めることができる．実際，十分小さな t に対して

$$\begin{aligned} x_i(t) &= x_i(0) + \dot{x}_i(0)t + \ddot{x}_i(0)\frac{t^2}{2} + \cdots \\ &= x_i(0) + F_i(x(0))t + \cdots \end{aligned} \tag{3.8}$$

ここで N 個の初期条件 $x_1(0), x_2(0), \cdots, x_N(0)$ が N 個の任意定数の役割を果たし，これも一般解といえる．しかしながらわれわれは通常このような初期値のごく近傍の様子しか表わしえない「微視的」な解には満足しない．解の表示がもっと大局的な情報を有し，あわよくば $t \to \pm\infty$ の挙動が一目で理解できる表現を得ることを期待する.(実際，上の例題 3-1, 3-2 はそうなっている.) そのためには $\phi_i(t)$ が例えば初等関数で表現されることが望ましい．しかしこの初等関数というのも結構定義があいまいである．そこで歴史的には**求積法**(quadrature)という概念がじょじょに形成された．求積法あるいは求積操作とは

> 与えられた微分方程式の右辺に現われる関数 $F_i(x)$ から四則演算(加減乗除)，微分演算，不定積分演算，逆関数演算，および代数方程式* の解を求める演算とその有限回の反復

のことをさす．そしてこの求積法によって一般解を求めることができるときに，微分方程式系(3.1)は**求積可能**という．(3.8)の Taylor 級数展開による一般解はその表現に無限回の微分操作および無限和をとる操作が含まれているので，この求積法の範疇の外にある．

例題 3-3 1階の自励系

$$\frac{dx}{dt} = F(x) \tag{3.9}$$

はつねに求積可能である．実際

$$\frac{dx}{F(x)} = dt \tag{3.10}$$

の両辺を積分して(不定積分操作)

$$\int \frac{dx}{F(x)} = t-t_0 \tag{3.11}$$

左辺の不定積分で定義される関数の逆関数をとることによって，一般解 $x=\phi(t-t_0)$ が得られる．とくに例題 3-1 の $F(x)=x$ ならば

$$\int \frac{dx}{F(x)} = \log|x| \tag{3.12}$$

であり，その逆関数は指数関数 $x=\pm e^{t-t_0}$ となる．▌

階数 N が 2 以上の自励系(3.1)は一般には求積可能とは限らない．求積可能となるためには特別な理由が必要となる．それが第 1 積分の存在である．

a) 第 1 積分と階数低下

一般に $x_1, x_2, \cdots, x_N$ の関数 $\boldsymbol{\Phi}(x)$ で(3.1)の任意の解 $x_1(t), x_2(t), \cdots, x_N(t)$ に

---

* ここで「代数方程式」とは狭義の多項式の方程式以外に，三角関数などの超越関数を含む方程式をも含むとしておく．微分方程式ではないという意味での代数方程式である．

対してその値が一定になる，すなわち

$$\boldsymbol{\Phi}(x_1(t), x_2(t), \cdots, x_N(t)) = \text{const.} \tag{3.13}$$

となるとき，関数$\boldsymbol{\Phi}(x)$を微分方程式系(3.1)の**第1積分**(first integral)という．これ以外に「運動の積分」,「積分」,「保存量」という呼び名も多く使われる．「第1」という形容詞は単に歴史的な習慣から付けられている．$\boldsymbol{\Phi}(x)$が第1積分となるための条件は，時間tによる微分が0であることから

$$\frac{d\boldsymbol{\Phi}}{dt} = \sum_{i=1}^{N} F_i(x)\frac{\partial \boldsymbol{\Phi}}{\partial x_i} = 0 \tag{3.14}$$

とも書ける．

さて，N階の微分方程式系(3.1)に対して1つの第1積分が見つかれば，(3.1)を$N-1$階の方程式に階数を低下することができる．実際

$$\boldsymbol{\Phi}(x_1, x_2, \cdots, x_N) = \text{const.} = a \tag{3.15}$$

からx_Nを$x_1, x_2, \cdots, x_{N-1}$およびパラメーター$a$の関数として表わし(代数方程式を解く操作)，$x_1, x_2, \cdots, x_{N-1}$に対する微分方程式に代入すれば

$$\begin{aligned}\frac{dx_i}{dt} &= F_i(x_1, x_2, \cdots, x_{N-1}, x_N(x_1, x_2, \cdots, x_{N-1};\, a)) \\ &= F_i'(x_1, x_2, \cdots, x_{N-1};\, a) \qquad (i=1, 2, \cdots, N-1)\end{aligned} \tag{3.16}$$

なる$N-1$階の連立方程式が得られる．よって，もし$N-1$個の関数的に独立*な第1積分$\boldsymbol{\Phi}_1(x), \boldsymbol{\Phi}_2(x), \cdots, \boldsymbol{\Phi}_{N-1}(x)$が得られれば，(3.1)は1階の自励系に階数を低下でき求積可能となる．より具体的な手続きとしては

$$\begin{aligned}\boldsymbol{\Phi}_1(x_1, x_2, \cdots, x_N) &= a_1 \\ \boldsymbol{\Phi}_2(x_1, x_2, \cdots, x_N) &= a_2 \\ &\cdots\cdots\cdots\cdots \\ \boldsymbol{\Phi}_{N-1}(x_1, x_2, \cdots, x_N) &= a_{N-1}\end{aligned} \tag{3.17}$$

から$x_2, \cdots, x_N$を変数x_1およびパラメーター$a_1, a_2, \cdots, a_{N-1}$の関数

$$x_i = \psi_i(x_1;\, a_1, a_2, \cdots, a_{N-1}) \tag{3.18}$$

* 勾配(gradient)ベクトル $\nabla\boldsymbol{\Phi}_1, \nabla\boldsymbol{\Phi}_2, \cdots$ が恒等的には1次従属とならないことで定義される．

と表わし，x_1 についての微分方程式に代入して

$$\frac{dx_1}{dt} = F_1(x_1, x_2, \cdots, x_N) = F_1'(x_1;\, a_1, a_2, \cdots, a_{N-1}) \tag{3.19}$$

を得る．その解

$$x_1 = \phi_1(t-t_0;\, a_1, a_2, \cdots, a_{N-1}) \tag{3.20}$$

および(3.20)を(3.18)に代入することによって，一般解の表式が得られる．つまり求積可能である．

例題 3-4 自由度 1 の自励 Hamilton 系

$$\frac{dq}{dt} = \frac{\partial H}{\partial p}, \qquad \frac{dp}{dt} = -\frac{\partial H}{\partial q} \tag{3.21}$$

を考える．この 2 階の微分方程式はハミルトニアン $H(q,p)$ を第 1 積分としてもつ．よってつねに求積可能である．実際，$H(q,p)=a$ を p について解いて $p=p(q;\, a)$ と表わせば，$\partial H/\partial p$ は q のみの関数となる．そこで

$$\frac{dq}{\partial H/\partial p} = dt \tag{3.22}$$

の両辺を積分して

$$\int \frac{dq}{\partial H/\partial p} = t-t_0 \tag{3.23}$$

この逆関数として，一般解 $q=\phi(t-t_0;\, a)$ を得る．▌

例題 3-5 剛体の自由回転を記述する Euler の方程式は

$$\begin{aligned} A\frac{d\omega_1}{dt} &= (B-C)\omega_2\omega_3 \\ B\frac{d\omega_2}{dt} &= (C-A)\omega_3\omega_1 \\ C\frac{d\omega_3}{dt} &= (A-B)\omega_1\omega_2 \end{aligned} \tag{3.24}$$

と書かれる 3 階の方程式である．ここで未知変数 $(\omega_1, \omega_2, \omega_3)$ は角速度ベクトルの成分であり，(A, B, C) は主慣性モーメントとよばれるパラメーター(定数)である．(3.24)の各辺にそれぞれ $\omega_1, \omega_2, \omega_3$ を掛けて和をとることにより

$$A\omega_1\frac{d\omega_1}{dt}+B\omega_2\frac{d\omega_2}{dt}+C\omega_3\frac{d\omega_3}{dt}=0 \tag{3.25}$$

すなわち

$$\frac{1}{2}(A\omega_1^2+B\omega_2^2+C\omega_3^2)=\text{const.}=E \tag{3.26}$$

となることがわかる．これは回転の運動エネルギーの保存を意味する．また，(3.24)の各辺に $A\omega_1, B\omega_2, C\omega_3$ を掛けて和をとることにより

$$A^2\omega_1\frac{d\omega_1}{dt}+B^2\omega_2\frac{d\omega_2}{dt}+C^2\omega_3\frac{d\omega_3}{dt}=0 \tag{3.27}$$

つまり

$$A^2\omega_1^2+B^2\omega_2^2+C^2\omega_3^2=\text{const.}=L^2 \tag{3.28}$$

が導かれる．これは角運動量(の絶対値の2乗)の保存を意味する．この2つの第1積分は明らかに独立であり，それゆえ Euler の方程式(3.24)は求積可能である．実際，第1積分の式(3.26)と(3.28)から ω_2^2 および ω_3^2 はパラメーター A, B, C と積分定数 E, L^2 を係数とする ω_1^2 の1次式で表現できる．その表式を(3.24)の第1式に代入すれば，$P(\omega_1)$ を4次の多項式とする1階の方程式

$$\frac{d\omega_1}{dt}=\sqrt{P(\omega_1)} \tag{3.29}$$

が得られ，この解は楕円関数で表現される．▮

例題 3-6 2次元の Kepler 問題の運動方程式($\mu=GM$ は定数)

$$\frac{dx}{dt}=p_x,\quad \frac{dy}{dt}=p_y,\quad \frac{dp_x}{dt}=-\mu\frac{x}{r^3},\quad \frac{dp_y}{dt}=-\mu\frac{y}{r^3} \tag{3.30}$$

は自由度2のハミルトニアン

$$H=\frac{1}{2}(p_x^2+p_y^2)-\frac{\mu}{r},\qquad r:=\sqrt{x^2+y^2} \tag{3.31}$$

から導かれ*，当然ハミルトニアン自身を第1積分 $H=$const. とする．この系

* 「:=」は左辺を右辺によって定義する記号．

はポテンシャルが r のみの関数(中心力)なので角運動量が保存される．つまり

$$L_z := xp_y - yp_x = \text{const.} \tag{3.32}$$

また $1/r$ の形のポテンシャル系がもつ特殊な第1積分として，Runge-Lenz ベクトル(離心ベクトル)の成分

$$A_x := p_y(-yp_x + xp_y) - \frac{\mu x}{r} = \text{const.} \tag{3.33}$$

がある．そして H, L_z, A_x は関数的に独立である．よって2次元の Kepler 問題は求積可能である．その解はよく知られているように，原点を焦点とする2次曲線となる．ただし時間 t の関数としての表現は簡単ではない．▌

例題 3-7 2次元の等方調和振動子の運動方程式

$$\ddot{x} + \omega^2 x = 0, \qquad \ddot{y} + \omega^2 y = 0 \tag{3.34}$$

はハミルトニアン

$$H = \frac{1}{2}(p_x^2 + p_y^2) + \frac{\omega^2}{2}(x^2 + y^2) \tag{3.35}$$

から導かれる．この系は独立な第1積分としてエネルギーの x 成分

$$H_x = \frac{1}{2}p_x^2 + \frac{\omega^2}{2}x^2 = \text{const.} \tag{3.36}$$

および角運動量積分

$$L_z = xp_y - yp_x = \text{const.} \tag{3.37}$$

を有する．運動方程式の解は，A_1, A_2, t_0, t_1 を任意定数として

$$x = A_1 \cos[\omega(t - t_0)], \qquad y = A_2 \cos[\omega(t - t_0 - t_1)] \tag{3.38}$$

となり，(x, y) 平面内での楕円軌道を表わす．一般の非等方調和振動子

$$\ddot{x} + \omega_1^2 x = 0, \qquad \ddot{y} + \omega_2^2 y = 0 \qquad (\omega_1 \neq \omega_2) \tag{3.39}$$

においては角運動量積分(3.37)が存在せず，(x, y) 面内での軌道は閉曲線とはならないことに注意しよう．▌

以上のすべての例(自由度1の自励 Hamilton 系，剛体の自由回転を記述する Euler の方程式，2次元の Kepler 問題，2次元の等方調和振動子など)において，すべての有界運動(軌道が無限遠に行かない運動)はつねに周期解となっ

ていることに注意しよう．これは $N-1$ 個の独立なエネルギー積分のような第1積分* をもつ N 階の系が一般にもつ性質である．$V=V(r)$ をポテンシャルとしてもつ中心力場における質点の運動の場合に，このようなことが起きるのは，さきに述べた Kepler 問題（$V(r)=-1/r$）の場合，および等方調和振動子（$V(r)=r^2$）の場合に限られることが知られている．これを **Bertrand の定理****という．

b） Jacobi の最終乗式

前項で N 階の自励系は $N-1$ 個の独立な第1積分が見つかれば求積可能であることを示した．しかし系が特殊な対称性をもつ場合，$N-1$ 個以下の第1積分で十分な場合がある．その最も簡単な場合が Jacobi の最終乗式を有する系である．

N 階の自励系(3.1)に対して

$$\sum_{i=1}^{N}\frac{\partial(M(x)F_i(x))}{\partial x_i}=0 \tag{3.40}$$

を満たす $x=(x_1, x_2, \cdots, x_N)$ の関数 $M(x)$ を **Jacobi の最終乗式**（Jacobi's last multiplier）とよぶ．Jacobi の最終乗式は必ずしも x の関数である必要はなく定数（$=1$）であってもよい．例えば**発散**（divergence）が 0 であるベクトル場を定義する微分方程式は

$$\sum_{i=1}^{N}\frac{\partial F_i(x)}{\partial x_i}=0 \tag{3.41}$$

を満たすが，これは $M=1$ を最終乗式とする．この場合，非圧縮性流体のアナロジーが可能となる．

いま，N 階の自励系(3.1)が Jacobi の最終乗式 $M(x)$ を有するとしよう．そして(3.1)の $N-2$ 個の関数的に独立な第1積分が既知であると仮定する．このとき，$N-1$ 番目の第1積分は求積操作によって導出することができる．この意味で(3.1)は求積可能となる．

---

* 4-3節で定義される「1価の積分」をさす．

** J. Bertrand: C. R. Acad. Sci. Paris 77 (1873) 849-853.

まず既知の$N-2$個の第1積分の式

$$\boldsymbol{\Phi}_1(x)=a_1,\quad \boldsymbol{\Phi}_2(x)=a_2,\quad \cdots,\quad \boldsymbol{\Phi}_{N-2}(x)=a_{N-2} \tag{3.42}$$

から$x_1, x_2, \cdots, x_{N-2}$を変数$(x_{N-1}, x_N)$とパラメーター$(a_1, a_2, \cdots, a_{N-2})$の関数として表わすことができる．そして残りの2変数(x_{N-1}, x_N)についての微分方程式

$$\frac{dx_{N-1}}{dt}=F_{N-1}(x)=F'_{N-1},\qquad \frac{dx_N}{dt}=F_N(x)=F'_N \tag{3.43}$$

あるいはdtを消去した

$$F'_N dx_{N-1}-F'_{N-1}dx_N=0 \tag{3.44}$$

を得る．ここでF'_{N-1}, F'_Nは$F_{N-1}(x)$, $F_N(x)$を変数(x_{N-1}, x_N)とパラメーター$(a_1, a_2, \cdots, a_{N-2})$の関数として表現したものである．ここに現われた2変数の微分形式$F'_N dx_{N-1}-F'_{N-1}dx_N$は一般には全微分とはならず，その積分(不定積分)は積分路の微小変形に対してすら値を変え，意味をもたない．

いまJacobiの最終乗式$M(x)$およびヤコビアン行列式

$$\varDelta=\frac{\partial(\boldsymbol{\Phi}_1, \boldsymbol{\Phi}_2, \cdots, \boldsymbol{\Phi}_{N-2})}{\partial(x_1, x_2, \cdots, x_{N-2})} \tag{3.45}$$

を変数(x_{N-1}, x_N)とパラメーター$(a_1, a_2, \cdots, a_{N-2})$の関数として表わしたものを$M'$および$\varDelta'$とする．このとき，微分形式

$$\frac{M'}{\varDelta'}(F'_N dx_{N-1}-F'_{N-1}dx_N)=0 \tag{3.46}$$

は全微分となることが証明できる．よってその積分

$$\int\frac{M'}{\varDelta'}(F'_N dx_{N-1}-F'_{N-1}dx_N)=\text{const.} \tag{3.47}$$

は考えている系の$N-1$番目の第1積分と考えることができる．詳細については参考文献*を参照せよ．以下にその具体的な例を見てみよう．

例題3-8 自由度2の自励Hamilton系

---

* E. T. Whittaker: *Analytical Dynamics* (Cambridge Univ. Press, 1904) chap. 10.

$$\frac{dq_1}{dt} = \frac{\partial H}{\partial p_1}, \quad \frac{dq_2}{dt} = \frac{\partial H}{\partial p_2}, \quad \frac{dp_1}{dt} = -\frac{\partial H}{\partial q_1}, \quad \frac{dp_2}{dt} = -\frac{\partial H}{\partial q_2} \tag{3.48}$$

は $M=1$ を Jacobi の最終乗式とする 4 階の方程式系である．ハミルトニアン $H(q,p)$ 自身はつねに系の第 1 積分であるが，いまハミルトニアンと関数的に独立な積分 $\boldsymbol{\Phi}(q,p)=\text{const.}$ が知られているとしよう．2 つの積分の式

$$H(q,p) = E, \quad \boldsymbol{\Phi}(q,p) = \alpha \tag{3.49}$$

から p_1, p_2 を (q_1, q_2, E, α) の関数として表わすことができる．またヤコビアン行列式(3.45)は $\Delta=\partial(H,\boldsymbol{\Phi})/\partial(p_1,p_2)$．よって求積操作によって得られる 3 番目の第 1 積分(3.47)は

$$\int \frac{\dfrac{\partial H}{\partial p_2}dq_1 - \dfrac{\partial H}{\partial p_1}dq_2}{\dfrac{\partial(H,\boldsymbol{\Phi})}{\partial(p_1,p_2)}} = \text{const.} \tag{3.50}$$

となる．つまり自由度 2 の自励 Hamilton 系においては，ハミルトニアンと独立な積分が見つかれば，直ちに求積可能となるわけである．▌

例題 3-9　重力の作用下での固定点の周りの剛体の運動

剛体の自由回転運動が 3 階のつねに求積可能な系(3.24)となったのに対し，重力の作用下においては，重力が固定点の周りのトルクとして働き，空間における配位を定める変数とともに 6 階の方程式系となる．未知変数は角速度ベクトルの成分 $(\omega_1, \omega_2, \omega_3)$ および慣性系における単位ベクトルの方向余弦 $(\gamma_1, \gamma_2, \gamma_3)$ であり，パラメーターとして主慣性モーメント (A, B, C) および固定点からみた重心の位置ベクトル (x_0, y_0, z_0) をもつ．歴史的に Euler-Poisson の方程式とよばれたその運動方程式は

$$\begin{aligned}
A\frac{d\omega_1}{dt} &= (B-C)\omega_2\omega_3 + z_0\gamma_2 - y_0\gamma_3, & \frac{d\gamma_1}{dt} &= \omega_3\gamma_2 - \omega_2\gamma_3 \\
B\frac{d\omega_2}{dt} &= (C-A)\omega_3\omega_1 + x_0\gamma_3 - z_0\gamma_1, & \frac{d\gamma_2}{dt} &= \omega_1\gamma_3 - \omega_3\gamma_1 \\
C\frac{d\omega_3}{dt} &= (A-B)\omega_1\omega_2 + y_0\gamma_1 - x_0\gamma_2, & \frac{d\gamma_3}{dt} &= \omega_2\gamma_1 - \omega_1\gamma_2
\end{aligned} \tag{3.51}$$

となる*．この系はパラメーター (A, B, C, x_0, y_0, z_0) の任意の値に対して共通にエネルギー積分

$$\frac{1}{2}(A\omega_1^2+B\omega_2^2+C\omega_3^2)+x_0\gamma_1+y_0\gamma_2+z_0\gamma_3 = \text{const.} \tag{3.52}$$

角運動量の鉛直成分

$$A\omega_1\gamma_1+B\omega_2\gamma_2+C\omega_3\gamma_3 = \text{const.} \tag{3.53}$$

および方向余弦の定義から明らかな

$$\gamma_1^2+\gamma_2^2+\gamma_3^2 = \text{const.} \tag{3.54}$$

を第1積分としてもつ．Euler-Poisson の方程式(3.51)は発散(divergence)が 0 となるベクトル場を定めるので，$M=1$ を Jacobi の最終乗式としてもつ．よって第 4 番目の積分の存在が系を求積可能にする．

今日までに 4 番目の積分が見つかっているのは

(1)　Euler の場合：　$x_0=y_0=z_0=0$

(2)　Lagrange の場合：　$A=B$，$x_0=y_0=0$

(3)　Kowalevski の場合：　$A=B=2C$，$y_0=z_0=0$

だけである．この 3 つの場合において存在する 4 番目の積分はそれぞれ

(1)
$$A^2\omega_1^2+B^2\omega_2^2+C^2\omega_3^2 = \text{const.} \tag{3.55}$$

(2)
$$C\omega_3 = \text{const.} \tag{3.56}$$

(3)
$$(\omega_1^2-\omega_2^2-x_0\gamma_1)^2+(2\omega_1\omega_2-x_0\gamma_2)^2 = \text{const.} \tag{3.57}$$

である．Euler, Lagrange の場合は，解は時間 t の楕円関数(楕円テータ関数の商)で表わされ，Kowalevski の場合は Riemann のテータ関数の商で表現される．いずれの場合も有理型関数(meromorphic function)である**．▌

---

* E. Leimanis: *The General Problem of the Motion of Coupled Rigid Bodies about a Fixed Point* (Springer, 1965).

** Euler-Poisson の方程式(3.51)は 5-3 節でふたたび議論される．

3-2 求積可能性についての Liouville-Arnold の定理

一般に自由度 n の自励 Hamilton 系は $M=1$ を最終乗式としてもつから，$2n-2$ 個の独立な第1積分はもちろん系の求積可能性を導く．しかし実は自由度の数(n)だけの第1積分で十分なのである．Liouville はこの主張をもともと時間 t を含む積分に対して定式化したが，ここでは最も単純な場合である，すべての第1積分が時間を含まない場合についてのみ考えることにしよう．ここでは Hamilton 系のもつ対称性が本質的な役割を果たす．後に Arnold はこの Liouville の主張を幾何学的に定式化し直し，「積分可能」という言葉が「求積可能」にとって代わることになる．もちろん積分可能という言葉が真に意味をもつためには，そうではない「積分不可能」な系が存在しなければならない．

a) Liouville の定理

いま自由度 n の自励 Hamilton 系が包合系をなす n 個の第1積分

$$\boldsymbol{\Phi}_1(q,p)=\text{const.},\ \boldsymbol{\Phi}_2(q,p)=\text{const.},\ \cdots,\ \boldsymbol{\Phi}_n(q,p)=\text{const.} \tag{3.58}$$

を有するとしよう．とくに $\boldsymbol{\Phi}_n$ はハミルトニアン $H(q,p)$ 自身とする．ここで**包合系**(involutive system)とは，相互の Poisson 括弧が 0 となること，すなわち

$$\{\boldsymbol{\Phi}_i,\boldsymbol{\Phi}_j\}:=\sum_{k=1}^{n}\left\{\frac{\partial\boldsymbol{\Phi}_i}{\partial q_k}\frac{\partial\boldsymbol{\Phi}_j}{\partial p_k}-\frac{\partial\boldsymbol{\Phi}_i}{\partial p_k}\frac{\partial\boldsymbol{\Phi}_j}{\partial q_k}\right\}=0 \tag{3.59}$$

がすべての i,j の組に対して成り立つことを意味する．このとき，考えている系は求積可能である．これを **Liouville の定理**という．この主張のポイントは，存在が仮定された包合系をなす第1積分を新しい運動量

$$p_i^*=\boldsymbol{\Phi}_i(q,p) \tag{3.60}$$

とする正準変換

$$(q,p)\to(q^*,p^*) \tag{3.61}$$

を構成できることにある．そしてその過程で残りの $n-1$ 個の積分が求積操作で構成されることになる．

新しい正準変数 (q^*, p^*) においてはハミルトニアンは単に $H = p_n^*$ なので，正準方程式

$$\begin{gathered}\dot{p}_1^* = 0,\ \dot{p}_2^* = 0,\ \cdots,\ \dot{p}_n^* = 0 \\ \dot{q}_1^* = 0,\ \dot{q}_2^* = 0,\ \cdots,\ \dot{q}_{n-1}^* = 0,\ \dot{q}_n^* = 1\end{gathered} \tag{3.62}$$

から自明な解

$$\begin{gathered}p_1^* = \text{const.},\ p_2^* = \text{const.},\ \cdots,\ p_n^* = \text{const.} \\ q_1^* = \text{const.},\ q_2^* = \text{const.},\ \cdots,\ q_{n-1}^* = \text{const.},\ q_n^* = t + \text{const.}\end{gathered} \tag{3.63}$$

が得られる．さて，この目的を達成する正準変換(3.61)を実際に構成してみよう．一般に (q, p^*) の任意の関数 $S(q, p^*)$ に対して，

$$p_i = \frac{\partial S}{\partial q_i}, \qquad q_i^* = \frac{\partial S}{\partial p_i^*} \tag{3.64}$$

なる関係式によって陰的(implicit)に定まる変換 $(q, p) \to (q^*, p^*)$ は正準変換となる．関数 $S(q, p^*)$ はこの正準変換の母関数とよばれる†.

いま，連立方程式

$$\Phi_1(q, p) = p_1^*, \quad \Phi_2(q, p) = p_2^*, \ \cdots, \ \Phi_n(q, p) = p_n^* \tag{3.65}$$

を $p_1, p_2, \cdots, p_n$ について解いた表式を

$$p_i = f_i(q, p^*) \tag{3.66}$$

と書こう．そして正準変換の母関数として

$$S(q, p^*) = \int \sum_{k=1}^{n} f_k(q, p^*) dq_k \tag{3.67}$$

を採れば，(3.64)の条件 $p_i = \partial S / \partial q_i$ は自動的に満たされる．ただし，母関数 $S(q, p^*)$ が (q, p^*) の関数として意味をもつためには(3.67)で積分路の連続的な変形に対して右辺の積分値が変わらないものでなければならないが，そのためには，微分形式

$$\omega := \sum_{k=1}^{n} f_k(q, p^*) dq_k \tag{3.68}$$

が全微分となる必要がある．その条件はすべての添字 i, j の組について

† 2-3 節の(2.85)に対応.

$$\frac{\partial f_i}{\partial q_j} - \frac{\partial f_j}{\partial q_i} = 0 \tag{3.69}$$

が成り立つことであるが，実はこの条件は第1積分の組が包合系をなすという仮定 $\{\boldsymbol{\Phi}_i, \boldsymbol{\Phi}_j\} = 0$ の帰結である．実際，関係式

$$p_i = f_i(q, p^*) = f_i(q, \boldsymbol{\Phi}(q, p)) \tag{3.70}$$

を (q, p) についての恒等式とみて両辺を p_k および q_k で偏微分すると

$$\delta_{ik} = \sum_l \frac{\partial f_i}{\partial p_l^*} \frac{\partial \boldsymbol{\Phi}_l}{\partial p_k} \tag{3.71}$$

および

$$-\frac{\partial f_j}{\partial q_k} = \sum_m \frac{\partial f_j}{\partial p_m^*} \frac{\partial \boldsymbol{\Phi}_m}{\partial q_k} \tag{3.72}$$

が得られる．この2つの式(3.71)と(3.72)を辺々かけ合わせ，添字 k についての和をとれば

$$-\frac{\partial f_j}{\partial q_i} = \sum_{l,m,k} \frac{\partial f_i}{\partial p_l^*} \frac{\partial f_j}{\partial p_m^*} \frac{\partial \boldsymbol{\Phi}_l}{\partial p_k} \frac{\partial \boldsymbol{\Phi}_m}{\partial q_k} \tag{3.73}$$

となる．この式の i と j を入れ替えた式との差をとることにより

$$\begin{aligned}\frac{\partial f_i}{\partial q_j} - \frac{\partial f_j}{\partial q_i} &= \sum_{l,m,k} \frac{\partial f_i}{\partial p_l^*} \frac{\partial f_j}{\partial p_m^*} \left(\frac{\partial \boldsymbol{\Phi}_l}{\partial q_k} \frac{\partial \boldsymbol{\Phi}_m}{\partial p_k} - \frac{\partial \boldsymbol{\Phi}_l}{\partial p_k} \frac{\partial \boldsymbol{\Phi}_m}{\partial q_k} \right) \\ &= \sum_{l,m} \frac{\partial f_i}{\partial p_l^*} \frac{\partial f_j}{\partial p_m^*} \{\boldsymbol{\Phi}_l, \boldsymbol{\Phi}_m\} \end{aligned} \tag{3.74}$$

が得られるが，右辺は仮定により0となる．よって(3.69)が確かめられた．

以上の母関数 $S(q, p^*)$ から新しい座標 q_i^* は

$$q_i^* = \frac{\partial S}{\partial p_i^*} = \int \sum_{k=1}^{n} \frac{\partial f_k}{\partial p_i^*} dq_k \tag{3.75}$$

となる．(3.75)の被積分関数 $\partial f_k / \partial p_i^*$ をもとの正準変数 (q, p) で表現しておこう．まず (q, p^*) についての恒等式

$$\boldsymbol{\Phi}_j(q, f(q, p^*)) = p_j^* \tag{3.76}$$

の両辺を p_i^* で偏微分して

$$\sum_{k=1}^{n}\frac{\partial \boldsymbol{\Phi}_j}{\partial p_k}\frac{\partial f_k}{\partial p_i^*}=\delta_{ij} \tag{3.77}$$

これから $\partial f_k/\partial p_i^*$ は $\partial \boldsymbol{\Phi}_k/\partial p_i$ の逆行列であることがわかる．よって連立1次方程式の解に関する Cramer の公式によってヤコビアン行列式の商による表現が可能となる．その結果，(3.75)は

$$q_i^*=\int\sum_{k=1}^{n}(-1)^{k+i}\frac{\dfrac{\partial(\boldsymbol{\Phi}_1,\cdots,\boldsymbol{\Phi}_{i-1},\boldsymbol{\Phi}_{i+1},\cdots,\boldsymbol{\Phi}_n)}{\partial(p_1,\cdots,p_{k-1},p_{k+1},\cdots,p_n)}}{\dfrac{\partial(\boldsymbol{\Phi}_1,\cdots,\boldsymbol{\Phi}_n)}{\partial(p_1,\cdots,p_n)}}dq_k \tag{3.78}$$

となる．

以上の手続きで得られた $q_1^*, q_2^*, \cdots, q_{n-1}^*$ は，最初からは仮定されていない，求積操作によって得られた第1積分であり，$n-1$ 個の関係式

$$q_i^*=\text{const.}\qquad (i=1,2,\cdots,n-1) \tag{3.79}$$

が $2n$ 次元の相空間中の軌道の形を決定し，最後の $q_n^*=t+\text{const.}=t-t_0$ によって座標と時間との関係が与えられる．つまり求積によって一般解が求まったわけである．最も簡単な自由度 $n=2$ の場合，$\boldsymbol{\Phi}_1=\boldsymbol{\Phi}$，$\boldsymbol{\Phi}_2=H$ として q_1^*, q_2^* を実際に書き下すと

$$q_1^*=\int\frac{\dfrac{\partial H}{\partial p_2}dq_1-\dfrac{\partial H}{\partial p_1}dq_2}{\dfrac{\partial(\boldsymbol{\Phi},H)}{\partial(p_1,p_2)}}=\text{const.} \tag{3.80}$$

$$q_2^*=\int\frac{-\dfrac{\partial \boldsymbol{\Phi}}{\partial p_2}dq_1+\dfrac{\partial \boldsymbol{\Phi}}{\partial p_1}dq_2}{\dfrac{\partial(\boldsymbol{\Phi},H)}{\partial(p_1,p_2)}}=t+\text{const.}=t-t_0 \tag{3.81}$$

となる．(3.80)で与えられる第1積分 $q_1^*=\text{const.}$ は，前節の Jacobi の最終乗式の理論から導かれる(3.50)と同じものである．しかしこの第1積分 $q_1^*=\text{const.}$ は，以下の例に見るように，一般にハミルトニアンのような素性のよい第1積分とは大いに異なった性質(無限多価性)を有する．

2次元の非等方調和振動子

ハミルトニアンは

$$H = \frac{1}{2}(p_1^2+p_2^2)+\frac{1}{2}(\omega_1^2 q_1^2+\omega_2^2 q_2^2) \tag{3.82}$$

このハミルトニアンと独立な第1積分としては，例えば

$$\Phi = \frac{1}{2}p_1^2+\frac{1}{2}\omega_1^2 q_1^2 \tag{3.83}$$

をとることができる．まず

$$\frac{\partial(\Phi, H)}{\partial(p_1, p_2)} = p_1 p_2 \tag{3.84}$$

よって(3.80),(3.81)の q_1^*, q_2^* は

$$\begin{aligned} q_1^* &= \int \frac{p_2 dq_1 - p_1 dq_2}{p_1 p_2} = \int \frac{dq_1}{p_1} - \int \frac{dq_2}{p_2} \\ q_2^* &= \int \frac{dq_2}{p_2} \end{aligned} \tag{3.85}$$

となる．ここで被積分関数の p_1, p_2 は

$$H(q, p) = \text{const.} = E, \qquad \Phi(q, p) = \text{const.} = \alpha \tag{3.86}$$

を p_1, p_2 について解いた表式，つまり

$$p_1 = \sqrt{2\alpha - \omega_1^2 q_1^2}, \qquad p_2 = \sqrt{2(E-\alpha) - \omega_2^2 q_2^2} \tag{3.87}$$

であるので，付加定数を無視して

$$\int \frac{dq_1}{p_1} = \frac{1}{\omega_1}\sin^{-1}\left(\frac{\omega_1}{\sqrt{2\alpha}}q_1\right), \qquad \int \frac{dq_2}{p_2} = \frac{1}{\omega_2}\sin^{-1}\left(\frac{\omega_2}{\sqrt{2(E-\alpha)}}q_2\right) \tag{3.88}$$

が得られる．

念のために一般解の表式を求めておこう．まず $\int dq_2/p_2 = t - t_0$ から

$$q_2 = \frac{\sqrt{2(E-\alpha)}}{\omega_2}\sin[\omega_2(t-t_0)] \tag{3.89}$$

そして $\int dq_1/p_1 = t - t_0 + q_1^*$ から

$$q_1 = \frac{\sqrt{2\alpha}}{\omega_1}\sin[\omega_1(t-t_0+q_1^*)] \tag{3.90}$$

となる．もっとも調和振動子(3.82)の解をこのような一般的な手続きによって求めることはあまり勧められない[†]．

以上の求積操作によって得られた第1積分 $q_1^*=\text{const.}$ は

$$q_1^* = \frac{1}{\omega_1}\sin^{-1}\left(\frac{\omega_1}{\sqrt{2\alpha}}q_1\right) - \frac{1}{\omega_2}\sin^{-1}\left(\frac{\omega_2}{\sqrt{2(E-\alpha)}}q_2\right) = \text{const.} \qquad (3.91)$$

なる表式をもつが，この積分は一般に**無限多価**，つまり (q,p) の値を与えても q_1^* の値が一意には決まらない性質のものであることに注意しよう．逆にいえば，関係式 $q_1^*(q,p)=\text{const.}$ は4次元の相空間内で孤立した超曲面を定めず，ある領域内の至るところを通る超曲面となる．そして，このことは (q_1,q_2) 面内での軌道が Lissajous 図形として知られている，一般にはある領域を埋めつくすグラフとなることに対応している．例外的に振動数の比 ω_1/ω_2 が有理数となるときには軌道は閉じ，積分 q_1^* の無限多価性は消失する．最も代表的なのは $\omega_1=\omega_2$ の等方調和振動子の場合であり，このとき (q_1,q_2) 面内の軌道は楕円となる．

b) Arnold による定式化

Arnold は，Liouville の定理によって示された求積可能系の状況を幾何学的に定式化しなおした．自由度 n の自励 Hamilton 系に対する独立な包合系積分を $\boldsymbol{\Phi}_1, \boldsymbol{\Phi}_2, \cdots, \boldsymbol{\Phi}_n$ とし，各積分値を固定した**レベルセット**(積分曲面の共通部分)

$$M_a := \{(q,p) \mid \boldsymbol{\Phi}_i(q,p)=a_i \ \ (i=1,2,\cdots,n)\} \qquad (3.92)$$

を考える．そして

(1) レベルセット M_a はコンパクトで連結であること，

(2) 勾配ベクトル $\nabla\boldsymbol{\Phi}_i(q,p)$ は M_a 上の各点で1次独立であること

を仮定する．このとき

> レベルセット M_a は n 次元トーラス T^n のトポロジーをもち，解は T^n 上の準周期運動になる

† 「牛刀をもって鶏を割く」ようなものだからである．

というのがその主張である．このArnoldによる定式化を踏まえて，Liouvilleの定理が成り立つ系を**積分可能系**(integrable system)とよぶことにする．

n 次元トーラス

まず n 次元トーラスについて簡単に触れておこう．$n=1$ の1次元トーラスとは円周に他ならない．そしてその円周を決めるのに動径座標 r が必要で，その円周上の1点を指定するのに角度座標 θ が必要となる．そして上の主張は，自由度1の自励Hamilton系のコンパクトなレベルセット，つまり $H(q,p)=\mathrm{const.}$ で決まる閉じた等高線が円周になる(円周のトポロジーをもつ)というものである．実際，調和振動子や単振り子のハミルトニアンに対して $H(q,p)=\mathrm{const.}$ の等高線を描いてやれば自明な主張であることがわかる(図3-1)．$n=2$ のときの2次元トーラスはドーナツの表面の形をしている．2次元トーラスは2つの1次元トーラス(円周)の直積と考えることができ，2組の動径・角度座標 (r_1,θ_1), (r_2,θ_2) が導入される(図3-2)．一般の n 次元トーラスはこの2次元トーラスの場合を自然に拡張して，n 個の円周の直積と定義する．そし

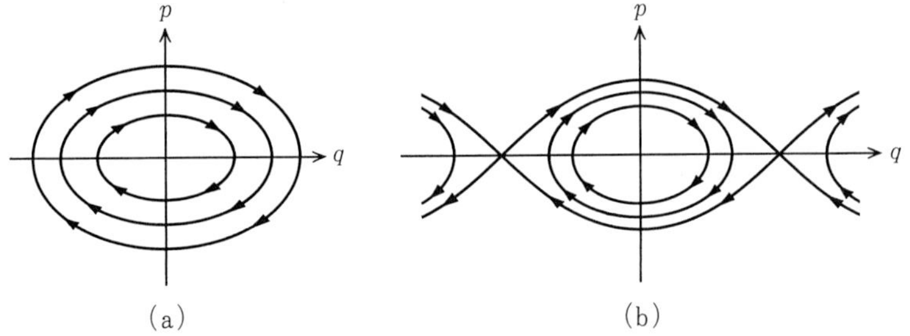

図3-1 1次元の調和振動子(a)と単振り子(b)の相図．

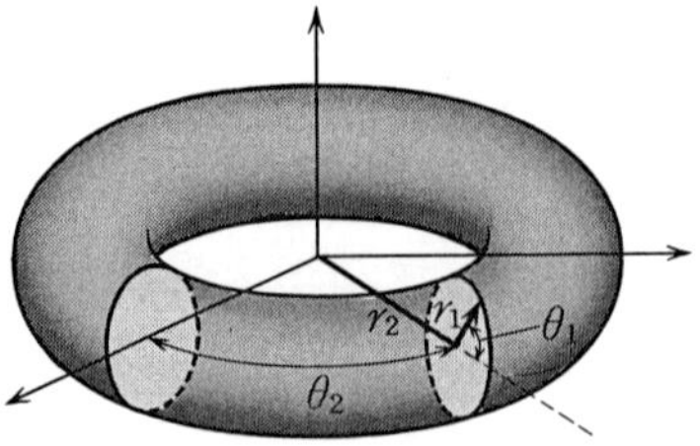

図3-2 2次元トーラス．

て自由度 n で明らかに求積可能な n 次元調和振動子

$$H = \sum_{i=1}^{n} H_i, \qquad H_i = \frac{1}{2}(p_i^2 + \omega_i^2 q_i^2) \tag{3.93}$$

のレベルセットがこの n 次元トーラスになるのは納得できるであろう．このような変数分離系に対しては解が準周期性をもつこと，つまりトーラス上の直線運動となることは19世紀から知られていたことである．Arnold の主張が真に意味をもつのは，n 次元調和振動子のような分離系でない場合に，包合系をなす積分の存在の仮定だけからレベルセットがトーラスとなるべきことを結論していることである．

ここで注意深い読者は包合系積分 $\boldsymbol{\Phi}_i$ たちの独立性(関数的独立性)は仮定されているので，勾配ベクトル $\nabla\boldsymbol{\Phi}_i$ の1次独立性の仮定は不必要なのではないかと思うかも知れない．しかし，それは正しくない．関数の独立性はその勾配ベクトルが相空間の少なくとも1点で1次独立ならば満たされるものであり，レベルセットのすべての点での1次独立性は要求されていない．よって，あるレベルセット M_a 上のある点では1次従属となることも可能なのである．1次元の単振り子における安定および不安定平衡点は明らかにこの1次独立性が破れた特異点である．そして，このような特異点の近傍ではレベルセットがトーラスになるという Arnold の主張はもちろん成り立たない*.

レベルセットがトーラスとなる理由

さて，勾配ベクトル $\nabla\boldsymbol{\Phi}_i$ が1次独立となる一般のレベルセット M_a が n 次元トーラスになる理由を考えてみよう．$n=2$ の場合の様子が納得できれば十分である．レベルセットは4次元の相空間の中で2つの条件

$$\boldsymbol{\Phi}_1(q_1, q_2, p_1, p_2) = a_1, \qquad \boldsymbol{\Phi}_2(q_1, q_2, p_1, p_2) = a_2 \tag{3.94}$$

を満足する集合なので，局所的には曲面になるべきことは簡単に理解できる．つまり，レベルセット M_a は2次元の多様体である．そして仮定からコンパクトで連結である．問題はその曲面が大局的にもつトポロジーである．いま J を

* この特異点におけるレベルセットについては，伊藤秀一：数学 42 (1989) 97-111 を参照せよ．

4行4列の行列

$$J=\begin{pmatrix} 0 & I_2 \\ -I_2 & 0 \end{pmatrix} \tag{3.95}$$

とする．ここでI_2は2行2列の単位行列である．すると，$J\nabla\boldsymbol{\Phi}_i$は連続な**接ベクトル場**(tangent vector field)を定める．実際$\boldsymbol{\Phi}_i$としてハミルトニアン自身をとった$J\nabla H$はHamilton方程式の右辺に他ならず，$J\nabla H$はレベルセットM_aに接するベクトル場となっている．このことは一般の第1積分に対しても同様で，M_aは$J\nabla\boldsymbol{\Phi}_i$を接ベクトルとしてもつ(図3-3)．ベクトル$J\nabla\boldsymbol{\Phi}_i$が接ベクトルとなるべきことは，法線方向を向く勾配ベクトル$\nabla\boldsymbol{\Phi}_i$と直交する(両者の内積が0となる)ことからも確かめられる．さて各点における勾配ベクトル$\nabla\boldsymbol{\Phi}_i$の1次独立性は接ベクトル$J\nabla\boldsymbol{\Phi}_i$の1次独立性を意味し，さらに包合系の仮定$\{\boldsymbol{\Phi}_i,\boldsymbol{\Phi}_j\}=0$はこれらの接ベクトルが「可換」であることを意味する*．そしてこの事実がレベルセットM_aに対する大きな制約となる．

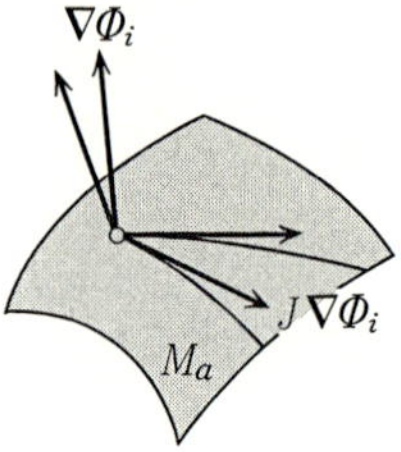

図3-3　勾配ベクトル(法線ベクトル)$\nabla\boldsymbol{\Phi}_i$と接ベクトル$J\nabla\boldsymbol{\Phi}_i$.

2次元の多様体の最も身近な例として球面を考えてみよう．球面上には至るところ1次独立な2つのベクトル場が存在するどころか，1つのベクトル場すら存在しない．うまくベクトル場を配置しようとしても，少なくとも2点(例えば北極と南極の2点)に「つむじ」ができて，そこでは$J\nabla\boldsymbol{\Phi}=0$とならざるを得ない．つまり球面上の連続なベクトル場は必然的に特異点をもつ．トーラス上においては，斜交座標系を定義することができることから，2つの1次独

* 2つのベクトル場が可換とは，至るところに配置された方向表示(ベクトル場)に従って「東へ2キロ」そして「北へ1キロ」進んだ結果が，「北へ1キロ」そして「東へ2キロ」進んだ結果と等しくなることを意味する．このようなベクトル場は碁盤の目のような直交，斜交座標系をその積分曲線とする．

立で可換なベクトル場を配置することが可能となる(図 3-4). そしてこの事実はトーラスを特徴づけている. この Arnold の主張のくわしい証明については原論文* もしくは Arnold 自身によるすぐれた教科書** に譲ることにしたい.

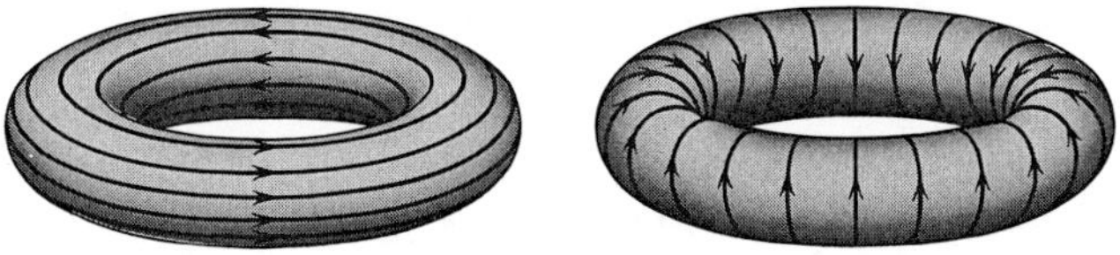

図 3-4 2 次元トーラス上の 2 つの可換な接ベクトル場の積分曲線の例.

作用変数・角変数

図 3-5 に示した 2 次元トーラスの例の一般化として, n 次元トーラス上には連続変形によって 0 にならない n 個の独立な閉曲線(ループ)が存在する. これを $\gamma_1, \gamma_2, \cdots, \gamma_n$ と書くことにする. n 次元トーラス上の角度座標を $\theta_1, \theta_2, \cdots, \theta_n$ とすると, ループ γ_i を正の向きに 1 周することによって θ_i の値のみが 2π 増加し, その他の角度座標の値は変わらない.

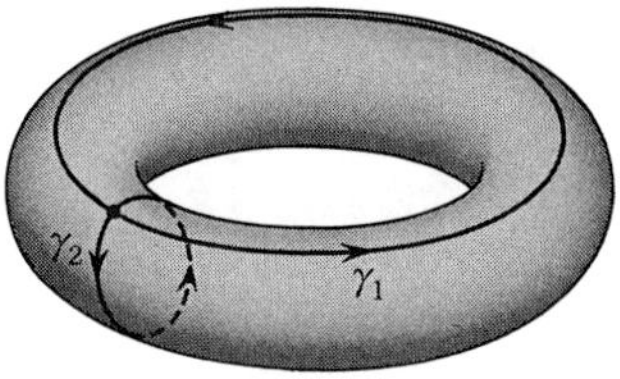

図 3-5 2 次元トーラス上の 2 つのループ γ_1 および γ_2.

さて(3.67)ですでに現われた, $\Phi_i(q,p)=a_i$ を p について解いて得られる全微分をループ γ_i について 1 周積分して得られる

$$I_i = \frac{1}{2\pi}\oint_{\gamma_i} \sum_{k=1}^{n} p_k(q,a)dq_k \qquad (i=1,2,\cdots,n) \tag{3.96}$$

を**作用変数**(action variable)と定義する. $\sum p_k(q,a)dq_k$ が全微分であることにより, 作用変数 I_i の値はループ γ_i の微小変形によって不変である. つまり

* V. I. Arnold: Russian Math. Surveys **18** (1963) 85-191.

** V. I. Arnold: *Mathematical Methods of Classical Mechanics* (*2nd ed.*) (Springer, 1989) chap. 10.

包合系をなす積分の値 $\boldsymbol{\Phi}_i(q,p)=a_i$ が与えられればトーラスが決まり，そして作用変数の値が確定する．つまり，作用変数 I_i は $\boldsymbol{\Phi}_1, \boldsymbol{\Phi}_2, \cdots, \boldsymbol{\Phi}_n$ のみの関数である．そして逆に，第1積分 $\boldsymbol{\Phi}_i$ は作用変数 $I_1, I_2, \cdots, I_n$ のみの関数である．

さて，このように定義された作用変数に正準共役な変数が角度座標 θ_i に他ならない，つまり変換 $(q,p)\rightarrow(\theta,I)$ は正準変換となることを示そう．実際，ある母関数 $S=S(q,I)$ によって

$$p = \frac{\partial S}{\partial q}, \qquad \theta = \frac{\partial S}{\partial I} \tag{3.97}$$

となることを示せばよい．このような母関数は(3.67)ですでに現われた

$$S(q,I) = \int_{q_0}^{q} \sum_{k=1}^{n} p_k(q,I)dq_k \tag{3.98}$$

でよい．母関数 $S(q,I)$ は積分路の連続変形に対してはその値を変えないが，積分の始点 q_0 と終点 q を決めただけでは値が一意的には定まらず，積分路がループ γ_i を1回余分に経由するごとに

$$\oint_{\gamma_i} \sum p_k dq_k = 2\pi I_i \tag{3.99}$$

の値が加算されることになる．よって I_i に共役な変数 θ_i は $\theta_i=\partial S/\partial I_i$ より 2π およびその整数倍の不定性を生じる．これは θ_i が角度座標に他ならないことを意味する．θ_i は通常，**角変数**(angle variable)とよばれる．

このようにして得られた正準変数(作用・角変数)によって Hamilton 方程式は

$$\frac{d\theta_i}{dt} = \frac{\partial H}{\partial I_i} = \omega_i(I), \qquad \frac{dI_i}{dt} = -\frac{\partial H}{\partial \theta_i} = 0 \tag{3.100}$$

となることより，その解は

$$\theta_i = \omega_i(I)t+\theta_i(0), \qquad I_i = I_i(0) \tag{3.101}$$

つまり，解は n 次元トーラス上の準周期運動として表現される．

作用変数・角変数の例

1次元の調和振動子のハミルトニアン

$$H = \frac{1}{2}p^2 + \frac{1}{2}\omega^2 q^2 = E \tag{3.102}$$

に対して作用変数 I は

$$I = \frac{1}{2\pi}\oint p(q, E)dq \tag{3.103}$$

で定義される．ここで，$p(q, E)$ は(3.102)を p について解いて得られる $p=\sqrt{2E-\omega^2 q^2}$ である．1 周積分(3.103)の値は (q, p) 平面上で $H(q, p)=E$ で決まる楕円の面積に等しく

$$I = \frac{1}{2\pi}\pi\sqrt{2E}\,\frac{\sqrt{2E}}{\omega} = \frac{E}{\omega} \tag{3.104}$$

となる．よって

$$E = \omega I \tag{3.105}$$

もとの変数 (q, p) から作用・角変数 (θ, I) を導く陰的(implicit)な正準変換

$$p = \frac{\partial S}{\partial q}, \qquad \theta = \frac{\partial S}{\partial I} \tag{3.106}$$

の母関数 $S=S(q, I)$ は，$q_0=\sqrt{2I/\omega}$ として

$$S = \int_{q_0}^{q} p(q, I)dq = \int_{q_0}^{q}\sqrt{2\omega I-\omega^2 q^2}\,dq \tag{3.107}$$

よって

$$\theta = \frac{\partial S}{\partial I} = \int_{q_0}^{q}\frac{\omega}{\sqrt{2\omega I-\omega^2 q^2}}dq \tag{3.108}$$

ここで $q=\sqrt{\frac{2I}{\omega}}\,x$ と変数変換すれば

$$\theta = \int_{1}^{x}\frac{dx}{\sqrt{1-x^2}} = \cos^{-1}x \tag{3.109}$$

つまり $x=\cos\theta$．よって，正準変換 $(q, p)\to(\theta, I)$ のあらわな形は

$$q = \sqrt{\frac{2I}{\omega}}\cos\theta, \qquad p = \sqrt{2\omega I}\sin\theta \tag{3.110}$$

となる．この作用・角変数によってハミルトニアンは $H=\omega I$ と表わされるの

で，運動方程式は

$$\dot{\theta} = \frac{\partial H}{\partial I} = \omega, \qquad \dot{I} = -\frac{\partial H}{\partial \theta} = 0 \tag{3.111}$$

となり，その解は

$$\theta = \omega t + \theta(0), \qquad I = I(0) \tag{3.112}$$

なる直線運動として表現される．一般に n 次元の調和振動子

$$H = \sum_{i=1}^{n} \left(\frac{1}{2} p_i^2 + \frac{\omega_i^2}{2} q_i^2 \right) \tag{3.113}$$

の場合も，正準変換

$$q_i = \sqrt{\frac{2I_i}{\omega_i}} \cos \theta_i, \qquad p_i = \sqrt{2\omega_i I_i} \sin \theta_i \qquad (i=1,2,\cdots,n) \tag{3.114}$$

によってハミルトニアンは

$$H = \sum_{i=1}^{n} \omega_i I_i \tag{3.115}$$

と表現される．そして Hamilton 方程式の解

$$\theta_i = \omega_i t + \theta_i(0), \qquad I_i = I_i(0) \tag{3.116}$$

は，n 次元トーラス上の準周期運動を表わす．

3-3 Hamilton-Jacobi の方程式と変数分離可能系

前節の Liouville-Arnold の定理は，自由度の数の包合系積分の存在が系の求積可能性を導くことを示したものであるが，実際にはその第 1 積分をいかに見つけるかが問題となる．本節で述べるのは Hamilton 系の求積に対する最後の手段，いわば「奥の手」として知られている Hamilton-Jacobi の方程式である．歴史的に重要な積分可能系のほとんどはこの Hamilton-Jacobi の方程式を経由して求積されており，積分可能系のなかの 1 つのクラスを形成している．

a) Hamilton-Jacobi の方程式

いま，ある正準変換 $(q, p) \to (q^*, p^*)$ によって変換された新しいハミルトニア

ン H^* が恒等的に 0 となったとしよう．このとき新しい正準変数 (q^*, p^*) は時間 t に全く依存せず静止した流れを表わす．このような正準変換

$$p_i = \frac{\partial W}{\partial q_i}, \qquad q_i^* = \frac{\partial W}{\partial p_i^*} \tag{3.117}$$

を導く母関数 W は，もとのハミルトニアンが自励系であっても，時間にあらわに依存する必要がある．そして変換されたハミルトニアンは

$$H^* = H(q, p) + \frac{\partial W}{\partial t} \tag{3.118}$$

となる[†]．さて仮定より $H^*=0$ なので，母関数 $W = W(q, p^*, t)$ は

$$\frac{\partial W}{\partial t} + H\left(q_1, \cdots, q_n, \frac{\partial W}{\partial q_1}, \cdots, \frac{\partial W}{\partial q_n}\right) = 0 \tag{3.119}$$

なる偏微分方程式を満足しなければならない．この方程式を **Hamilton-Jacobi の方程式**という．

自励 Hamilton 系に対しては W の t 依存性をつねに

$$W = -Et + S(q, p^*) \tag{3.120}$$

の形に置くことができ，関数 S は

$$H\left(q_1, \cdots, q_n, \frac{\partial S}{\partial q_1}, \cdots, \frac{\partial S}{\partial q_n}\right) = E \tag{3.121}$$

なる偏微分方程式をみたす．これも Hamilton-Jacobi の方程式とよばれる．(3.121)式の**完全解**とよばれる n 個の任意定数を含む解

$$S = S(q_1, \cdots, q_n; \alpha_1, \cdots, \alpha_{n-1}, E), \qquad E = \alpha_n \tag{3.122}$$

を見つけることができれば，一般解は

$$\frac{\partial W}{\partial \alpha_i} = \beta_i \qquad (i = 1, 2, \cdots, n) \tag{3.123}$$

あるいは同じことだが

$$\frac{\partial S}{\partial \alpha_i} = \beta_i \quad (i = 1, 2, \cdots, n-1), \qquad \frac{\partial S}{\partial E} = t + \beta_n \tag{3.124}$$

† (2.85) を参照.

から求まる．

この Hamilton-Jacobi の方程式による解法は一見，万能解法にも見える．しかし問題は n 個の任意定数を含む完全解が簡単には見つからず，また見つかる保証すらないことである．筆者の知る限りでは，完全解が見つかる場合は以下に述べる変数分離可能系に限定されるようである．いま，

$$u_1 = u_1(q_1, \cdots, q_n), \quad u_2 = u_2(q_1, \cdots, q_n), \quad \cdots, \quad u_n = u_n(q_1, \cdots, q_n) \tag{3.125}$$

を適当な座標変換 $q \to u$ とし，この新しい変数 u_i によって書かれた Hamilton-Jacobi の方程式が，変数が分離された形

$$S = \sum_{i=1}^{n} S_i(u_i) \tag{3.126}$$

によって完全解が求まる場合に，もとの系を**変数分離可能系**(separable system)といい，$(u_1, u_2, \cdots, u_n)$ をその**分離座標**という．変数変換(3.125)は旧座標と新座標の間の変換(点変換)であり，より一般の正準変換を含んでいないことに注意しておこう*.

2 次元の中心力場での質点の運動

ハミルトニアン

$$H = \frac{1}{2}(p_x^2 + p_y^2) + V(\sqrt{x^2+y^2}) \tag{3.127}$$

は，2 次元の極座標 (r, θ) および共役な運動量 (p_r, p_θ) を用いて

$$H = \frac{1}{2}\left(p_r^2 + \frac{p_\theta^2}{r^2}\right) + V(r) \tag{3.128}$$

と書ける．よって極座標を用いた Hamilton-Jacobi の方程式(3.121)は

$$\frac{1}{2}\left[\left(\frac{\partial S}{\partial r}\right)^2 + \frac{1}{r^2}\left(\frac{\partial S}{\partial \theta}\right)^2\right] + V(r) = E \tag{3.129}$$

となる．いま，$S = S_r(r) + S_\theta(\theta)$ と置くと，上式は

---

* 一般の正準変換を許せば，積分可能系はつねに作用・角変数によって変数が分離されると考えてよい．

$$\frac{1}{2}\left[\left(\frac{dS_r}{dr}\right)^2+\frac{1}{r^2}\left(\frac{dS_\theta}{d\theta}\right)^2\right]+V(r) = E \qquad (3.130)$$

あるいは移項して

$$\left(\frac{dS_\theta}{d\theta}\right)^2 = r^2\left[2(E-V(r))-\left(\frac{dS_r}{dr}\right)^2\right] \qquad (3.131)$$

が得られる．ここで左辺はθのみの関数，右辺はrのみの関数だから，両辺の共通の値はr,θに依存しない，ある定数(分離定数)となるべきである．これをα^2と置けば，$dS/d\theta=\alpha$から

$$S_\theta(\theta) = \alpha\theta \qquad (3.132)$$

$S_r(r)$の方は

$$\frac{1}{2}\left[\left(\frac{dS_r}{dr}\right)^2+\frac{\alpha^2}{r^2}\right]+V(r) = E \qquad (3.133)$$

から

$$S_r(r) = \int\sqrt{2(E-V(r))-\frac{\alpha^2}{r^2}}dr \qquad (3.134)$$

となる．つまり

$$S = S_r(r)+S_\theta(\theta) = \int\sqrt{2(E-V(r))-\frac{\alpha^2}{r^2}}dr+\alpha\theta \qquad (3.135)$$

この表式は2つの任意定数E,αを含むから完全解であり，変数分離可能ということができる．そして極座標(r,θ)がこの場合の分離座標である．より具体的には，$\partial S/\partial\alpha=\beta$を書き下した

$$\theta-\int\frac{\alpha/r^2}{\sqrt{2(E-V(r))-\alpha^2/r^2}}dr = \beta \qquad (3.136)$$

および$\partial S/\partial E=t+\beta_n=t-t_0$を書き下した

$$\int\frac{dr}{\sqrt{2(E-V(r))-\alpha^2/r^2}} = t-t_0 \qquad (3.137)$$

を連立させて，一般解を得ることになる．

変数分離可能性に関する Liouville の条件

Liouville は，一般に次の形

$$H=\frac{1}{\sum_{i=1}^{n}v_i(q_i)}\left\{\frac{1}{2}\sum_{i=1}^{n}\frac{p_i^2}{w_i(q_i)}+\sum_{i=1}^{n}U_i(q_i)\right\} \tag{3.138}$$

をしたハミルトニアンに対しては Hamilton-Jacobi の方程式が変数分離を許すことを示した．ここで $v_i(q_i)$，$w_i(q_i)$，$U_i(q_i)$ は変数 q_i の任意関数である．実際，(3.121)は

$$\sum_{i=1}^{n}\left\{\frac{1}{2w_i(q_i)}\left(\frac{\partial S}{\partial q_i}\right)^2+U_i(q_i)-Ev_i(q_i)\right\}=0 \tag{3.139}$$

となるので，その解を $S=\sum S_i(q_i)$ とおけば，各 $S_i(q_i)$ は

$$\frac{1}{2w_i(q_i)}\left(\frac{\partial S_i}{\partial q_i}\right)^2+U_i(q_i)-Ev_i(q_i)=\alpha_i \tag{3.140}$$

をみたす．ただし $\sum\alpha_i=0$ である．よって完全解は

$$S=\sum_{i=1}^{n}\int\sqrt{2w_i(Ev_i+\alpha_i-U_i)}\,dq_i \tag{3.141}$$

$$\alpha_n=-(\alpha_1+\cdots+\alpha_{n-1}) \tag{3.142}$$

なる形で求まる．実際の解は $\partial S/\partial\alpha_i=\beta_i$ をあらわに書いた

$$\int\frac{\sqrt{w_i}\,dq_i}{\sqrt{2(Ev_i+\alpha_i-U_i)}}-\int\frac{\sqrt{w_n}\,dq_n}{\sqrt{2(Ev_n+\alpha_n-U_n)}}=\beta_i \tag{3.143}$$

$$(i=1,2,\cdots,n-1)$$

および $\partial S/\partial E=t-t_0$ を書き下した

$$\sum_{i=1}^{n}\int\frac{\sqrt{w_i}\,v_i\,dq_i}{\sqrt{2(Ev_i+\alpha_i-U_i)}}=t-t_0 \tag{3.144}$$

から求められる．

この Liouville の条件を含み，さらに一般化したものとして Stäckel の条件*

* 例えば，萩原雄祐：天体力学の基礎(復刻版)(生産技術センター，1976) 第1章第3節．

が知られている．しかしこれら Liouville，Stäckel の条件はともに，与えられた座標系 $(q_1, q_2, \cdots, q_n)$ がすでに変数を分離する座標になっていることを確認するのに役立つだけであり，より本質的な問題：

> 与えられた系が変数分離可能か否かを判定し，可能であるならば変数分離座標(3.125)を見つける手続きを与えること

には全く答えていないものであることに注意しておこう．つまり判定条件としては役に立たないのである．

b） 自由度2の自然 Hamilton 系に対する変数分離座標

2次元のポテンシャル場での質点の運動を記述する「自然」Hamilton 系

$$H = \frac{1}{2}(p_x^2+p_y^2)+V(x, y) \tag{3.145}$$

に対する可能な変数分離座標はそれほど多くはない．すぐ後で述べるように，それは (i) 直交座標，(ii) 極座標，(iii) 放物線座標，(iv) 楕円座標のいずれかしかないことがわかっている．極座標，放物線座標は楕円座標のある極限と考えられる．そしてこれらの座標系によって Hamilton-Jacobi の方程式が変数分離されるとき，分離定数 α がハミルトニアンと独立な積分となるが，これは運動量について2次の積分となる．

直交座標

直交座標 (x, y) で変数が分離されるのは明らかにポテンシャルが

$$V = U_1(x)+U_2(y) \tag{3.146}$$

の形をしている場合であり，ハミルトニアンと独立な第1積分は

$$\Phi = \frac{1}{2}p_x^2+U_1(x) \tag{3.147}$$

である．もちろんこの独立な積分の表現は一意的ではない．以下の例でも同様である．

極座標

極座標 (r, θ) は直交座標 (x, y) と $x=r\cos\theta$，$y=r\sin\theta$ で結ばれている．(r, θ) および共役な運動量 (p_r, p_θ) によって運動エネルギーは $T=\frac{1}{2}(p_r^2+p_\theta^2/r^2)$

と表現される．極座標で変数分離が可能なのはポテンシャルが

$$V = U_1(r) + \frac{U_2(\theta)}{r^2} \tag{3.148}$$

の形をした場合である．$U_2=0$ ならば中心力のポテンシャルを表わす．逆に，$U_1=0$ ならば -2 次の同次式ポテンシャルを表わす．そしてハミルトニアンと独立な第 1 積分は

$$\Phi = \frac{1}{2}p_\theta^2 + U_2(\theta), \qquad p_\theta \coloneqq xp_y - yp_x \tag{3.149}$$

となる．

放物線座標

放物線座標 (ξ, η) は

$$\xi = \frac{r+x}{2}, \qquad \eta = \frac{r-x}{2} \tag{3.150}$$

あるいは逆に

$$x = \xi - \eta, \qquad y = 2\sqrt{\xi\eta} \tag{3.151}$$

で定義され，$\xi=$const. および $\eta=$const. が表わすのは原点を焦点とする放物線族である(図 3-6)．この放物線座標によって，運動エネルギーは

$$T = \frac{1}{2}\frac{\xi p_\xi^2 + \eta p_\eta^2}{\xi + \eta} \tag{3.152}$$

と表現される．放物線座標によって変数が分離されるのは，ポテンシャルが

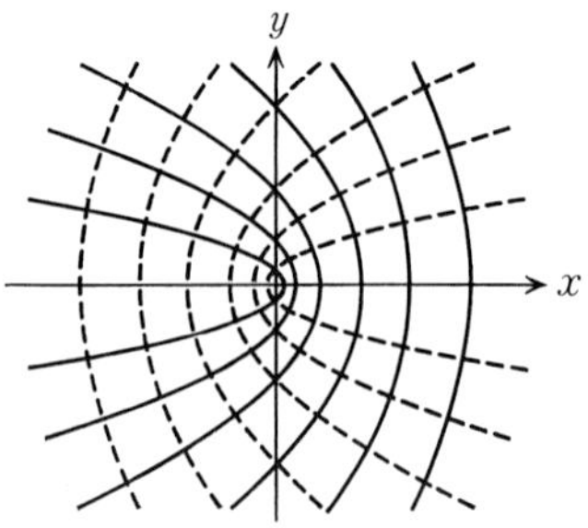

図 3-6 放物線座標．$\xi=$const. および $\eta=$const. は原点を焦点とする放物線族を表わす．

$$V=\frac{U_1(\xi)+U_2(\eta)}{\xi+\eta}=\frac{1}{r}\left[U_1\left(\frac{r+x}{2}\right)+U_2\left(\frac{r-x}{2}\right)\right] \tag{3.153}$$

なる形をしている場合で，ハミルトニアンはLiouville型(3.138)となる．そして分離定数として得られる独立な第1積分は

$$\Phi=\frac{1}{2}\frac{\xi\eta(p_\xi^2-p_\eta^2)}{\xi+\eta}+\frac{\eta U_1(\xi)-\xi U_2(\eta)}{\xi+\eta} \tag{3.154}$$

となることがわかる．

放物線座標によって変数が分離される例として，一様な外力のもとでのKepler問題がある．量子力学ではStark効果の名で知られている．一様な外力の方向をx軸方向にとれば，ポテンシャルは

$$V=-\frac{\mu}{r}+kx \tag{3.155}$$

となる．ここでμ, kはある定数である．このポテンシャルは(3.153)で

$$U_1(\xi)=-\frac{\mu}{2}+k\xi^2, \qquad U_2(\eta)=-\frac{\mu}{2}-k\eta^2 \tag{3.156}$$

と置けば得られ，放物線座標で変数が分離されることがわかる．

楕円座標

楕円座標(μ,ν)は

$$\mu=\frac{r_2+r_1}{2}, \qquad \nu=\frac{r_2-r_1}{2} \tag{3.157}$$

で定義される．ここでr_1, r_2はx軸上の点$(c,0)$および点$(-c,0)$との距離

$$r_1=\sqrt{(x-c)^2+y^2}, \qquad r_2=\sqrt{(x+c)^2+y^2} \tag{3.158}$$

である．μ=const.は，点$(c,0)$および点$(-c,0)$を焦点とする楕円族を表わし，ν=const.は双曲線族を表わす(図3-7)．この楕円座標によって，運動エネルギーは

$$T=\frac{1}{2}\frac{(\mu^2-c^2)p_\mu^2+(c^2-\nu^2)p_\nu^2}{\mu^2-\nu^2} \tag{3.159}$$

と表現される．楕円座標によって変数が分離されるのは，ポテンシャルが

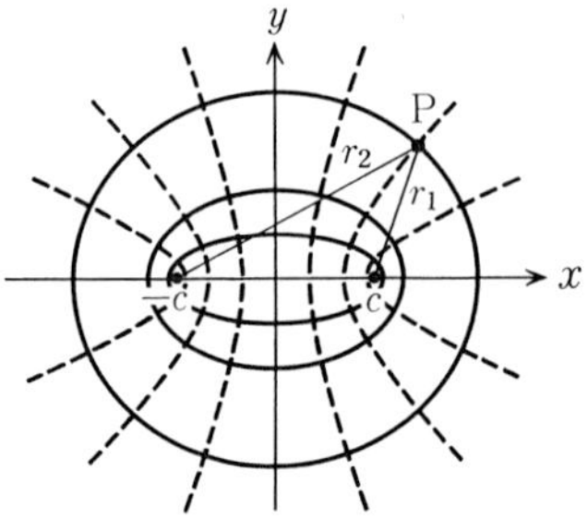

図 3-7 楕円座標．$\mu=$const. は $(c,0)$ および $(-c,0)$ を焦点とする楕円族，$\nu=$const. は双曲線族を表わす．

$$V = \frac{U_1(\mu)+U_2(\nu)}{\mu^2-\nu^2} = \frac{1}{r_1r_2}\left[U_1\left(\frac{r_2+r_1}{2}\right)+U_2\left(\frac{r_2-r_1}{2}\right)\right] \qquad (3.160)$$

なる形をした場合で，ハミルトニアンはやはり Liouville 型(3.138)となる．そして独立な第 1 積分は

$$\Phi = \frac{1}{2}\frac{\nu^2(\mu^2-c^2)p_\mu^2+\mu^2(c^2-\nu^2)p_\nu^2}{\mu^2-\nu^2}+\frac{\nu^2U_1(\mu)+\mu^2U_2(\nu)}{\mu^2-\nu^2} \qquad (3.161)$$

である．

この楕円座標で変数が分離される最も有名な系が重力 2 中心問題である．2 点 $(c,0)$ および $(-c,0)$ に置かれた質量 M_1, M_2 の万有引力の作用による質点の運動を決める**重力 2 中心問題**は，ポテンシャルを

$$V = -\frac{M_1}{r_1}-\frac{M_2}{r_2} \qquad (3.162)$$

とし，楕円座標 (μ,ν) で変数分離可能となる．実際，(3.160)において

$$U_1(\mu) = -(M_1+M_2)\mu, \qquad U_2(\nu) = (M_2-M_1)\nu \qquad (3.163)$$

とすればよい．Jacobi はこの問題(3 次元版)を解くために楕円座標を考案したようである．

c) Bertrand-Darboux の定理

前項でいろいろな座標系において変数が分離されるときに，分離定数として得られる第 1 積分は運動量についてはつねに 2 次式となっていることを見た．これは単なる偶然ではない．運動エネルギー T が運動量についての 2 次式となっている自然 Hamilton 系(3.145)においては，任意の座標変換(3.125)によっ

て，運動エネルギーは新しい運動量についての2次形式となる．そしてこの新しい座標系で変数が分離されるとき，分離定数は運動量について2次式の第1積分とならざるを得ない．つまり，自然Hamilton系(3.145)が変数分離されるためには，もとの直交座標において，運動量について2次の第1積分が存在することが必要なのである．そして次の定理が示すように十分でもある．

定理 3-1(Bertrand-Darboux)* 自由度2の自然Hamilton系

$$H = \frac{1}{2}(p_x^2 + p_y^2) + V(x, y) \tag{3.164}$$

に対し，次の3つの条件は同値である．

1. ハミルトニアンと独立な**運動量について2次の第1積分**が存在する．
2. すべてが0ではないある定数(a, b, b', c_1, c_2)に対して，ポテンシャル$V(x, y)$は**Darbouxの方程式**

$$(V_{yy} - V_{xx})(-2axy - b'y - bx + c_1) + 2V_{xy}(ay^2 - ax^2 + by - b'x + c_2)$$
$$+ V_x(6ay + 3b) + V_y(-6ax - 3b') = 0 \tag{3.165}$$

を満足する．ここで$V_x = \partial V/\partial x$，$V_{xx} = \partial^2 V/\partial x^2$等々である．
3. 系は直交座標，極座標，放物線座標，楕円座標のいずれかで変数分離可能である．

この定理は，具体的に与えられたポテンシャル$V(x, y)$に対して変数分離が可能になるか否かを決定する判定条件として使うことができる．実際，恒等式(3.165)が，すべてが0ではない(a, b, b', c_1, c_2)に対して満足されれば変数分離可能，さもなければ変数分離不可能，と結論される．具体的な応用例を見る前に，Darbouxの方程式(3.165)の導出，つまり上の定理の1→2を証明しておこう．

* I. Marshall and S. Wojciechowski: J. Math. Phys. **29** (1988) 1338-1346にはこの問題についての文献およびn次元系への一般化が述べられている．レビュー論文，J. Hietarinta: Phys. Rep. **147** (1987) 87-154も参考になることが多い．

Darboux の方程式(3.165)の導出

運動量について2次の積分を

$$\Phi = Pp_x^2 + Qp_xp_y + Rp_y^2 + Sp_y + Tp_x + K \tag{3.166}$$

とする．ここで P, Q, R, S, T, K は x, y のある関数である．この式を時間 t で微分し $\dot{x}, \dot{y}, \dot{p}_x, \dot{p}_y$ には Hamilton の方程式の右辺を代入することによって，恒等式

$$\begin{aligned} &p_x^3P_x + p_y^3R_y + p_x^2p_y(P_y + Q_x) + p_y^2p_x(Q_y + R_x) - 2p_xPV_x - 2p_yRV_y - Q(p_xV_y + p_yV_x) \\ &\quad + p_y^2S_y + p_x^2T_x + p_xp_y(S_x + T_y) + p_xK_x + p_yK_y - SV_y - TV_x = 0 \end{aligned} \tag{3.167}$$

を得る．この式の p_x, p_y についての3次の各項の係数，および1次の各項の係数を0と置くことによって，

$$P_x = 0, \quad R_y = 0, \quad P_y + Q_x = 0, \quad Q_y + R_x = 0 \tag{3.168}$$

および

$$K_x = 2PV_x + QV_y, \quad K_y = 2RV_y + QV_x \tag{3.169}$$

を得る．(3.168)は積分して

$$P = ay^2 + by + c, \quad R = ax^2 + b'x + c', \quad Q = -2axy - b'y - bx + c_1 \tag{3.170}$$

となる．ここで a, b, b', c, c', c_1 は定数である．つぎに(3.169)の2つの式の両立条件，つまり第1式を y で微分した式と，第2式を x で微分した式を等しく置いた式に，(3.170)を代入して Darboux の方程式(3.165)を得る．ただし，$c_2 = c - c'$ と置いた．

4次の同次式ポテンシャル系の変数分離可能性

例として4次の同次式ポテンシャル

$$V(x, y) = \frac{1}{4}(x^4 + y^4) + \frac{\epsilon}{2}x^2y^2 \tag{3.171}$$

を考える．ここで ϵ は定数のパラメーターである．Darboux の方程式(3.165)は具体的に

$$\begin{aligned} &(\epsilon - 3)(x^2 - y^2)(-2axy - b'y - bx + c_1) + 4\epsilon xy(ay^2 - ax^2 + by - b'x + c_2) \\ &\quad + (x^3 + \epsilon xy^2)(6ay + 3b) + (y^3 + \epsilon x^2y)(-6ax - 3b') = 0 \end{aligned} \tag{3.172}$$

と書ける．これは変数 x, y についての恒等式であるから，各項の係数が 0 とならなければならない．まず x^3y および xy^3 の項から

$$a(1-\epsilon) = 0 \tag{3.173}$$

x^3 の項，y^3 の項からはそれぞれ

$$b(6-\epsilon) = 0, \qquad b'(6-\epsilon) = 0 \tag{3.174}$$

x^2y の項，xy^2 の項からはそれぞれ

$$b'(8\epsilon-3) = 0, \qquad b(8\epsilon-3) = 0 \tag{3.175}$$

x^2 および y^2 の項からは

$$c_1(\epsilon-3) = 0 \tag{3.176}$$

最後に xy の項からは

$$c_2\epsilon = 0 \tag{3.177}$$

が導かれる．これから $\epsilon=0,1,3$ 以外のときはすべてのパラメーターの値が 0 となり，変数分離不可能なることが結論される．一方 $\epsilon=0$ のときは $c_2 \neq 0$ で明らかに直交座標で変数分離可能，$\epsilon=1$ のときは $a \neq 0$ で極座標で変数分離可能，そして $\epsilon=3$ のときは $c_1 \neq 0$ で 45° の座標軸の回転で変数が分離することがわかる．$\epsilon=3$ のときの運動量について 2 次の第 1 積分のあらわな表式は

$$\boldsymbol{\Phi} = p_x p_y + xy(x^2+y^2) \tag{3.178}$$

である．

3-4 Lax 形式に書かれる積分可能系

前節で述べた Hamilton-Jacobi の方程式の変数分離を介して求積するという手法は,「奥の手」でありながらも積分可能系全体をカバーできるものではない．変数分離可能系は積分可能系の一部分であるにすぎない．1970 年代になってから新たに積分可能系をみつける手法が開発された．それが Lax 形式である．この Lax 形式はとりわけ直線上で相互作用する n 粒子の運動のすべての第 1 積分をみつけるのにたいへん都合がよい．与えられた方程式が Lax 形式に書かれるとき，ほとんどの場合それは積分可能系となる．この意味で，

Lax 系(Lax 形式に書かれる力学系)は，積分可能系のなかで重要な1つのサブクラスをなしている．

a) 戸田格子

戸田格子(Toda lattice)とよばれる力学系は，ハミルトニアン

$$H=\frac{1}{2}\sum_{i=1}^{n}p_i^2+\exp(q_1-q_2)+\exp(q_2-q_3)+\cdots+\exp(q_{n-1}-q_n)+\exp(q_n-q_1) \tag{3.179}$$

で記述される，自由度 n の自励系である*．Newton の運動方程式を書けば

$$\frac{d^2q_i}{dt^2}=\exp(q_{i-1}-q_i)-\exp(q_i-q_{i+1}) \tag{3.180}$$

となり，円周上にある n 個の等質量の粒子が指数関数型の相互作用をしている力学系であると解釈できる．ただし $q_{n+1}=q_1$．(3.179)で最後の項がない系も戸田格子とよばれる．この系は全運動量 $\sum_{i=1}^{n}p_i$ が明らかな第1積分となるので，$n=2$ の場合は明らかに積分可能系となる．よって最も簡単な非自明なケースは3粒子の戸田格子

$$H=\frac{1}{2}\sum_{i=1}^{3}p_i^2+\exp(q_1-q_2)+\exp(q_2-q_3)+\exp(q_3-q_1) \tag{3.181}$$

である．重心運動を分離して自由度を1下げるために，直交行列 U による線形な正準変換 $(q,p)\to(Q,P)$

$$\begin{pmatrix}q_1\\q_2\\q_3\end{pmatrix}=U\begin{pmatrix}Q_1\\Q_2\\Q_3\end{pmatrix},\quad \begin{pmatrix}p_1\\p_2\\p_3\end{pmatrix}=U\begin{pmatrix}P_1\\P_2\\P_3\end{pmatrix},\quad U=\begin{pmatrix}\frac{2}{\sqrt{6}} & 0 & \frac{1}{\sqrt{3}}\\ -\frac{1}{\sqrt{6}} & \frac{1}{\sqrt{2}} & \frac{1}{\sqrt{3}}\\ -\frac{1}{\sqrt{6}} & -\frac{1}{\sqrt{2}} & \frac{1}{\sqrt{3}}\end{pmatrix} \tag{3.182}$$

を行なうと，ハミルトニアンは

---

* 戸田盛和：非線形格子力学(岩波書店，1978)．

$$H = \frac{1}{2}(P_1^2+P_2^2+P_3^2)+\exp\left(\frac{\sqrt{3}\,Q_1-Q_2}{\sqrt{2}}\right)+\exp(\sqrt{2}\,Q_2)+\exp\left(\frac{-\sqrt{3}\,Q_1-Q_2}{\sqrt{2}}\right) \tag{3.183}$$

となり，定数となったP_3を0とおけば，2次元の「自然」Hamilton 系が得られる．この2次元のポテンシャルに対して前節の変数分離の条件をチェックしてみると，変数分離は不可能と結論される．つまり運動量について2次の積分はハミルトニアン以外にもちえない．しかしながらこの系は積分可能なのである．その積分可能性は，一般のn粒子系に対して Hénon* および Flaschka** によって独立に示された．Hénon は組合せ論的な手法によって，すべての第1積分を書き下した．そして Flaschka による方法が運動方程式を Lax 形式に書きなおすものである．

b）戸田格子に対する Lax 形式

最初に新たな従属変数

$$a_i = \frac{1}{2}\exp\left(\frac{q_i-q_{i+1}}{2}\right), \qquad b_i = \frac{1}{2}p_i \qquad (i=1,2,\cdots,n) \tag{3.184}$$

を導入する．この変数で書いた戸田格子の運動方程式は

$$\frac{da_i}{dt} = a_i(b_i-b_{i+1}), \qquad \frac{db_i}{dt} = 2(a_{i-1}^2-a_i^2) \tag{3.185}$$

となる．ここで天下り的にn行n列の行列LおよびAを

$$L = \begin{pmatrix} b_1 & a_1 & & a_n \\ a_1 & b_2 & \ddots & \\ & \ddots & \ddots & a_{n-1} \\ a_n & & a_{n-1} & b_n \end{pmatrix}, \qquad A = \begin{pmatrix} 0 & a_1 & & -a_n \\ -a_1 & 0 & \ddots & \\ & \ddots & \ddots & a_{n-1} \\ a_n & & -a_{n-1} & 0 \end{pmatrix} \tag{3.186}$$

で定義すれば，(3.185)式は行列に対する微分方程式

$$\frac{d}{dt}L = [L,A] := LA-AL \tag{3.187}$$

* M. Hénon: Phys. Rev. **B9** (1974) 1921-1923.

** H. Flaschka: Phys. Rev. **B9** (1974) 1924-1925.

と書けることがわかる．これを**Lax形式**，もしくは**Lax方程式**とよぶ．Lax形式に書けることの直接の利点は第1積分の書き下しが容易なことである．

簡単に確かめられるように，(3.186)式で与えられた行列Lのk乗，L^kの時間tによる微分は

$$\frac{d}{dt}L^k = [L^k, A] \qquad (k=1,2,\cdots,n) \tag{3.188}$$

これから両辺のトレースをとれば

$$\frac{d}{dt}\mathrm{tr}\, L^k = \mathrm{tr}[L^k, A] = 0 \tag{3.189}$$

つまり

$$\mathrm{tr}\, L^k = \mathrm{const.} \qquad (k=1,2,\cdots,n) \tag{3.190}$$

なることがわかり，第1積分が続々と生産される．ただし$k=1,2$に対しては

$$\mathrm{tr}\, L = \sum_i b_i = \frac{1}{2}\sum_i p_i, \qquad \mathrm{tr}\, L^2 = \sum_i (b_i^2+2a_i^2) = \frac{1}{2}H \tag{3.191}$$

となり，既知の積分である．非自明な最初のものは$\mathrm{tr}\, L^3$であり，3粒子系$n=3$の場合，その表式は

$$\begin{aligned}\mathrm{tr}\, L^3 &= (b_1^3+b_2^3+b_3^3)+3(a_3^2+a_1^2)b_1+3(a_1^2+a_2^2)b_2+3(a_2^2+a_3^2)b_3+6a_1a_2a_3 \\ &= \frac{1}{8}[(p_1^3+p_2^3+p_3^3)+(p_1^2+p_2^2)\exp(q_1-q_2)+(p_2^2+p_3^2)\exp(q_2-q_3) \\ &\quad +(p_3^2+p_1^2)\exp(q_3-q_1)+6]\end{aligned} \tag{3.192}$$

となり，運動量について3次の積分となる．この積分は重心運動の自由度1を取り除いたハミルトニアン(3.183)に対しても，運動量について3次の積分となっている．一般に$\mathrm{tr}\, L^k$は，包合系をなす独立な第1積分であることを示すことができ，積分可能系であることが証明されるのである．$\mathrm{tr}\, L^k$の組が積分(保存量)となることは，行列Lの固有値(スペクトル)の組が積分となることと等価なので，Lax方程式(3.187)による解の時間発展は**等スペクトル変形**(isospectral deformation)とよばれる．

Lax形式に書かれる積分可能な力学系は戸田格子に限らない．同じく直線

上の n 粒子の運動を記述するハミルトニアン

$$H = \frac{1}{2}\sum_{i=1}^{n} p_i^2 + \sum_{i,j=1}^{n} V(q_i - q_j) \tag{3.193}$$

において相互作用のポテンシャルを

$$V(x) = \frac{1}{x^2} \tag{3.194}$$

としたもの，および，この系を特殊な場合として含む

$$V(x) = \wp(x, \omega, \omega') = \frac{1}{x^2} + \sum_{m,n=0}^{\infty}\left(\frac{1}{(x-2m\omega-2n\omega')^2} - \frac{1}{(2m\omega+2n\omega')^2}\right) \tag{3.195}$$

が，Lax 形式を許す系として知られている．ここで，$\wp(x, \omega, \omega')$ は Weierstrass の $\wp$ 関数である．(3.194)で $n=3$ のときは戸田格子のときと同じく，重心運動の自由度を無くして得られる自由度 2 の Hamilton 系は，ポテンシャルが -2 次の同次式であるので，極座標で変数分離可能な積分可能系であることがわかる．(3.194)の一般の n 粒子の場合の積分可能性は，Calogero および Moser によって示されたので，**Calogero-Moser 系**とよばれる*.

c) Lax 形式に潜む Lie 代数の構造

戸田格子に対する Lax 形式は第 1 積分を続々と生産し積分可能性を導いた．つまり積分可能性を示す有力な武器であった．ところで，この Lax 形式とはいったい何であろうか．歴史的には Lax 形式は，無限自由度の Hamilton 系と考えられる KdV 方程式

$$\frac{\partial u}{\partial t} - 6u\frac{\partial u}{\partial x} + \frac{\partial^3 u}{\partial x^3} = 0 \tag{3.196}$$

の積分可能性を証明する手段として Lax によって考案された．$u=u(x,t)$ をポテンシャルとする Schrödinger 方程式

$$-\frac{d^2\psi}{dx^2} + u(x,t)\psi = \lambda\psi \tag{3.197}$$

* J. Moser: Advances in Math. **16** (1975) 197-220.

に注目する．ポテンシャル $u(x,t)$ が KdV 方程式(3.196)に従って時間発展するときに，対応する Schrödinger 方程式のスペクトル(離散固有値および連続固有値)は時間的に不変なることが KdV 方程式に対する Lax 形式から示される．とりわけ散乱データは無限自由度版の作用・角変数と考えられ直線運動をする．よって与えられた初期値 $u(x,t_0)$ に対していちど散乱データに翻訳し，後に時間発展した散乱データからそのデータを産み出すポテンシャル $u(x,t)$ を計算することが可能である．このようにして，Schrödinger 方程式の散乱問題を経由して偏微分方程式の厳密解を求める方法は「逆散乱法」の名で知られている．詳細は本講座第 14 巻『非線形波動』を参照せよ．

Flaschka による戸田格子に対する Lax 形式もこの逆散乱法の範疇にはいる．そして行列 L は Schrödinger 演算子を離散化したものとなっている．ただ周期境界条件のもとでの戸田格子などは，散乱問題が介在するわけではないので，逆散乱法の名は適当でないかも知れない．

しかし以上の歴史的いきさつを忘れることも可能である．重要な事実は，与えられた運動方程式が Lax 形式に書けるとほぼ積分可能であるということである．この意味で Lax 形式は十分に役に立つ．そして次のような疑問が当然生ずる．

・どのような運動方程式を Lax 形式に表示することが可能か？

・また，どのような手続きで行列 L, A のペアーを発見するか？

残念ながら筆者の知るところではこの問題，すなわち「Lax 表示可能性に対する判定条件」に対する完全な解答は現在のところ与えられていない．部分的な解答として知られているのが既知の戸田格子，Calogero-Moser 系の Lax 形式に潜む Lie 代数の構造に注目し，「Lie 代数的な一般化」を行なうことである．この一般化は最初戸田格子に対して Bogoyavlensky*によって示された．この問題についてはレビュー論文**，単行本***が出版されている．以下に

* O. I. Bogoyavlensky: Commun. Math. Phys. **51** (1976) 201-209.

** M. A. Olshanetsky and A. M. Perelomov: Phys. Rep. **71** (1981) 313-400.

*** A. M. Perelomov: *Integrable Systems of Classical Mechanics and Lie Algebras* (Birkhäuser, 1990).

Lax 形式と Lie 代数との対応を見ておこう.

戸田格子の Lie 代数的一般化

まず戸田格子のハミルトニアン(3.179)を

$$H = \frac{1}{2}\sum_i p_i^2 + \sum_i \exp\left(\sum_j d_{ij} q_j\right) \tag{3.198}$$

のように書き換えておく. ここでパラメーター d_{ij} は $d_{ij}=\delta_{i,j}-\delta_{i,j-1}$ である. この表現を使い, 変数 a_i, b_i を

$$a_i = \frac{1}{2}\exp\left(\frac{1}{2}\sum d_{ij} q_j\right), \qquad b_i = \frac{1}{2} p_i \tag{3.199}$$

で定義すれば, a_i, b_i についての運動方程式は

$$\frac{da_i}{dt} = a_i \sum_j d_{ij} b_j, \qquad \frac{db_i}{dt} = -2\sum_j d_{ji} a_j^2 \tag{3.200}$$

となる.

いま, 行列 L, A を適当なサイズの正方行列 E_i, F_i, H_i をもって

$$L = \sum_{i=1}^N a_i (E_i + F_i) + \sum_{i=1}^N b_i H_i, \qquad A = \sum_{i=1}^N a_i (E_i - F_i) \tag{3.201}$$

で定義する. このようにして作られた L, A から作られる Lax の方程式

$$\frac{dL}{dt} = [L, A] \tag{3.202}$$

がもとの運動方程式(3.200)と一致するために, 行列 E_i, F_i, H_i のみたすべき交換関係は, 一般のパラメーター d_{ij} の組に対して

$$[H_j, E_i] = d_{ij} E_i, \qquad [H_j, F_i] = -d_{ij} F_i, \qquad [E_i, F_j] = \delta_{i,j} \sum_k d_{ik} H_k \tag{3.203}$$

となることがわかる. つまり, (3.198)の形をしたハミルトニアンに限定すれば, 戸田格子(3.179)以外でも, 上の交換関係(3.203)をみたす行列のセットが存在するようなパラメーターの組 d_{ij} に対して, 運動方程式(3.200)は Lax 表示が可能となるわけである. 通常の戸田格子(3.179)に対しては, その Lax 形式のあらわな表現(3.186)からも明らかなように, 行列 E_i, F_i, H_i は

$$H_i = e_{i,i}, \quad E_i = e_{i,i+1}, \quad F_i = e_{i+1,i} \tag{3.204}$$

で与えられている．ここで $e_{i,j}$ は (i,j) 成分が 1，それ以外の成分がすべて 0 の正方行列を表わす．

交換関係(3.203)は，ある Lie 代数の元(げん)の間の交換関係と自然に解釈できる．そしてパラメーター d_{ij} はその Lie 代数の構造定数の役割を果たす．よって与えられたパラメーター d_{ij} のセットが，ある Lie 代数の構造定数と見なせるものに対しては，その元の有限次元の行列表現を考えることによって，求める行列の組 E_i, F_i, H_i が得られることになる．Lie 代数の中で最も基本的なものはイデアルをもたない単純 Lie 代数であり，それらは完全な分類が E. Cartan によってなされている．またこの分類は Dynkin ダイヤグラムを使って視覚化される．通常の戸田格子(3.179)は A_n 型とよばれる単純 Lie 代数 $sl(n+1, C)$ に対応している．他の例として G_2 型の例外型単純 Lie 代数に対応するハミルトニアンは

$$H = \frac{1}{2}(p_1^2+p_2^2+p_3^2)+\exp(q_1-q_2)+\exp(-2q_1+q_2+q_3)+\exp(q_1+q_2-2q_3) \tag{3.205}$$

であり，これも Lax 形式を許す積分可能系となる．これら単純 Lie 代数に対応するポテンシャルの一覧表については，すでに述べた文献を参照されたい．この対応ゆえ，戸田格子の積分可能性を Lax 形式を経由して理解，研究することは，今日において十分に抽象化されすぎた感のある Lie 代数および Lie 群への力学からの接近を可能にしている．かつて微分方程式の求積法の一般論を目指して無限小変換のなす群(すなわち Lie 群)を研究した S. Lie(1842-99)の 1 つの夢が実現した例である．

4

力学系に対する摂動論的および数値的アプローチ

前章では積分可能系に関する種々の基本的な事柄を概説したが，実際問題としてわれわれが興味をもつ力学系が厳密に積分可能系である確率は0に近い．しかし積分可能系に近い力学系は多く存在する．例として太陽系内の惑星の運動を考えよう．もし太陽以外の惑星の質量が0あるいは無限小であるならば，各惑星の運動は純粋に積分可能系である2体問題の解で与えられる．しかし現実には惑星の質量は0ではなく，木星で太陽質量の約1000分の1の質量を有する．よって多体問題としての惑星の運動は，2体問題を記述するハミルトニアンの和に摂動の加わった力学系と考えることができる．そしてこの系が厳密に積分可能であるか否かにかかわらず，その解を近似的であるにせよ求めることが必要とされた．その過程で発展したのが摂動理論である．この摂動理論の発展は20世紀初頭に相対論，量子論を産み出すのに一役買っている．

しかし摂動理論は力学系の積分可能性という特質を無視してしまう．つまり優れた摂動理論を使えば多くの力学系が，少なくとも形式的には解けてしまうので，かえって積分可能性という内的な性質が見失われてしまうのである．この危険性は，コンピューターによる軌道計算が容易になった1960年代に認識され始めた．本章ではまず摂動理論の概説から始め，摂動論的には解を求めることができない運動状態があり得ることを示すことを目標とする．摂動論的に解くとは，与えられた系を近似的な積分可能系に強制的に置き換えることに他ならない．そして摂動論的にアプローチすることができない運動，それが「カオス」である．

4-1 積分可能系に近い系に対する摂動論的解法

摂動を受けた調和振動子などで素朴な摂動展開を行なうと，いわゆる永年項が出現し解の表現として適当でない．永年項の出現を防ぐ処方箋はいろいろ開発されているが，そのなかで最も「進化」したのが正準変換を利用した摂動理論である．

a) 永年項

最も簡単な例として1次元の非線形振動の問題を考えよう．運動方程式は

$$\frac{d^2x}{dt^2}+x = \mu x^3 \tag{4.1}$$

で与えられる．ここで μ は微小パラメーターとする．この系は自由度1の Hamilton 系であり求積可能である．そして解は楕円関数によって表現される．この系をあえて摂動論的に解いてみよう．

$\mu=0$ のとき，(4.1)は調和振動子の方程式となり，解は三角関数で表わされる．そこで $\mu\neq 0$ に対しても μ のベキ級数展開

$$x(t) = x_0(t)+\mu x_1(t)+\mu^2 x_2(t)+\cdots \tag{4.2}$$

を仮定し，方程式(4.1)に代入して μ の各オーダーの係数を等しく置くと

$$O(\mu^0):\quad \ddot{x}_0+x_0 = 0 \tag{4.3}$$

$$O(\mu^1):\quad \ddot{x}_1+x_1 = x_0^3 \tag{4.4}$$

$$O(\mu^2):\quad \ddot{x}_2+x_2 = 3x_0^2x_1 \tag{4.5}$$

$$\cdots\cdots\cdots\cdots\cdots\cdots$$

なる方程式の系列を得る．0次のオーダーの方程式(4.3)の解は明らかに $x_0=a\cos t$ でよい．これを1次のオーダーの方程式(4.4)の右辺に代入すれば

$$\ddot{x}_1+x_1 = a^3\left(\frac{1}{4}\cos 3t+\frac{3}{4}\cos t\right) \tag{4.6}$$

を得る．そしてその解は

$$x_1 = a^3\left(-\frac{1}{32}\cos 3t+\frac{3}{8}t\sin t\right) \tag{4.7}$$

となる．ここで，**永年項**(secular term)とよばれる $t\sin t$ なる項の存在は，(4.1)の真の解が楕円関数で与えられる周期解であるにもかかわらず，解があたかも無限大に増大するような印象を与える．そしてこの項の出現は(4.6)の右辺に外力として $\cos t$ の項があることに起因する．そして，そもそもの原因は非線形振動子の真の解の振動数(周期)が微小パラメーター μ の値に依存するにもかかわらず，周期 2π の周期関数で無理に展開しようとした点にある．もっとも永年項があるからといっても，パラメーター μ の無限次の項までとるという操作が許されれば，何も問題はない．Taylor 級数

$$t-t^3/3!+t^5/5!-\cdots$$

は無限和 $\sum_{n=1}^{\infty}$ をとれば，たしかに周期関数 $\sin t$ を表わし収束半径も無限大である．しかし $\sum_{n=1}^{\infty}$ という操作は，手計算およびコンピューターが必要とする有限のアルゴリズムとはなり得ないことに注意しよう†．よい摂動展開とは，周期関数 $\sin t$ を決して $t-t^3/3!+t^5/5!-\cdots$ とは認識せずに，あくまでもその周期関数という特質を最初の数項で拾い出せるものでなければならない．

そこで「諸悪の根源」となった永年項の出現を防ぐために，振動数も μ に依存しうることを考慮して

$$\omega = 1+\mu\omega_1+\mu^2\omega_2+\cdots \tag{4.8}$$

と置き，解 $x(t)$ が $t^*=\omega t$ の周期関数となるような展開を考えよう．$t^*=\omega t$ に関する微分を $'$ で表わせば，もとの方程式(4.1)は

$$\omega^2 x''+x = \mu x^3 \tag{4.9}$$

となる．この方程式に(4.2),(4.8)を代入し，μ の最低次の項から $x_0=a\cos t^*$.

† そんなことをしていたら，日が暮れる(＝1日を必要とする)どころか，宇宙年齢(＝10^{10}年)ですら不十分である．有限と無限の差はあまりにも大きい．

こんどは，x_1 に対する方程式は

$$x_1''+x_1 = 2\omega_1 a\cos t^*+a^3\left(\frac{1}{4}\cos 3t^*+\frac{3}{4}\cos t^*\right) \tag{4.10}$$

となり，方程式の右辺から $\cos t^*$ の項を取り除くために

$$\omega_1 = -\frac{3}{8}a^2 \tag{4.11}$$

と決めてやれば

$$x_1 = -\frac{1}{32}a^3\cos 3t^* \tag{4.12}$$

となり，永年項は出現しない．つまり，μ の1次のオーダーまでの近似解として

$$x = a\cos\left(\left(1-\mu\frac{3}{8}a^2\right)t\right)-\mu\frac{1}{32}a^3\cos\left(3\left(1-\mu\frac{3}{8}a^2\right)t\right) \tag{4.13}$$

が得られたことになる．そしてこの手続きは μ の任意の次数のオーダーまで続けることが可能である．このように振動数をも摂動パラメーターで展開していく手法は，19世紀に最初 Lindstedt によって始められたものだが，各オーダーごとで永年項が出現しないように振動数を順次決めていくという手続きは必ずしも見通しのよいものではない．この Lindstedt の精神を受け継ぐ摂動理論はその後もいろいろ考案されたが，そのなかで最も「進化」した手法が以下に述べる正準変換摂動理論(canonical perturbation theory)である．

b）正準変換摂動理論

一般に μ を微小パラメーターとする，積分可能系に近い Hamilton 系

$$H = H_0(q,p)+\mu H_1(q,p)+\mu^2 H_2(q,p)+\cdots \tag{4.14}$$

を考える．ここで H_0 は無摂動の積分可能系に対するハミルトニアンである．自由度1の系などはつねに積分可能なので，H_0 を「簡単に解が求められる」部分としてもよい．さきの非線形振動の例では

$$H = \frac{1}{2}(p^2+q^2)-\frac{\mu}{4}q^4, \quad H_0 = \frac{1}{2}(p^2+q^2), \quad H_1 = -\frac{1}{4}q^4 \tag{4.15}$$

である．さて，(4.14)の解を μ のベキ級数展開で摂動論的に得るために，あ

る恒等変換に近い正準変換 $(q,p)\to(q^*,p^*)$ を施し，新しい変数 (q^*,p^*) での Hamilton 方程式がオリジナルの Hamilton 方程式よりも，ずっと解きやすくなるようにする．いいかえれば，解きやすくなるように正準変換を定めることを考えよう．恒等変換に近い正準変換の作り方はいろいろあるが，ここでは陽的(explicit)な変数変換を与えるものを採用する．この定式化は堀源一郎によって最初に与えられた†．また本質的に同じ結果を与える他の定式化も知られている††．

恒等変換に近い explicit な正準変換

一般に，ある関数 $S(q,p)$ をハミルトニアンとする Hamilton 方程式

$$\frac{dq}{dt}=\frac{\partial S}{\partial p},\qquad \frac{dp}{dt}=-\frac{\partial S}{\partial q} \tag{4.16}$$

を考える．この方程式は $z=(q,p)$ と置き，Poisson 括弧 $\{\ ,\ \}$ を用いて

$$\frac{dz}{dt}=\{z,S(z)\} \tag{4.17}$$

と書き直せる．さらに関数 $f(z)$ に作用する線形微分作用素 D_S を

$$D_S f := \{f,S\} \tag{4.18}$$

で定義すれば，Hamilton 方程式(4.16)は

$$\frac{dz}{dt}=D_S z \tag{4.19}$$

となり，その形式的ベキ級数解は作用素 D_S の指数関数

$$\begin{aligned} z(\epsilon) &= (\exp \epsilon D_S)z(0) \\ &= z(0)+\epsilon\{z,S\}+\frac{\epsilon^2}{2}\{\{z,S\},S\}+\cdots \end{aligned} \tag{4.20}$$

で与えられる．そして解の時間発展 $z(0)\to z(\epsilon)$ は正準変換となることが知られている†††．もちろんその逆変換 $z(\epsilon)\to z(0)$ も正準変換である．

---

† G. Hori: Publ. Astron. Soc. Japan **18** (1966) 287-296.

†† A. Deprit: Celestial Mech. **1** (1969) 12-30. この分野全体のサーベイに適当な著作として G. E. O. Giacaglia: *Perturbation Methods in Non-linear Systems* (Springer, 1972)がある．

††† 2-3 節参照．

いま $z(0)=(q^*,p^*)$，$z(\epsilon)=(q,p)$ と置けば，(4.20)は $S=S(q^*,p^*)$ としてより具体的に

$$
\begin{aligned}
q &= q^*+\epsilon\frac{\partial S}{\partial p^*}+\frac{\epsilon^2}{2}\{\{q^*,S\},S\}+\cdots \\
p &= p^*-\epsilon\frac{\partial S}{\partial q^*}+\frac{\epsilon^2}{2}\{\{p^*,S\},S\}+\cdots
\end{aligned}
\tag{4.21}
$$

と書ける．また変数 (q,p) の任意の関数 $F(q,p)$ を (q^*,p^*) の関数として表わすには

$$
\begin{aligned}
F(q,p) &= (\exp\epsilon D_S)F(q^*,p^*) \\
&= F(q^*,p^*)+\epsilon\{F,S\}+\frac{\epsilon^2}{2}\{\{F,S\},S\}+\cdots
\end{aligned}
\tag{4.22}
$$

なる展開式を用いればよい．

正準変換によるハミルトニアンの変換

さて，当初の目的どおり，(4.21)の形の正準変換によって Hamilton 系(4.14)をより解きやすい系に変換することを考えよう．正準変換(4.21)を与える「ハミルトニアン」$S(q,p)$ をやはり μ のベキ級数

$$
S = S_1(q,p)+\mu S_2(q,p)+\cdots \tag{4.23}
$$

で与え，変換後の新しいハミルトニアンを

$$
H^*(q^*,p^*) = H_0^*(q^*,p^*)+\mu H_1^*(q^*,p^*)+\mu^2H_2^*(q^*,p^*)+\cdots \tag{4.24}
$$

としよう．そして，関数の列 $H_i^*\ (i=0,1,2,\cdots)$，$S_i\ (i=1,2,\cdots)$ を順次決めてやるのである．いま(4.21)で，とくに $\epsilon=\mu$ とおき，正準変換によってハミルトニアンの値が変わらないという関係式 $H(q,p)=H^*(q^*,p^*)$，つまり

$$
\begin{aligned}
&H_0(q,p)+\mu H_1(q,p)+\mu^2H_2(q,p)+\cdots \\
&\quad = H_0^*(q^*,p^*)+\mu H_1^*(q^*,p^*)+\mu^2H_2^*(q^*,p^*)+\cdots
\end{aligned}
\tag{4.25}
$$

の左辺の各項に展開公式(4.22)を適用すれば，両辺は (q^*,p^*) の関数となる．そこで μ の各ベキの係数を等しくおけば，順次

$$
O(\mu^0):\quad H_0(q^*,p^*) = H_0^*(q^*,p^*) \tag{4.26}
$$

$$
O(\mu^1):\quad \{H_0,S_1\}+H_1(q^*,p^*) = H_1^*(q^*,p^*) \tag{4.27}
$$

$$O(\mu^2):\quad \{H_0, S_2\} + \{H_1, S_1\} + \frac{1}{2}\{\{H_0, S_1\}, S_1\} + H_2 = H_2^* \quad (4.28)$$

$$\cdots\cdots\cdots\cdots\cdots\cdots\cdots$$

なる方程式の系列が得られる．これが関数の列 H_i^*, S_i を順次決めていく基本的な関係式となる．まず(4.26)から，当然のことだが $H_0^*=H_0$.（4.27)以降の方程式は1つの方程式で2つの関数 H_i^*, S_i を決めることになるので不定性が残り，決定にあたっては何らかの原理(principle)が必要となる．この原理は変換された Hamilton 系がより解きやすく，かつ解の展開に永年項が現われないことを保証するものでなければならない．

平均化の原理

いま0次のハミルトニアン H_0 で定義される補助的な力学系

$$\frac{dq^*}{d\tau} = \frac{\partial H_0}{\partial p^*}, \qquad \frac{dp^*}{d\tau} = -\frac{\partial H_0}{\partial q^*} \quad (4.29)$$

によって新たな独立変数(パラメーター) τ を導入する．仮定により，H_0 は簡単に解が求められる系なので，その具体的な解を

$$q^* = q^*(\tau, c), \qquad p^* = p^*(\tau, c) \quad (4.30)$$

とする．ここで c は自由度の数に応じた積分定数の組である．そして明らかに

$$\{H_0, S_i\} = -\frac{dS_i}{d\tau} \quad (4.31)$$

が成り立つ．いま正準変換(4.21)を

「変換された新しいハミルトニアン H^* がパラメーター τ を含まない」

という要請を満たすように定めよう．もしこれが可能ならば

$$0 = \frac{dH^*}{d\tau} = \{H^*, H_0^*\} = -\{H_0^*, H^*\} = -\frac{dH_0^*}{dt} \quad (4.32)$$

より，$H_0^*(q^*, p^*) = \mathrm{const.}$ なる新しい第1積分が「産み出される」．この第1積分は一般に，もとのエネルギー積分 $H^*(q^*, p^*) = \mathrm{const.}$ とは独立なので，微分方程式の階数の低下をもたらすことになる．とくに自由度2の場合には積分可能となってしまう．実際の手続きとしては，(4.27)をまず

$$H_1^* = -\frac{dS_1}{d\tau} + H_1(q^*(\tau, c), p^*(\tau, c)) \tag{4.33}$$

と書き換える．そして H_1 の τ に関する平均値を $\langle H_1 \rangle$ と書くことにすれば，$\langle H_1 \rangle$ は τ を含まない．そこで

$$H_1^* = \langle H_1 \rangle \tag{4.34}$$

とすれば，S_1 は自動的に

$$S_1 = \int (H_1 - \langle H_1 \rangle) d\tau \tag{4.35}$$

と決められる．2次のオーダーの項の決定のためには，(4.28)を

$$\begin{aligned} H_2^* &= -\frac{dS_2}{d\tau} + F_2(q^*(\tau, c), p^*(\tau, c)) \\ F_2 &:= \{H_1, S_1\} + \frac{1}{2}\{\{H_0, S_1\}, S_1\} + H_2 \end{aligned} \tag{4.36}$$

とし，やはり

$$H_2^* = \langle F_2 \rangle, \qquad S_2 = \int (F_2 - \langle F_2 \rangle) d\tau \tag{4.37}$$

から決められる．そしてこの手続きは μ の任意の次数まで可能である．

さて，このようにして得られた新しいハミルトニアン $H^*(q^*, p^*)$ は，もとの系 $H(q, p)$ と比べて，$H_0^*(q^*, p^*)$ なる第1積分を余分にもつために解を求めることがより容易になっているはずである．そして新変数 (q^*, p^*) が時間 t と積分定数の関数として求まれば，オリジナルな変数 (q, p) は正準変換(4.21)によってやはり時間と積分定数の関数として表現される．もしこのハミルトニアン $H^*(q^*, p^*)$ がいぜんとして「解けない」ならば，ふたたび恒等変換に近い正準変換 $(q^*, p^*) \to (q^{**}, p^{**})$ を施し，新たな，より解きやすい系に変換すればよい．そして，このプロセスは何回でも繰り返すことができる．

以上が正準変換摂動理論の中でも，とくに**Lie 摂動理論**(Lie perturbation theory)とよばれる，Hamilton 系に対する摂動理論の中での最も進化した理論の概要である．$H_1^*, H_2^*, \cdots$ の決定にあたって用いられた平均化の原理は，新

しい第1積分 $H_0^*(q^*, p^*)=\mathrm{const.}$ をもたらすのみならず，摂動展開に永年項が現われないという要請をも同時に満たしていることに注意しよう．非線形振動の例題† で実行してみればすぐわかることだが，(4.35)，(4.37)の変換の母関数 S_1, S_2 を決める際，τ についての平均値が差し引かれているがゆえに，S_1, S_2 は τ の関数とみて周期関数(より一般には多重周期関数)となる．もし平均化の原理が用いられていなければ，S_1, S_2 には τ に比例する項が現われ，これが最終的には正準変換(4.21)を通して解の展開に永年項の出現をもたらすことに注意しよう．

このようにして，Lie 摂動理論を用いるかぎり永年項の無い，かつ見通しのよい摂動展開がつねに可能となる．この事実の裏にあるのが平均化の原理によって産み出された新しい第1積分 $H_0^*(q^*, p^*)=\mathrm{const.}$ である．この積分は，(4.22)の逆変換を用いれば μ のベキ級数で表現される (q, p) の関数として書ける．そして自由度 $n=2$ の系は形式的には積分可能となってしまう．しかしこれは，われわれが与えられた Hamilton 系(4.14)を積極的に近似的な積分可能系に置き換えているからに他ならない．与えられた系の真の意味での積分可能性はすべて正準変換(4.21)の収束性に責任転嫁される．そして一般には正準変換(4.21)は収束する級数とはなり得ない．つまりすべての系が積分可能系とはなり得ないのである．

4-2 計算機による力学系の解析

コンピューターが普及した現代においてはつい忘れがちなことであるが，つい数十年前，つまり20世紀の半ばまでは，古典力学の問題は，(1) 求積によって厳密解を求めるか，(2) 摂動理論を用いて近似解を得るか，の2通りのアプローチしかあり得なかった．つまり，それ以外の手段がなかったわけである．もちろん非常に実用的な問題に対しては多くの人手を動員して「手回し」計算

† G. Hori: Publ. Astron. Soc. Japan **19** (1967) 229-241.

機が使われることもあったが，非常にコスト(時間＋賃金)が高くついた．しかし 20 世紀後半のコンピューターの発展，普及はこの事情を一変させた．任意に与えられた運動方程式に対して，「短い」時間であれば十分な精度で解(数値解)を求めることが容易となったのである．そして求積によっては解くことが断念されていた方程式を，コンピューターを用いて数値的に解くという試みが始められた．そして案の定，予期していなかった現象が観測されるに至ったのである．これらの研究の最大の収穫は，求積法によって解けないということがいったい何を意味するかが Poincaré のような天才でなくとも理解できるようになったことである．そして摂動論で解くということの深い意味が同時に理解されるようになった．その契機となった 1 つの「事件」，第 3 積分の問題に注目してみよう．

a)　恒星系力学における第 3 積分の問題

天文学の古典的な分野の 1 つに**恒星系力学**(stellar dynamics)がある．それは恒星の集団に対して統計力学的なアプローチをする学問分野である*.

われわれの銀河系は約 10^{11} 個の恒星をその構成員とする円盤状をしており，その中で太陽は銀河中心から約 8 キロパーセク(1 キロパーセクは約 3×10^{16} km)の距離を 10^8 年の周期でほぼ円運動していると考えられている．銀河系のようなスケールの体系においては個々の恒星どうしの衝突(接近)は考えなくてよく，恒星たちは，他の恒星たちが全体として作る平均化された場(ポテンシャル場)の中を運動するという描像が正当化される．互いにコミュニケーションのない巨大マンションの住人(＝恒星)が住人全体が作り出す雰囲気(＝ポテンシャル場)によって行動するようなものである．個々の恒星の位置および速度空間 (x, p) における分布関数 $f=f(x, p, t)$ は，無衝突 Boltzmann 方程式

$$\frac{\partial f}{\partial t}+\{f, H\} = 0 \tag{4.38}$$

を満足する．ここで $\{f, H\}$ は Poisson 括弧，H は粒子(恒星)の運動を記述す

* K. F. Ogorodnikov: *Dynamics of Stellar Systems* (Pergamon Press, 1965), S. Chandrasekhar: *Principles of Stellar Dynamics* (Dover, 1943).

るハミルトニアン

$$H = \frac{1}{2}p^2 + V(x) \tag{4.39}$$

であり，$V(x)$ が平均化された銀河のポテンシャルである．

いま，分布関数 f が時間 t によらない(定常)と仮定すれば，$\partial f/\partial t = 0$ から $\{f, H\} = 0$，つまり分布関数は Hamilton 系(4.39)の積分となることが結論される．別の言い方をすれば，Hamilton 系(4.39)の積分を $I_1, I_2, \cdots$ とするとき，分布関数 f はこれらの積分のみの関数

$$f = f(I_1, I_2, \cdots) \tag{4.40}$$

となる．この事実は恒星系力学の分野では **Jeans の定理**という名でよばれている．

いま，さらに銀河のポテンシャルは軸対称性をもつと仮定しよう．この仮定は銀河中心を座標原点とした円柱座標 (r, θ, z) および共役な運動量 (p_r, p_θ, p_z) を導入すれば，ポテンシャルが $V = V(r, z)$ と書け，角度 θ には依存しないことを意味する．軸対称ポテンシャル系での明らかな積分は，エネルギー

$$I_1 \coloneqq E \coloneqq \frac{1}{2}\left(p_r^2 + \frac{p_\theta^2}{r^2} + p_z^2\right) + V(r, z) \tag{4.41}$$

および角運動量の z 成分

$$I_2 \coloneqq J \coloneqq p_\theta \tag{4.42}$$

である．

いま，軸対称ポテンシャル系 $V(r, z)$ での粒子(恒星)の運動はこれら2つの積分以外に新たな積分をもちえず，粒子は $E = \mathrm{const.}$ および $J = \mathrm{const.}$ で定義される等エネルギー・等角運動量面を一様にエルゴード的に運動すると仮定しよう．すると分布関数は

$$f = f(E, J) = F(p_r^2 + p_z^2 + \cdots, \cdots) \tag{4.43}$$

となり，p_r と p_z はその2乗の和 $p_r^2 + p_z^2$ を通してしか分布関数に寄与しえないことがわかる．このことの直接の帰結として，r 方向(動径方向)の速度のばらつき，つまり**速度分散**の値

$$\langle p_r^2 \rangle := \int p_r^2 f(x,p) d^3x d^3p \tag{4.44}$$

および z 方向(対称軸方向)の速度分散の値

$$\langle p_z^2 \rangle := \int p_z^2 f(x,p) d^3x d^3p \tag{4.45}$$

は，等しくなるべきこと($\langle p_r^2 \rangle = \langle p_z^2 \rangle$)が結論される．一方，太陽近傍の恒星集団の長年にわたる固有運動(proper motion)の観測値から得られる速度分散の値は，$\langle p_r^2 \rangle$ が $\langle p_z^2 \rangle$ よりもはるかに大きいことを示している．つまり，分布が定常状態にありポテンシャルが軸対称であるという仮定を認めれば，3番目のエルゴード性の仮定が明らかに破れていることになる．この，理論(予想)と観測との食い違いが原因となって，1950年代にエネルギー，角運動量に続く3番目の積分，**第3積分**の存在が恒星系力学の分野で人々の関心を集めるようになったのである．

角運動量一定の値を $p_\theta = J$ とおけば，粒子(恒星)とともに動く子午面内での粒子の運動は，ハミルトニアン

$$H = \frac{1}{2}(p_r^2 + p_z^2) + \frac{J^2}{2r^2} + V(r,z) \tag{4.46}$$

で記述できる．いま，銀河の赤道面内の $r=r_0$，$z=0$ なる円軌道が解であるとする．この条件は $r=r_0$，$z=0$ において

$$\frac{J^2}{r^3} - \frac{\partial V}{\partial r} = 0, \qquad \frac{\partial V}{\partial z} = 0 \tag{4.47}$$

となることを意味する．またこの円軌道が安定であるためには，$r=r_0$，$z=0$ が2次元の有効ポテンシャル $U(r,z) := J^2/2r^2 + V(r,z)$ の極小値を与える点でなければならない．太陽近傍の，この円軌道に近い運動をしていると考えられる恒星の運動を議論するために，有効ポテンシャル U を極小値のまわりで展開して得られる

$$\frac{J^2}{2r^2} + V(r,z) = \frac{1}{2}\omega_r^2 (r-r_0)^2 + \frac{1}{2}\omega_z^2 z^2 + \cdots \tag{4.48}$$

をポテンシャルとする，2次元の非線形振動子系の振舞いを詳しく調べることが動機づけられた．G. Contopoulos* は，いろいろな非線形項に対して摂動論的に形式的積分，つまり第3積分の表式を求めている．また当時ようやく普及が始まったコンピューターによって，与えられたポテンシャル場での粒子の運動を，数値計算によって求めること（シミュレーション）も始められた．その結果，軌道は (r,z) 面内の不等式

$$\frac{J^2}{2r^2}+V(r,z)\leqq E \tag{4.49}$$

で決まる可動領域を必ずしもエルゴード的に埋めつくすわけではないことが分かり，よりせまい領域に限定された箱形軌道やチューブ型軌道が観測された**．そして，あらためて第3積分の存在が示唆された．しかし軌道を直接に2次元の座標面内にプロットしたものは，ややもすれば情報過多に陥りやすい．また初期値の異なった複数の軌道を同一の図として表現することができず，長時間に対する力学系の大局的な振舞いを調べるにはあまりよい手段とはいえない．より「縮約」された，大局的な情報を提供しうる手段，解析法が求められる．それが次に述べる Poincaré 写像である．

b） Hénon-Heiles による Poincaré 写像の数値的実現

Hénon と Heiles は，次のモデルハミルトニアン

$$\begin{aligned} H &= \frac{1}{2}(p_1^2+p_2^2)+V(q_1,q_2) \\ V(q_1,q_2) &= \frac{1}{2}(q_1^2+q_2^2)+q_1^2q_2-\frac{1}{3}q_2^3 \end{aligned} \tag{4.50}$$

に対して，今日 Poincaré 写像の名で広く知られる解析法を数値的に初めて実行した***．このポテンシャル $V(q_1,q_2)$ は正3角形の対称性を有し，銀河系内の円軌道に近い星の運動の子午面内での運動を記述する「簡単かつ十分に複雑

* G. Contopoulos: Z. Astrophys. **49** (1960) 273-291.
** A. Ollongren: Ann. Rev. Astron. Astrophys. **3** (1965) 113-134.
*** M. Hénon and C. Heiles: Astron. J. **69** (1964) 73-79.

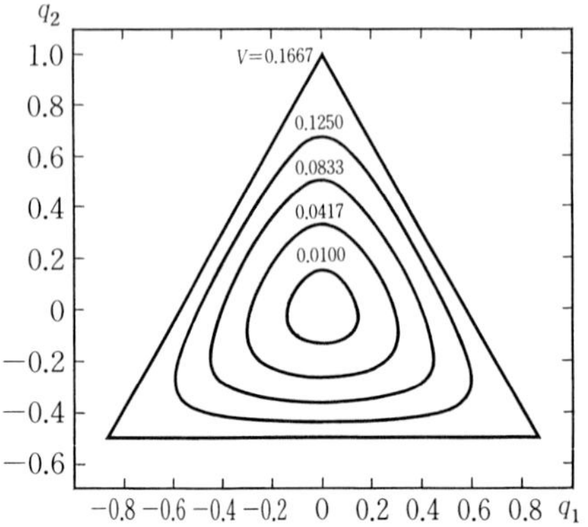

図 4-1 Hénon-Heiles のポテンシャル(4.50)の等高線図.

な」モデルとして採用された(図 4-1).

4 次元の相空間の中でエネルギー積分 $H=\mathrm{const.}=E$ は 3 次元の超曲面(等エネルギー曲面)を定め，解軌道はこの等エネルギー曲面上に束縛される．そして 3 つの「座標」(q_1, q_2, p_2) がこの等エネルギー曲面上の位置を一意的に定める．いまこの等エネルギー曲面上 $q_1=0$ で決められる 2 次元の断面(surface of section)を考えて，軌道がこの断面を $q_1<0$ から $q_1>0$ に横切るときの交点に注目しよう．有界な軌道は一般にこの断面を無限回横断する．それに応じて (q_2, p_2) を座標とする交点 $\mathrm{P}_1, \mathrm{P}_2, \cdots, \mathrm{P}_n, \cdots$ は無限の点列を形成する(図 4-2)．ハミルトニアン(4.50)とエネルギー値を決めたときに運動方程式から写像 $\mathrm{P}_i \rightarrow \mathrm{P}_{i+1}$ は一意的に決まる．これを **Poincaré 写像**(Poincaré map)という．この Poincaré 写像の不動点は周期解に対応している．Poincaré 写像自身は任意の 3 変数の常微分方程式に対して定義できるが，とくに Hamilton 系の

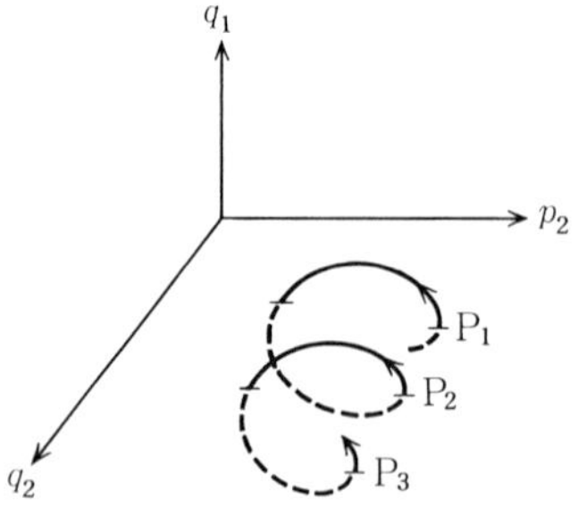

図 4-2 Poincaré 写像の構成方法.

等エネルギー曲面内の $q_1=0$ を断面とする Poincaré 写像は**面積を保存する写像**(area-preserving map)となることが，Poincaré-Cartan の積分不変式の理論を用いて示されている*．ここで面積保存とは微視的には変換のヤコビアン行列式の値が 1 となることに他ならない．

与えられたエネルギー値 E に対して，写像点は (q_2, p_2) 面内の

$$\frac{1}{2}p_2^2+V(0,q_2) = E-\frac{1}{2}p_1^2 \leqq E \tag{4.51}$$

で決まる領域に限定される．もちろんこの領域の境界が閉じないようなエネルギー値に対しては写像点は一般に有界領域にとどまらず，Poincaré 写像は面白い結果を与えない．

いま，ハミルトニアン(4.50)がハミルトニアンと独立な第 1 積分

$$\Phi(q_1,q_2,p_1,p_2) = \text{const.} = c \tag{4.52}$$

を有すると仮定しよう．$q_1=0$ なる断面上でこの積分は $\Phi(0,q_2,p_1,p_2)=c$ となる．そしてエネルギー積分の関係式 $H(0,q_2,p_1,p_2)=E$ を p_1 について解いた $p_1=p_1(q_2,p_2;E)$ を代入することによって変数 p_1 が消去され，

$$\tilde{\Phi}(q_2,p_2;E) \coloneqq \Phi(0,q_2,p_1(q_2,p_2;E),p_2) = c \tag{4.53}$$

で与えられる (q_2,p_2) 面内のある滑らかな曲線族が得られる．つまり，$\Phi=$ const. なる積分の存在は，1 つの初期値に対する解軌道から Poincaré 写像によって得られる無限点列が，ある滑らかな曲線上に束縛されるべきことを要請する．また逆に，そのような積分が存在しないならば，この無限点列は規則的とはならず，ある領域を一様に埋めつくしてしまうことが期待される．よって，この Poincaré 写像が解軌道の直接の数値計算によって近似的にでも実現されれば，積分の存在，非存在に対する有用な情報を得ることが可能となるわけである．Kepler 運動や等方調和振動子のように，有界な軌道はすべて周期解になる**超可積分系**(super-integrable system)においては，任意の初期値に対して Poincaré 写像は単なる恒等写像になることに注意しておこう．この場合も

---

* V. I. Arnold and A. Avez: *Ergodic Problems of Classical Mechanics* (Benjamin, 1968), 邦訳：吉田耕作訳：古典力学のエルゴード問題(吉岡書店，1972) 付録 31.

Poincaré 写像は面白くない．もっとも偶然に新しい超可積分系を見つける手段にはなり得るわけであるが．

図 4-3(a)は，Hénon-Heiles 系(4.50)に対してエネルギー値 $E=1/12=0.08333$ のときの Poincaré 写像を，運動方程式をコンピューターで数値的に解くことによって実行した結果である．8つの初期値に対するその写像点列はすべてある滑らかな曲線上にあるといえる．つまり独立な積分の存在を示唆している．図 4-3(b)は，$E=1/8=0.125$ のときの結果である．安定な周期解に対応する不動点の近傍では写像点列は滑らかな曲線上にあるといえる．同時にランダムに見える点列も観測されるが，実際この点列はすべて1つの初期値から生成されたものである．図 4-3(c)は，$E=1/6=0.1667$(運動可能領域が有界

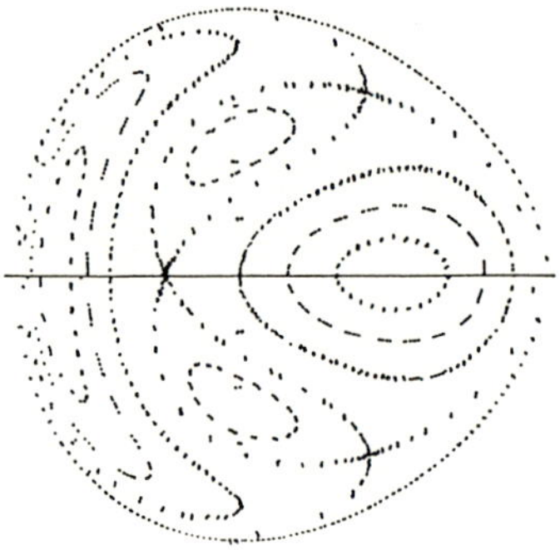

(a)

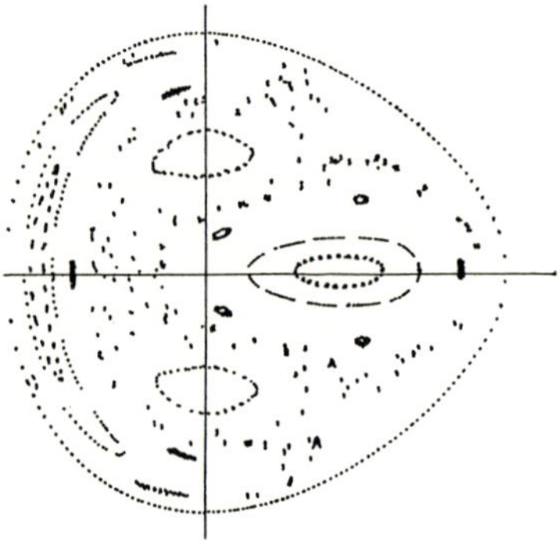

(b)

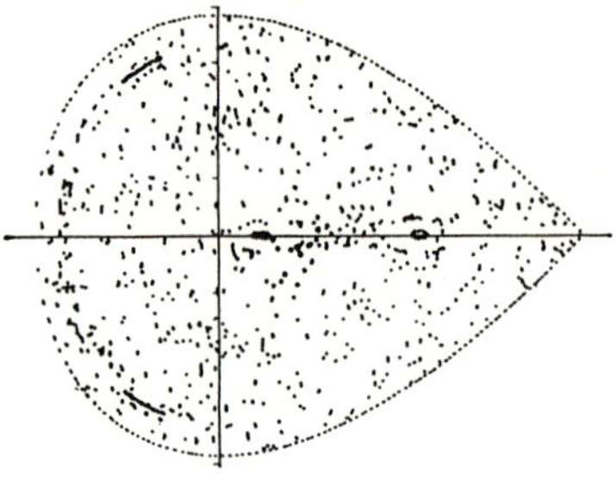

(c)

図 4-3 Hénon-Heiles 系(4.50)に対する，(a) $E=1/12$，(b) $E=1/8$，(c) $E=1/6$ のときの Poincaré 写像．(J. Moser: Mem. Amer. Math. Soc. **81** (1968) 1-68 より転載.)

となるエネルギーの限界値)の結果で，不動点のまわりの小さな領域以外はすべてランダムに見える点列に覆われる．

平面上に任意に与えられた n 個の点を滑らかに結ぶ2変数の多項式 $P(x, y)=0$ はつねに存在する．したがって，いくら「ランダムに見える」写像点を与えても，それが有限の数の点であるかぎり滑らかな曲線に乗るではないか，という反論があり得る．図4-3(b),(c)においては，たしかに有限個の点しかプロットしていないが，時間さえかければその数を10倍，100倍にすることも可能である．そして思い切って無限個の点が描かれた状況を想像することも不可能ではない．そしてその無限個の点を滑らかに結ぶ曲線は，もはや存在し得ない．

Hénon-Heiles によるこの計算結果は，エネルギー値が小さなときに存在するようにみえた積分が，エネルギー値を上げることによって消失する様子を表わしている．またその消失の度合いも初期値に依存し，主たる安定な周期軌道のまわりでは積分は比較的生き残りやすい．もし Hénon-Heiles 系(4.50)が本当に積分可能ならば，エネルギーの値によらず Poincaré 写像は規則的な曲線族を与えるべきだから，この系は積分不可能であることが数値的に示されたことになる．

c) 形式的積分と実際の軌道

Hénon-Heiles が採用したハミルトニアン(4.50)は微小パラメーター μ を含まないが，ある意味でエネルギー値がその役割を果たしていると考えることができる．実際，エネルギー値が十分小さいとき，運動は原点 $(q_1, q_2)=(0,0)$ の近傍に限定されるから，関数値の比較として

$$\frac{1}{2}(q_1^2+q_2^2) \gg q_1^2q_2-\frac{1}{3}q_2^3 \tag{4.54}$$

となり，右辺のポテンシャルの3次の項は無視することができる．そしてエネルギー値が大きくなるにつれ，3次の項の寄与がじょじょに大きくなる．そこで形式的に微小パラメーター μ を

$$V(x, y; \mu) = \frac{1}{2}(q_1^2+q_2^2)+\mu\left(q_1^2q_2-\frac{1}{3}q_2^3\right) \tag{4.55}$$

で導入し(最後に $\mu=1$ と置く), 前節で扱った μ のベキ級数で展開する摂動理論を適用することができる. そして $\mu=0$ の無摂動系は等方調和振動子

$$H_0 = \frac{1}{2}(p_1^2+p_2^2)+\frac{1}{2}(q_1^2+q_2^2) \tag{4.56}$$

である. 正準変換摂動理論を適用すれば, 結果として μ のベキ級数で表現される第1積分が得られる. そしてこの積分の表式を使えば, つねに Poincaré 断面上には, 規則的な曲線族が(4.57)式の $\boldsymbol{\Phi}$ から(4.53)のプロセスを経て得られる $\tilde{\boldsymbol{\Phi}}(q_2, p_2)=$const. の等高線族として描き出される.

Gustavson* は, 8次までの**形式的な積分**の展開式

$$\boldsymbol{\Phi} = \boldsymbol{\Phi}_0+\mu\boldsymbol{\Phi}_1+\mu^2\boldsymbol{\Phi}_2+\cdots+\mu^8\boldsymbol{\Phi}_8 \tag{4.57}$$

を求め, それから解析的に得られる Poincaré 断面上の曲線族を得た. 実際には(4.57)式の積分を仮定して各 $\boldsymbol{\Phi}_i$ を順次求めたのであるが, 原理的には摂動理論の結果として得られる積分と同じものである. ただ, H_0 が基本振動数が等しい等方調和振動子であるために,「共鳴」に対する技術的な工夫が必要とされた.

エネルギー値が $E=1/12$ のときは, この形式的積分から得られる曲線族 $\tilde{\boldsymbol{\Phi}}$ $=$const. は, 運動方程式の直接数値積分によって得られた Poincaré 写像の点列とよく一致する. つまりこのエネルギー値では, 解は実際に級数(4.57)で表現できる積分をもっていると考えてよい. しかしエネルギー値を上げていったときに問題が生ずる. $E=1/8$, $E=1/6$ で得られたランダムな点列をこの形式的積分は決して表現し得ない. 図4-4(b), (c)に見られるように, 有限項の形式的積分はつねにスムーズな曲線族を与えてしまうからである. つまり十分小さなエネルギーでは形式的積分は「事実上」収束し, 実際に系の積分を与える. しかしエネルギーが大きくなると, この形式的積分は系の振舞いを予測するの

---

* F. G. Gustavson: Astron. J. **71** (1966) 670-686.

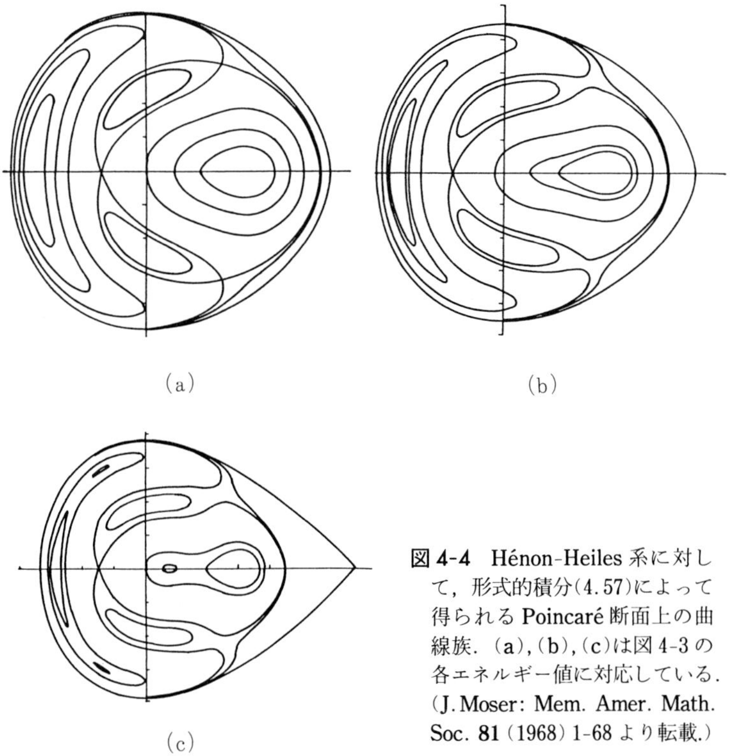

図 4-4 Hénon-Heiles 系に対して，形式的積分(4.57)によって得られる Poincaré 断面上の曲線族．(a)，(b)，(c)は図 4-3 の各エネルギー値に対応している．(J. Moser: Mem. Amer. Math. Soc. **81** (1968) 1-68 より転載.)

に何の役にも立たなくなる．

摂動理論，摂動展開とはそれが宿命的に有限の手続きである以上(μの有限次数で打ち切ること)，図 4-3 の Poincaré 写像をもつ力学系を無理に図 4-4 で表わされる力学系(近似的な積分可能系)に置き換える操作であるといえる．そしてこの操作はエネルギー(パラメーター μ)が十分に小さい場合には威力を発揮する．しかし直接数値計算で得られたランダムな点列は決して有限次の摂動理論では記述できない．そして摂動展開が有効であるか否かを知るには，皮肉なことに何らかの数値計算に頼るしかないようである．

4-3 積分不可能系の存在

a) 1価の積分と無限多価の積分

今日「カオス」という言葉は十分に市民権を得てきた．にもかかわらず，「カオス」のふるさとの，自由度の数だけの第1積分をもちえない積分不可能なHamilton系の存在を納得することは，実はそれほど容易なことではない．なぜなら，すべてのHamilton系は積分可能に見えなくもなく，また実際にそう思っている人が大勢いるからである．すべての系が積分可能に思えてしまうのは次のような議論による*.

常微分方程式の一般論から，Hamilton方程式

$$\frac{dq}{dt} = \frac{\partial H}{\partial p}, \qquad \frac{dp}{dt} = -\frac{\partial H}{\partial q} \tag{4.58}$$

に対して，ある与えられた初期値に対する解は少なくとも局所的($0 \leqq t < \Delta t$)には存在し，それは$2n$個の積分定数($C_1, C_2, \cdots, C_{2n-1}, t_0$)を含む

$$\begin{aligned} q_i &= \psi_i(t-t_0;\ C_1, C_2, \cdots, C_{2n-1}) \\ p_i &= \phi_i(t-t_0;\ C_1, C_2, \cdots, C_{2n-1}) \end{aligned} \tag{4.59}$$

なる関数関係をもつ．この関係を$t-t_0, C_1, C_2, \cdots, C_{2n-1}$について逆に解けば

$$C_i(q, p) = \text{const.} \qquad (i=1, 2, \cdots, 2n-1) \tag{4.60}$$

なる第1積分が得られる．ここで$C_i(q, p)$が初等関数で表わされるか否かは関知しない．よってすべての系はn個どころか$2n-1$個の積分をもつ積分可能系である，という論法である．

以上の議論があまり意味をもたないという感触は先のPoincaré写像の数値計算によって視覚化された「カオス」の存在から得ることができよう．つまりすべての系が積分可能系ではなさそうである．しかし上の議論のいったいどこがおかしいのであろうか？　この一見矛盾したように見える状況を打破するに

* ランダウ・リフシッツ：理論物理学教程「力学」の第2章の最初の部分に，似たような記述がある．かのランダウ先生も積分不可能系の存在を認めなかった可能性がある．

は，1価の第1積分と無限多価の第1積分を明確に区別しておく必要が生じる．ここで1価の積分とは「役に立つ」積分であり，無限多価の積分は一般に「役に立たない」積分である．

Hénon-Heilesのハミルトニアン(4.50)のように，解析関数で表現されているハミルトニアンは，相空間の1点(q,p)を与えると，対応するハミルトニアンの値が一意に決まる．そしてその値を1つ固定した$H(q,p)=E$で定まる点集合は$2n$次元の相空間における大局的な超曲面(等エネルギー曲面)を定める．このハミルトニアンのような第1積分を**1価の積分**(single-valued integral)という．1価の積分に対する等積分値曲面は相空間内で孤立(isolate)しているので，**孤立積分**(isolating integral)ともよばれる．1価の積分の存在は確実に微分方程式の階数を1下げる．また2価，3価といった有限多価の積分も孤立積分であることにかわりないので，1価の積分と総称することにする．

これに対して3-2節の非等方調和振動子の解から構成された

$$\Phi(q_1,q_2) := \frac{1}{\omega_1}\sin^{-1}q_1 - \frac{1}{\omega_2}\sin^{-1}q_2 = \text{const.} \tag{4.61}$$

のような積分(関数)の等高線(グラフ)は，振動数の比ω_1/ω_2が無理数である限り，右辺の勝手な定数の値に対して(q_1,q_2)面内の$-1 \leqq q_1, q_2 \leqq 1$なる正方形の領域をくまなく埋めつくす．これはLissajous図形としてよく知られているも

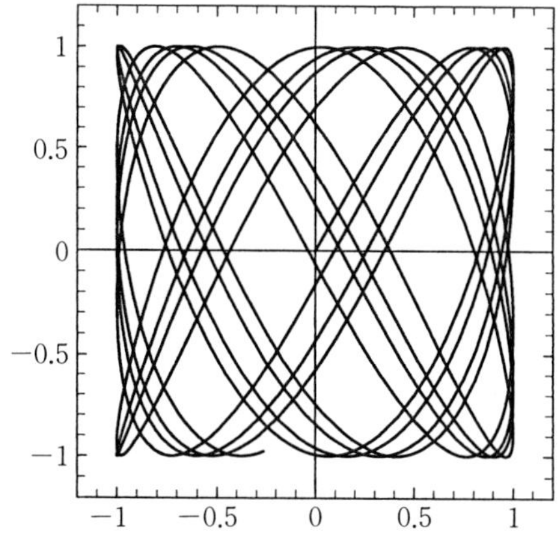

図4-5 無限多価の関数の等高線の例としてのLissajous図形.

のである(図 4-5). 任意の関数値 $\boldsymbol{\Phi}(q_1, q_2)=C$ に対して, その等高線がある領域内の至るところを通るのだから, 逆に変数 (q_1, q_2) の値を与えたときに関数 $\boldsymbol{\Phi}(q_1, q_2)$ の値が決まりようがなく, 連続無限の多価性をもつことになる. このような積分(関数)を**無限多価の積分**(関数)という. 無限多価の積分の等積分値曲面は相空間のある領域を密に覆い, 等エネルギー曲面のような孤立した曲面を定めないので, **非孤立積分**(non-isolating integral)ともよばれる. この積分の無限多価性あるいは非孤立性は, あくまでも解の $-\infty<t<\infty$ にわたる大局的な挙動を問題にして初めて純粋な意味をもつ概念であり, 有限時間での局所的振舞いを議論するときには必要のないものであることに注意しておこう.

さきの常微分方程式の解の存在定理で保証される $2n-1$ 個の積分 $C_1, C_2, \cdots, C_{2n-1}$ は一般にこのような無限多価の積分であり, その存在が解を求めるのに何の役にも立たないばかりか, いわば解そのものなのである. 現在まで曖昧にしてきたが, 3-2 節で議論した求積可能性についての Liouville-Arnold の定理で存在が仮定される自由度の数の第 1 積分は, 上に述べた意味での 1 価の積分でなければならない. また恒星系力学の分布関数(4.40)に使われる積分も 1 価である必要がある.

b) ホモクリニック点とカオス

無限多価の積分, すなわち関数値が一定となる超曲面が相空間のある領域を密におおうような積分の存在を視覚的に納得するのに都合のよいのが, Poincaré 写像における不安定平衡点の近傍に起きる現象である. この現象は通常「カオス」の発生の機構と関連して議論されることが多い.

Poincaré 写像とその不動点

4-2 節ですでに述べたように, 自由度 2 の Hamilton 系から導かれる Poincaré 写像 $F:(x_i, y_i)\rightarrow(x_{i+1}, y_{i+1})$ は, 平面から平面への**面積保存写像**, すなわち

$$x_{i+1}=f(x_i, y_i), \qquad y_{i+1}=g(x_i, y_i) \tag{4.62}$$

なる形の写像で, 変換のヤコビアン行列式が 1, つまり

$$\frac{\partial(x_{i+1}, y_{i+1})}{\partial(x_i, y_i)}=1 \tag{4.63}$$

となるものであった．このことから，一般に面積保存写像の性質を調べることがもとの Hamilton 系を研究する手段として正当化されるであろう*.

この写像の不動点，すなわち $x_{i+1}=x_i$，$y_{i+1}=y_i$ となるような点 (x^0, y^0) に注目しよう．Poincaré 写像の作り方から，不動点はもとの Hamilton 系の周期軌道に対応する．写像 F の不動点の安定性は，そのまわりで**線形化された写像**(linearized map)

$$\begin{pmatrix}\xi_{i+1}\\ \eta_{i+1}\end{pmatrix} = M\begin{pmatrix}\xi_i\\ \eta_i\end{pmatrix}, \qquad M = \begin{pmatrix}\partial f/\partial x & \partial f/\partial y\\ \partial g/\partial x & \partial g/\partial y\end{pmatrix}_{x=x^0,\ y=y^0} \tag{4.64}$$

における係数行列 M の固有値の情報からわかる．行列式の値が 1 の 2 行 2 列の行列の固有値は $(\lambda_1, \lambda_2)=(\lambda, 1/\lambda)$ という組になり，$\mathrm{tr}\, M$ $(=\lambda+1/\lambda)$ の値に応じて次の 3 つの場合があり得る．

(1)　$|\mathrm{tr}\, M|>2$：　固有値は ± 1 以外の実数

(2)　$|\mathrm{tr}\, M|<2$：　固有値は絶対値 1 の複素数，$\lambda=e^{\pm i\theta}$

(3)　$|\mathrm{tr}\, M|=2$：　固有値は ± 1

(1)の，固有値が実数となる場合，適当な座標変換によって行列 M は対角化され，写像は

$$\begin{pmatrix}\xi'_{i+1}\\ \eta'_{i+1}\end{pmatrix} = \begin{pmatrix}\lambda & 0\\ 0 & 1/\lambda\end{pmatrix}\begin{pmatrix}\xi'_i\\ \eta'_i\end{pmatrix} \qquad (\lambda>1) \tag{4.65}$$

なる標準形をとる．この座標で線形写像 M は双曲線族 $\xi'\eta'=\mathrm{const.}$ を不変曲線**とする．それゆえ不動点は**双曲不動点**(hyperbolic fixed point)とよばれる(図 4-6(a)).

(2)の，絶対値 1 の複素数を固有値にもつ場合，やはり適当な座標変換によって標準形は

$$\begin{pmatrix}\xi'_{i+1}\\ \eta'_{i+1}\end{pmatrix} = \begin{pmatrix}\cos\theta & -\sin\theta\\ \sin\theta & \cos\theta\end{pmatrix}\begin{pmatrix}\xi'_i\\ \eta'_i\end{pmatrix} \tag{4.66}$$

となり，一様な回転を表わすことになる．そして $\xi'^2+\eta'^2=\mathrm{const.}$ なる同心

---

* もっと極端に面積保存写像のことを Hamilton 系とよぶ研究者，研究論文も多く存在する．

** 写像によってその全体が変化しない曲線.

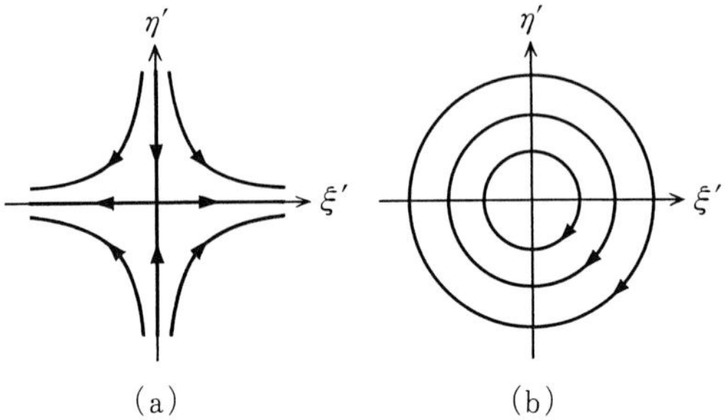

図 4-6 双曲不動点(a)と楕円不動点(b).

円族を不変曲線とする．この同心円はもとの座標では同心楕円となるので，不動点は**楕円不動点**(elliptic fixed point)とよばれる(図 4-6(b))．そして，(3)の ± 1 を固有値とする場合は，双曲線と楕円の境界であるから，**放物不動点**(parabolic fixed point)の名がふさわしい．

双曲不動点の近傍

ここで双曲不動点の近傍での振舞いをくわしく調べてみよう．不動点の十分近傍では Poincaré 写像 F は線形化された写像(4.64)に置きかえてよい．(4.65)式あるいは図 4-6(a) から明らかなように，η' 軸上の点は写像 F を繰り返すことによって原点(不動点)に接近する．そして無限大の時間の後に原点に到達する．つまり原点は η' 軸上の点を引きつけている．一方，ξ' 軸上の点は原点から遠ざかる．逆写像 F^{-1} の無限回の作用によって原点に到達するという表現もできるであろう．一般に双曲不動点 z_0 の近傍には線形化された写像の 2 つの固有ベクトルに対応する方向 W^{s} と W^{u} が存在し，W^{s} 上の点 z は写像の反復によって z_0 に漸近する，すなわち

$$\lim_{n\to\infty} F^n z \to z_0 \qquad (z \in W^{\mathrm{s}}) \tag{4.67}$$

W^{s} は双曲不動点 z_0 に対する**安定多様体**(stable manifold)とよばれる*．一方，W^{u} 上の点は F の作用によって不動点から遠ざかり

* 多様体という言葉に違和感を感じる読者は以後すべて「多様体」を「曲線」と置き換えて構わない．

$$\lim_{n\to\infty} F^{-n}z \to z_0 \qquad (z\in W^{\mathrm{u}}) \tag{4.68}$$

と表現できる．W^{u}は**不安定多様体**(unstable manifold)とよばれる．これら安定・不安定多様体は，双曲不動点の近傍ではたしかに線形化された写像(4.64)の固有ベクトルと一致する(接する)が，不動点から離れたところでは線形化によって無視された非線形項の影響によって，固有ベクトルから離れていく(図4-7)．Poincaré写像として与えられた面積保存写像Fが一般に複数の双曲不動点をもつ場合に，おのおのの不動点に対する安定・不安定多様体の大局的な関係，つまりネットワークを次に調べてみよう．

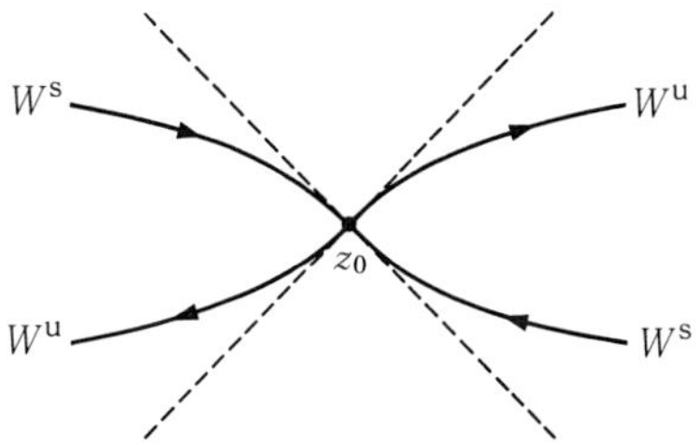

図4-7 双曲不動点近傍における安定多様体と不安定多様体．

積分可能系に対するPoincaré写像の場合

Poincaré写像が簡単に予言できるのは，積分可能系のなかでも，とくに変数分離系

$$H = H_1(q_1, p_1)+H_2(q_2, p_2) \tag{4.69}$$

の場合である．そのなかでも簡単な例としてH_1が単振り子，H_2が調和振動子を表わす場合

$$H_1 = \frac{1}{2}p_1^2+\cos q_1, \qquad H_2 = \frac{1}{2}(p_2^2+q_2^2) \tag{4.70}$$

を考えよう．そして等エネルギー曲面内の断面を$q_2=0$，$p_2>0$で定義し，(q_1, p_1)平面からその上へのPoincaré写像を考える*．H_2系の解は初期値によらずつねに周期2πの周期関数となるから，4次元相空間内の軌道は時間間隔

* 前節のHénon-Heiles系の場合と比較すると，(q_1, p_1)と(q_2, p_2)の役割が入れ替わっている．もちろんこのPoincaré写像も面積保存写像である．

2π おきに断面 $q_2=0$, $p_2>0$ を通過する．よって考えている Poincaré 写像は H_1 をハミルトニアンとする系を時間間隔 2π ごとに時間発展させて得られる離散写像に他ならない．そしてもちろん H_1 系の解曲線 $H_1(q_1, p_1)=\text{const.}$ を不変曲線とする(図 4-8)．

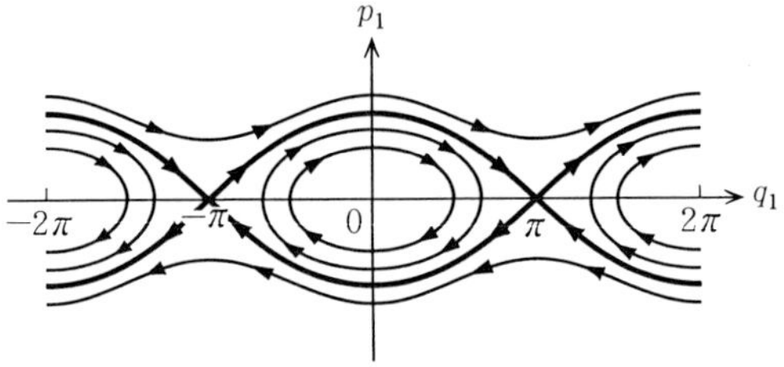

図 4-8 単振り子の場合の不変曲線.

単振り子の相平面 (q_1, p_1) は，よく知られているように，q_1 軸上に π 間隔で双曲不動点，楕円不動点がならんでいる．そして 1 つの双曲不動点から発した不安定多様体は，近接する双曲不動点の安定多様体とスムーズに接続している．この不安定多様体と安定多様体を結ぶ解曲線は単振り子の解曲線のなかでもユニークなもので，往復運動と回転運動の境にあり，両者を分離している．そのために**セパラトリックス**(separatrix，分離閉曲線)という名前でよばれる．

1 つの双曲不動点から出発した不安定多様体が同じ双曲不動点の安定多様体と一致することもある．その簡単な例は，(4.70)において H_1 系として単振り子のかわりに，2 つの最小値をもつポテンシャル系(2 重底ポテンシャル)

$$H_1 = \frac{1}{2}(p_1^2 - q_1^2 + q_1^4) \tag{4.71}$$

を考えれば簡単に実現できる．この系は原点 $(q_1, p_1)=(0, 0)$ が唯一の双曲不動点であり，この双曲不動点に対する安定・不安定多様体は，互いに連絡してセパラトリックスを形成している(図 4-9)．

以上の状況は，自由度 2 の積分可能系一般に対しても，解が有界で Poincaré 写像が定義できさえすれば同様に起きる．しかしながら積分可能であるという保証のない系においては，本質的に異なった振舞いが観測され得る．

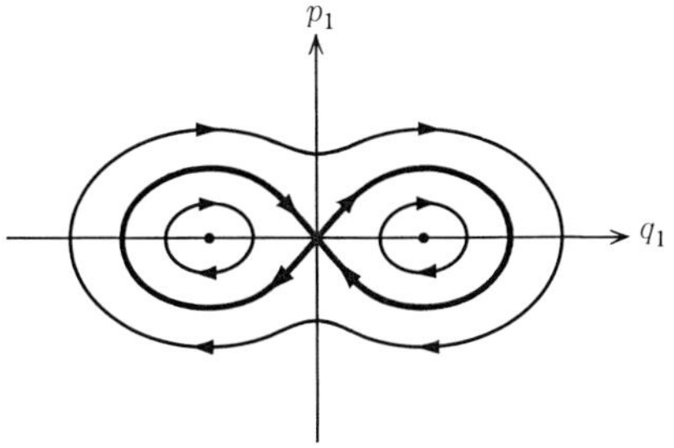

図 4-9 2重底ポテンシャル(4.71)の場合の不変曲線.

ホモクリニック点，ヘテロクリニック点

積分可能系であることが保証されていない系に対する Poincaré 写像においては，双曲不動点から発する安定多様体と不安定多様体とは必ずしもスムーズに連結しあう必要はない．両者は有限の角度をもって交差することが許される．同一の双曲不動点から発する安定・不安定多様体の交点は**ホモクリニック点**(homoclinic point)とよばれ，異なった双曲不動点から発する安定・不安定多様体の交点は**ヘテロクリニック点**(heteroclinic point)とよばれる．いずれも H. Poincaré の造語(の英訳)である．ホモクリニック点とヘテロクリニック点は以下の議論において定性的な差がないので，以後はホモクリニック点をもって両者を代表することにする．

一般に2次元の面積保存写像においてホモクリニック点が1つでもあると，実は無限個あることが示される．かつそれらは双曲不動点の近傍で稠密に分布する．そしてこの性質は単に写像の面積保存性と安定・不安定多様体の定義だけから導かれるのである．

いま，図 4-10 において P_0 を1つのホモクリニック点としよう．そして P_0 にさらに写像 F を施してできる点列を $\mathrm{P}_1, \mathrm{P}_2, \mathrm{P}_3, \cdots$ とする．すなわち $\mathrm{P}_{i+1}=F(\mathrm{P}_i)$ とする．始点 P_0 は安定多様体 W^{s} 上にあるから点列 $\mathrm{P}_1, \mathrm{P}_2, \mathrm{P}_3, \cdots$ もやはり安定多様体 W^{s} 上になければならない．そして双曲不動点に漸近していく．しかし P_0 は同時に不安定多様体 W^{u} 上にもあるから点列 $\mathrm{P}_1, \mathrm{P}_2, \mathrm{P}_3, \cdots$ は不安定多様体 W^{u} 上にもなければならない．この状況が可能となるためには不安定多様体は振動しながら安定多様体と交差しなければならない．また，安

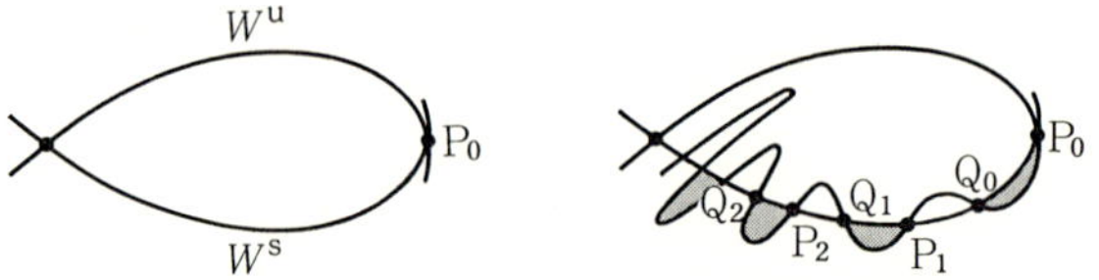

図 4-10 ホモクリニック点 $P_0, P_1, P_2, \cdots$.

定・不安定多様体で囲まれたかまぼこ状の領域の面積が 1 回の写像で向きを含めて保存されることを考慮すると，ホモクリニック点列 $P_1, P_2, P_3, \cdots$ の間に別のホモクリニック点列 $Q_1, Q_2, Q_3, \cdots$ が存在する必要がある．さらにホモクリニック点列 P_i は $i \to \infty$ で双曲不動点に達するから，安定多様体上の P_iQ_i の長さは $i \to \infty$ で 0 に近づくが，面積保存の性質から図中の影をつけた面積はすべて等しく，結果として影をつけた領域は指数関数的に細長くなっていく必要がある．そして双曲不動点の近傍では不安定多様体 W^{u} はほぼ平行になって折り畳まれていく．

同じ議論は，ホモクリニック点 P_0 を始点として逆写像 F^{-1} を施してできる点列 $P_{-1}, P_{-2}, P_{-3}, \cdots$ に対しても同様に適用され，安定多様体 W^{s} の無限回の折り畳みをもたらす．ここで安定多様体はそれ自身とは決して交わらないし，不安定多様体もそれ自身とは交差していないことに注意しておこう．このようにして図 4-11 に見るように，双曲不動点に近づくに従って安定・不安定多様体の無限個の交点ができ，より稠密に分布するようになる．これら新しくできた交点ももちろんホモクリニック点である．以上の状況を H. Poincaré は次のように表現している*.

これらの 2 曲線とその無限個の交点によって作られる図形はいったいどのようなものかを想像することに努めよう．ここで，これらの交点のおのおのは 1 つの 2 重漸近解に対応している．交点全体はいわば一種の格子，ある種の織物，あるいは無限に引き締められた結び目をもつ網のようなものを形成している．2 曲線のおのおのは自分自身を切ることは絶対にないが，

---

* H. Poincaré: *Méthodes Nouvelles de la Mécanique Céleste*, vol. 3 (Gauthier-Villars, 1899). 邦訳：福原満洲雄・浦太郎訳：常微分方程式(共立出版，1970) 379 ページを引用転載した.

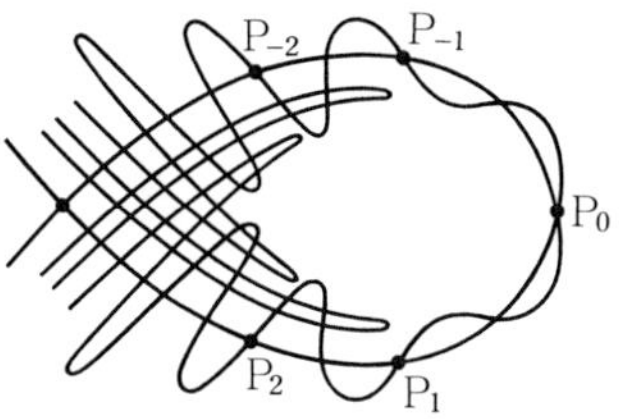

図 4-11 無限個のホモクリニック点とその集積の様子.

非常に複雑な行動をして自分自身の上におり重なって，上のたとえの網のすべての結び目を無限回切る．その複雑さは驚くべきもので，私自身もこの図形を描いてみせようとは思わない．3体問題の複雑さに，もっと一般には，1価の積分をもたず，Bohlinの級数が収束しないような，すべての力学の問題の複雑さに，なにかの概念を与えてくれるもの，またはそれに適したものは，これ以上なにもない．

H. Poincaré 自身に「描いてみせようとは思わない」といわせたこの「無限個の交点によって作られる図形」も，今日ではちょっとしたコンピューターがあれば容易に描き出すことができる．自分でプログラムを作るのも難しくはないが，最も安易な方法は市販のソフトウエアを買ってしまうことだ．パーソナルコンピューター Macintosh 用のソフトウエアである MacMath* のパッケージの1つ 2D Iterations は，勝手な2次元写像に対してカラフルに写像の反復を行なってくれるばかりでなく，不動点を検出し安定・不安定多様体を時間の許す限り描いてくれる．Poincaré に見せてあげたい代物である．

1価の解析的積分の非存在**

さて，2次元の面積保存写像の一般論から Hamilton 系の Poincaré 写像の議論に話を戻そう．4-2節で述べたように，もとの自由度2の Hamilton 系が積分可能，すなわちハミルトニアンと独立な1価の解析的な第1積分を有するとき，$q_2=0$ を断面として定義される Poincaré 写像も解析関数で表現される曲

* John H. Hubbard and Beverly H. West: *MacMath: A Dynamical System Software Package for the Macintosh* (Springer, 1992).

** A. J. Dragt and J. M. Finn: J. Geophys. Res. **81** (1976) 2327-2340 の議論を参考にした.

線族を不変曲線としてもつ．そして1つの初期点から始まる写像点はこの不変曲線上に束縛される．その最も簡単な例が(4.70)で与えられるような変数分離可能系である．

安定多様体と不安定多様体が交差し，無限個のホモクリニック点が形成されるような状況では，そのような1価の解析的な積分は存在し得ないことを示そう*．まず，1価の積分 $\boldsymbol{\Phi}(q,p)=\mathrm{const.}$ があるとし，それから導かれる Poincaré 写像の不変曲線族を $I(q_1,p_1)=\mathrm{const.}$ とする．$I(q_1,p_1)=\mathrm{const.}$ は Poincaré 写像が有する保存量(積分，不変式)である．安定多様体 W^{s} および不安定多様体 W^{u} 上のすべての点は $i\to\infty$ (写像 F の無限回の反復)もしくは $i\to-\infty$ (逆写像 F^{-1} の無限回の反復)によって双曲不動点 z_0 に達するから，W^{s} および W^{u} 上での $I(q_1,p_1)$ の値は双曲不動点 z_0 における値と等しい．つまり安定・不安定多様体は関数 $I(q_1,p_1)$ の1つの等高線となるべきである．このことから，W^{s} または W^{u} 上の任意の点で，関数 $I(q_1,p_1)$ の W^{s} または W^{u} 方向の微分は0となる．さてホモクリニック点 P_i においては W^{s} と W^{u} が有限の角度で交差するから，$I(q_1,p_1)$ の1次独立な2つの方向の微分が0となり，関数 $I(q_1,p_1)$ の勾配ベクトル $\nabla I(q_1,p_1)$ は0となる．そしてこのことはすべてのホモクリニック点に対して主張できる．とくに W^{s} と W^{u} が有限の角度で交差する双曲不動点 z_0 に対しても同様である．

さて，すでに双曲不動点の近傍にはホモクリニック点が稠密に分布し，双曲不動点 z_0 自身をその集積点とすることを見た．そしてこのホモクリニック点のすべてで勾配ベクトル $\nabla I(q_1,p_1)$ は0とならなければならない．ところが解析関数の性質から，集積点をもつ集合で $\nabla I(q_1,p_1)$ が0ならば，実は $\nabla I(q_1,p_1)$ はその定義域で恒等的に0とならなければならない．よって関数 $I(q_1,p_1)$ は変数 (q_1,p_1) にまったくよらない単なる定数(1とか π など)となってしまう．これは最初の仮定の，1価の解析的な積分が存在しないことを意味する．

---

* これら安定・不安定多様体はもとの運動方程式の1つの等積分値曲面と超平面 $q_2=0$ との交わりを表わしている．よって安定・不安定多様体が無限に折りたたまれることは等積分値曲面も無限に折りたたまれていることを意味し，積分の無限多価性(相空間のある領域を密に覆うこと)が実現されている．

5

積分不可能な力学系とその判定条件

4-3 節において，すべての力学系が積分可能ではないこと，つまり積分不可能系というものが存在しうることを見た．しかし，ある系の積分不可能性を主張するロジックは何もホモクリニック点の存在を示すことに限らない．第 3 章で積分可能性を示すいろいろな手法があったと同じように，積分不可能性もまたさまざまなアプローチによって示され得る．しかし容易に想像されるように，積分不可能であることを示すことは，積分可能であることを示すことに比べてはるかに難しい．第 1 積分を書き下して「よって証明された」，という論法が使えないからである．本章ではそのいくつかをスケッチするとしよう．とくに後半で示される複素解析的な手法は近年になって発展し，他の成書にはほとんど紹介されていないものである．しかしこれらを以てしても，大問題：

> 具体的に与えられた Hamilton 系が積分可能であるか否かを有限の手続きによって判定し，もし積分可能ならば具体的に第 1 積分を書き下すか，求積法によって一般解を与えること

の解答には程遠い．最終的なアルゴリズムが存在するのか否かも不明である．この「大問題」に興味をもつ読者の将来の研究に期待したい．

5-1 Bruns-Poincaré の定理

Bruns は，古典的な3体問題において，座標と運動量について代数的な第1積分は，系の明らかな対称性と結びつく第1積分しかないことを証明した．数年後 Poincaré は，摂動を受けた可積分系は，一般に摂動パラメーターに解析的に依存する第1積分をもちえないことを証明し，その結果を3体問題に適用した．

a) 3体問題

3体問題(three body problem)とは，万有引力の相互作用の下で運動する3質点 m_1, m_2, m_3 の運動を決定する問題である．ときにその力学系を指すこともある．各質点につき (x, y, z) の3自由度があるから，合計で9自由度，18階の微分方程式が3体問題を記述する．そのハミルトニアンはベクトル形で単に

$$H = \frac{1}{2}\left(\frac{\boldsymbol{p}_1^2}{m_1}+\frac{\boldsymbol{p}_2^2}{m_2}+\frac{\boldsymbol{p}_3^2}{m_3}\right)-\frac{m_1m_2}{r_{12}}-\frac{m_2m_3}{r_{23}}-\frac{m_3m_1}{r_{31}} \tag{5.1}$$

と書ける．ここで $\boldsymbol{q}_i := (q_{ix}, q_{iy}, q_{iz})$ および $\boldsymbol{p}_i := (p_{ix}, p_{iy}, p_{iz})$ は3質点の座標および共役な運動量であり，$r_{ij} := |\boldsymbol{q}_i - \boldsymbol{q}_j|$ は m_i と m_j の相互距離である．また万有引力定数は1となる単位系を採用した．この3体問題に対してはすでに Euler の時代に10個の積分が知られていた．それは，エネルギー積分 $H(q, p) = \text{const.}$ に加えて，全運動量の各成分

$$\begin{aligned} P_x &:= p_{1x}+p_{2x}+p_{3x} = \text{const.} \\ P_y &:= p_{1y}+p_{2y}+p_{3y} = \text{const.} \\ P_z &:= p_{1z}+p_{2z}+p_{3z} = \text{const.} \end{aligned} \tag{5.2}$$

全角運動量の各成分

$$\begin{aligned} L_x &:= (q_{1y}p_{1z}-q_{1z}p_{1y})+(q_{2y}p_{2z}-q_{2z}p_{2y})+(q_{3y}p_{3z}-q_{3z}p_{3y}) = \text{const.} \\ L_y &:= (q_{1z}p_{1x}-q_{1x}p_{1z})+(q_{2z}p_{2x}-q_{2x}p_{2z})+(q_{3z}p_{3x}-q_{3x}p_{3z}) = \text{const.} \\ L_z &:= (q_{1x}p_{1y}-q_{1y}p_{1x})+(q_{2x}p_{2y}-q_{2y}p_{2x})+(q_{3x}p_{3y}-q_{3y}p_{3x}) = \text{const.} \end{aligned} \tag{5.3}$$

および重心の座標の各成分

$$Q_x := m_1q_{1x}+m_2q_{2x}+m_3q_{3x}-(p_{1x}+p_{2x}+p_{3x})t = \text{const.}$$
$$Q_y := m_1q_{1y}+m_2q_{2y}+m_3q_{3y}-(p_{1y}+p_{2y}+p_{3y})t = \text{const.} \quad (5.4)$$
$$Q_z := m_1q_{1z}+m_2q_{2z}+m_3q_{3z}-(p_{1z}+p_{2z}+p_{3z})t = \text{const.}$$

からなる．以上の積分は系のもつ明らかな対称性（並進および回転に対する不変性）と結びついている．しかし，これら Euler 積分とよばれる第 1 積分は全体としては包合系をなさない．包合系をなす積分の組としては H, P_x, P_y, P_z 以外にあと 2 つ Euler 積分のある関数をとることができる．これから 3 体問題の微分方程式は 18－12＝6 階まで階数を低下することができる．18, 19 世紀を通してこの Euler 積分以外の新たな積分を発見し，3 体問題を求積法によって解こうとする努力がなされた．

b） Bruns の定理

H. Bruns（1887）は，3 体問題に関して，変数 (q, p, t) について代数的な第 1 積分，つまり変数 (q, p, t) の代数関数として表わされる第 1 積分は，じつは上に述べた Euler 積分以外に存在しないことを証明した．これを **Bruns の定理**という*．代数関数の最も代表的なものは多項式や有理式であるが，より一般に，有理式 $\phi_i(q, p, t)$ を係数とする未知数 z についての代数方程式

$$z^m+\phi_1(q,p,t)z^{m-1}+\phi_2(q,p,t)z^{m-2}+\cdots+\phi_m(q,p,t) = 0 \quad (5.5)$$

の根として得られる関数

$$z = F(q,p,t) \quad (5.6)$$

として代数関数は定義される．

Bruns の定理の証明において重要な役割を果たしているのが，3 体問題の微分方程式のもつスケール変換に対する不変性である．ポテンシャルは座標 q について －1 次の同次式であることから，Hamilton の運動方程式は

$$t \to \alpha^{-1}t, \quad q \to \alpha^{-2/3}q, \quad p \to \alpha^{1/3}p \quad (5.7)$$

* H. Bruns: Acta Math. **11**（1887）25-96. 他に，E. T. Whittaker: *Analytical Dynamics*（Cambridge Univ. Press, 1904）chap. 14 および A. R. Forsyth: *Theory of Differential Equations*（Cambridge Univ. Press, 1900）chap. 17.

なるスケール変換に対して不変である．このスケール変換不変性に対応して座標 q にウエイト 2/3，運動量 p にウエイト $-1/3$，そして時間 t にウエイト 1 を付加すると，10 個の Euler 積分(5.1)-(5.4)はすべてウエイトについて同次の第 1 積分となっていることがわかるが，これは決して偶然ではない．一般にある多項式の第 1 積分 $\boldsymbol{\Phi}=\mathrm{const.}$ が存在するとし，$\boldsymbol{\Phi}$ がウエイトについてそれぞれ同次で異なる次数の多項式の和

$$\boldsymbol{\Phi} = \boldsymbol{\Phi}_{k_1} + \boldsymbol{\Phi}_{k_2} + \boldsymbol{\Phi}_{k_3} + \cdots \tag{5.8}$$

に書けているとすると，じつは各同次式 $\boldsymbol{\Phi}_{k_i}$ 自身が積分となっていることがいえるのである．よりくわしくは5-3 節で一般論として述べられる．この事実は，考える第 1 積分に対する大きな制約となり，関数形の可能性を限定する．証明については Whittaker や Forsyth の著書を参照せよ．

一方この Bruns の定理においては証明の最後の段階で -1 次のポテンシャルの特殊性がふんだんに使われており，残念ながら直ちには他の系に応用することができない．つまり定理に普遍性がないといわざるを得ない．

Bruns の定理は単に代数的な第 1 積分のみの非存在を主張しているという点で歴史的に過小評価されすぎている感がある*．しかし，少なくとも 3 体問題のようなスケール変換に対して不変な力学系においては，その主張は決して弱いものではないことを強調しておきたい．より普遍性をもたせた一般化，そしてむやみな抽象化を伴わない「現代的」な書き直しが強く望まれる．

c) Poincaré の定理

H. Poincaré は，摂動を受けた積分可能な Hamilton 系

$$H = H_0(I) + \mu H_1(I,\theta) + \mu^2 H_2(I,\theta) + \cdots \tag{5.9}$$

に対して，微小パラメーター μ のベキ級数で展開できる

$$\boldsymbol{\Phi} = \boldsymbol{\Phi}_0(I,\theta) + \mu\boldsymbol{\Phi}_1(I,\theta) + \mu^2\boldsymbol{\Phi}_2(I,\theta) + \cdots \tag{5.10}$$

なる形の，(I,θ,μ) について解析的な第 1 積分は「一般」には存在しないこと

---

* その例としては，J. Moser: *Stable and Random Motions in Dynamical Systems* (Princeton University Press, 1973) p. 106.

を証明した*．ここで変数 (I, θ) は無摂動の可積分系 H_0 に対して導入された作用・角変数である．そして $H_1, H_2, \cdots$ は角変数 θ については 2π を周期とする周期関数であるとする．また，さらなる条件として H_0 についてのヘッシアン行列式

$$\det\left(\frac{\partial^2 H_0}{\partial I_i \partial I_j}\right) \tag{5.11}$$

が恒等的に 0 でないこと(非退化の条件)，および H_1 の角変数 θ についての無限個の Fourier 係数が 0 とならないことが仮定されている．2 番目の仮定については後にくわしく述べる．最初のヘッシアン行列式(5.11)に関する条件は

$$\omega_i = \frac{\partial H_0}{\partial I_i} \tag{5.12}$$

が振動数という意味をもつことを考えれば，

$$\det\left(\frac{\partial \omega_i}{\partial I_j}\right) \neq 0 \tag{5.13}$$

つまり作用変数の値 $(I_1, I_2, \cdots, I_n)$ で定まる各トーラスごとに振動数が異なることを意味する．非摂動系が調和振動子のときには，(3.115)で見たように $H_0 = \sum \omega_i I_i$ となり振動数はトーラスによらず一定となるので，このヘッシアン行列式に関する仮定は満足されない．3 体問題の中でも 1 体の質量を無限小とした制限 3 体問題は(5.9)の形のハミルトニアンをもち，以上の条件が満足されることが示される**．

実際の証明は，(5.10)の形の第 1 積分が存在すると仮定して

- $\boldsymbol{\Phi}_0$ は角変数 θ を含まない，つまり $\boldsymbol{\Phi}_0 = \boldsymbol{\Phi}_0(I)$，
- $\boldsymbol{\Phi}_0$ は H_0 のみの関数となる，
- $\boldsymbol{\Phi}$ は実は H のみの関数，つまり H と独立な関数ではない，

---

* H. Poincaré: *Méthodes Nouvelles de la Mécanique Céleste*, vol. 1 (Gauthier-Villars, 1892) chap. 5. 解説付きの英訳 *New Methods of Celestial Mechanics* (American Institute of Physics, 1993)，他に，斎藤利弥：解析力学講義(日本評論社，1991)，丹羽敏雄：力学系(紀伊国屋数学叢書 21)(紀伊国屋書店，1981)．

** E. T. Whittaker: *Analytical Dynamics*, chap. 13.

という順序でなされる．実際，$\boldsymbol{\Phi}$ が第1積分であるという条件は，$\{H, \boldsymbol{\Phi}\}=0$ つまり

$$
\begin{aligned}
&\{H_0, \boldsymbol{\Phi}_0\} + \mu[\{H_0, \boldsymbol{\Phi}_1\} + \{H_1, \boldsymbol{\Phi}_0\}] \\
&\quad + \mu^2[\{H_0, \boldsymbol{\Phi}_2\} + \{H_1, \boldsymbol{\Phi}_1\} + \{H_2, \boldsymbol{\Phi}_0\}] + \cdots = 0 \qquad (5.14)
\end{aligned}
$$

と書かれるが，十分小さいにしても任意の μ の値についてこの恒等式が成り立つためには，μ の各次数の係数が0とならなければならない．つまり，少なくとも

$$\{H_0, \boldsymbol{\Phi}_0\} = 0 \qquad (5.15)$$

$$\{H_0, \boldsymbol{\Phi}_1\} + \{H_1, \boldsymbol{\Phi}_0\} = 0 \qquad (5.16)$$

という条件式が満足されるべきである．

以下では，最も単純な自由度 $n=2$ の場合に限定して証明の道筋を追うことにしよう．自由度が $n \geqq 3$ のときには H_1 についてのより多くの仮定が必要となる*.

$\boldsymbol{\Phi}_0$ は角変数 $\boldsymbol{\theta}$ を含まないことの証明

$\boldsymbol{\Phi}_0$ の角変数についての Fourier 級数展開を

$$\boldsymbol{\Phi}_0 = \sum_k \phi_k(I) e^{i\langle k, \theta \rangle} \qquad (5.17)$$

とする．ここで $\langle k, \theta \rangle$ は，整数ベクトル $k=(k_1, k_2)$ と角変数ベクトル $\theta=(\theta_1, \theta_2)$ の内積(スカラー積)を表わす．最初の条件 $\{H_0, \boldsymbol{\Phi}_0\}=0$ を書き下すと

$$\sum_k \left\langle k, \frac{\partial H_0}{\partial I} \right\rangle \phi_k(I) e^{i\langle k, \theta \rangle} = 0 \qquad (5.18)$$

が得られる．これは恒等式であるから，各整数ベクトル k に対して $\phi_k(I)=0$ または $\left\langle k, \frac{\partial H_0}{\partial I} \right\rangle=0$ が成り立つ．いま，ある整数ベクトル k について $\left\langle k, \frac{\partial H_0}{\partial I} \right\rangle=0$，すなわち

$$\sum_{j=1}^{2} k_j \frac{\partial H_0}{\partial I_j} = 0 \qquad (5.19)$$

---

* V. V. Kozlov: Russian Math. Surveys **38** (1983) 1-76 を参照せよ．$n \geqq 3$ のときの Poincaré の元の証明は厳密性に欠け，おそらく正しくない．

が成り立っていると仮定する．この式を I_i で偏微分すると

$$\sum_{j=1}^{2} \frac{\partial^2 H_0}{\partial I_i \partial I_j} k_j = 0 \qquad (i=1,2) \tag{5.20}$$

この(5.20)を未知数 $k=(k_1, k_2)$ に対する連立1次方程式と考えると，その係数行列式(5.11)が0でないという仮定から，自明な解 $k=0$ しか許されない．つまり $k=0$ 以外の項はその Fourier 係数 $\phi_k(I)$ が0となり，結局

$$\boldsymbol{\Phi}_0 = \phi_0(I) \tag{5.21}$$

つまり，$\boldsymbol{\Phi}_0$ は角変数 θ を含まないことが示された．

$\boldsymbol{\Phi}_0$ は $\boldsymbol{H}_0$ のみの関数となることの証明

関数 H_1 および $\boldsymbol{\Phi}_1$ の θ についての Fourier 展開を

$$H_1 = \sum_k h_k(I) e^{i\langle k, \theta\rangle} \tag{5.22}$$

および

$$\boldsymbol{\Phi}_1 = \sum_k \phi_k(I) e^{i\langle k, \theta\rangle} \tag{5.23}$$

として，(5.16)に代入して $e^{i\langle k, \theta\rangle}$ の係数を0とおけば

$$\left\langle k, \frac{\partial H_0}{\partial I}\right\rangle \phi_k(I) = \left\langle k, \frac{\partial \boldsymbol{\Phi}_0}{\partial I}\right\rangle h_k(I) \tag{5.24}$$

を得る．いま摂動ハミルトニアン H_1 の Fourier 係数 $h_k(I)$ に対して次の仮定をする．

> **仮定**：H_1 の無限個の異なる整数ベクトル k に対する Fourier 係数 $h_k(I)$ が，$\left\langle k, \dfrac{\partial H_0}{\partial I}\right\rangle=0$ を満たす $I=(I_1, I_2)$ 上で恒等的には0とならない．ただし互いに平行なベクトル $\pm k, \pm 2k, \pm 3k, \cdots$ は1つの整数ベクトル k とみなす．

以上の仮定を満たす整数ベクトル k を1つ固定する．$\left\langle k, \dfrac{\partial H_0}{\partial I}\right\rangle=0$ となる I の集合上で $h_k(I)\neq 0$ だから，(5.24)からその同じ集合上で

$$\left\langle k, \frac{\partial \boldsymbol{\Phi}_0}{\partial I}\right\rangle = 0 \tag{5.25}$$

となる必要がある．すると $\partial H_0/\partial I$, $\partial \boldsymbol{\Phi}_0/\partial I$ ともにベクトル $\boldsymbol{k}$ に垂直となり，これらは1次従属，つまり

$$\frac{\partial(\boldsymbol{\Phi}_0, H_0)}{\partial(I_1, I_2)} = 0 \tag{5.26}$$

が，$\left\langle k, \dfrac{\partial H_0}{\partial I}\right\rangle=0$ が満たされる I の集合上で主張できる．さて仮定から，このような整数ベクトル $\boldsymbol{k}$ が無限個あり，また各 $\boldsymbol{k}$ に対して $\left\langle k, \dfrac{\partial H_0}{\partial I}\right\rangle=0$ は一般に異なった曲線群を定めるから，ヤコビアン行列式(5.26)は $I=(I_1, I_2)$ のある稠密な集合上で0となる．これは I の解析関数であるヤコビアン行列式(5.26)が恒等的に0となることを意味する．つまり，$\boldsymbol{\Phi}_0$ は H_0 のみのある関数

$$\boldsymbol{\Phi}_0 = \psi(H_0) \tag{5.27}$$

とならなければならない．

$\boldsymbol{\Phi}$ は実は $\boldsymbol{H}$ のみの関数となることの証明

いま $\boldsymbol{\Phi}-\psi(H)$ という関数を考えると，$H, \boldsymbol{\Phi}$ がともに第1積分だからこれも第1積分，また $\mu=0$ で $\boldsymbol{\Phi}_0-\psi(H_0)=0$ となることから μ で割り切れる(μ を因数にもつ)ことが分かる．よって

$$\boldsymbol{\Phi}-\psi(H) = \mu\boldsymbol{\Phi}' \tag{5.28}$$

とおけば，$\boldsymbol{\Phi}'$ も(5.9)に対する第1積分でパラメーター μ による展開

$$\boldsymbol{\Phi}' = \boldsymbol{\Phi}_0'+\mu\boldsymbol{\Phi}_1'+\cdots \tag{5.29}$$

が可能である．そして積分 $\boldsymbol{\Phi}$ に対する先と同じ議論により，新たなある関数 ψ' をもって

$$\boldsymbol{\Phi}_0' = \psi'(H_0) \tag{5.30}$$

なる関数関係が成立するはずである．そこでふたたび

$$\boldsymbol{\Phi}'-\psi'(H) = \mu\boldsymbol{\Phi}'' \tag{5.31}$$

$$\boldsymbol{\Phi}''-\psi''(H) = \mu\boldsymbol{\Phi}''' \tag{5.32}$$

などと置き換えることが可能になる．これらの関係式をもとの $\boldsymbol{\Phi}$ について書き直してやると

$$\begin{aligned}\boldsymbol{\Phi} &= \psi(H)+\mu\boldsymbol{\Phi}' \\ &= \psi(H)+\mu[\psi'(H)+\mu\boldsymbol{\Phi}'']\end{aligned}$$

$$= \psi(H) + \mu\psi'(H) + \mu^2[\psi''(H) + \mu\Phi''']$$

$$= \psi(H) + \mu\psi'(H) + \mu^2\psi''(H) + \cdots \qquad (5.33)$$

となり，結局，Φ はハミルトニアン H のみの関数となり，独立な第 1 積分とはならないことが結論される．つまり，H と独立な第 1 積分は存在しない．

注意

この歴史的に「有名」な Poincaré の定理を間違って理解しないための注意を述べておこう．この定理は，あくまでも(5.9)の形をしたハミルトニアンに対して(5.10)のようなパラメーター μ にも解析的に依存する積分の非存在を主張したものであり，個々のパラメーターの値 $\mu=\mu_0$ における積分の非存在を示したものでは決してない．別の表現を用いれば

「積分可能系はパラメーター μ について連続的には存在しない」

ことのみを主張しているのである．3 体問題に関していえば「Bruns が代数積分の非存在を証明し，Poincaré がさらに解析的な積分の非存在を証明した」というのは正しい理解ではない．

次に，摂動ハミルトニアン H_1 についての仮定は「一般的」には成り立つと考えてよい．しかし具体的に与えられた H_0, H_1 に対してこの仮定をチェックするのは容易でないのが普通である．通常の例題として考えられるような簡単なハミルトニアンでは H_1 の Fourier 級数展開が有限項しかないことが多く，仮定は最初から満足されない．I. Prigogine は，その著* の中で摂動ハミルトニアン H_1 についてのこの条件を dissipativity condition（散逸性の条件）とよび，統計力学における非可逆性の源と考えた．現在も独自の手法で研究を継続している**．

この Poincaré の定理は，非線形の Hamilton 系においてはハミルトニアン以外の第 1 積分が存在しないことを証明したものであると紹介されてきたようである．そしてこの解釈は統計力学の 1 つの基礎にあるエルゴード仮説を認めるためにも都合がよかった．しかし，この解釈はソリトン系と称される積分可

* I. Prigogine: *Non-equilibrium Statistical Mechanics* (Interscience, 1962) chap. 14.

** 例えば T. Petrosky and I. Prigogine: Chaos, Solitons, and Fractals 4 (1994) 311-359.

能系が続々と発見されるに及んで修正を必要とされるに至った．系の非線形性は積分不可能性の十分条件では決してないのである．

5-2 周期解の安定性と積分可能性

周期解の安定性と積分可能性との間には密接な関連がある．積分可能系においては周期解は「一般」には指数関数的に不安定とはならない．そこで指数関数的に不安定な周期解を検出することは，系の積分不可能性を示す有力な手がかりとなる．H. Poincaré は特性指数とよばれる量を導入して，これらの議論を展開した*.

a) 変分方程式

一般に n 階の自励系

$$\frac{dx_i}{dt} = F_i(x) \qquad (i=1,2,\cdots,N) \tag{5.34}$$

に対し，ある周期 T をもつ**周期解**(periodic solution)

$$x_i = \phi_i(t), \qquad \phi_i(t+T) = \phi_i(t) \tag{5.35}$$

が知られているとする．この周期解 $x_i=\phi_i(t)$ の安定性は,

$$x_i = \phi_i(t)+\xi_i(t) \tag{5.36}$$

とおき，もとの方程式(5.34)に代入して，$\boldsymbol{\xi}(t)$ の 2 次以上の項を無視して得られる線形化された方程式

$$\frac{d\xi_i}{dt} = \sum_j \left(\frac{\partial F_i}{\partial x_j}\right)_{x=\phi(t)} \xi_j \tag{5.37}$$

によって議論される．方程式(5.37)は**変分方程式**(variational equations)とよばれる．周期解に対する変分方程式は，明らかに，周期 T の周期関数を係数にもつ線形微分方程式

* H. Poincaré: *Méthodes Nouvelles de la Mécanique Céleste*, vol. 1, chap. 4.

$$\frac{d\boldsymbol{\xi}}{dt} = A(t)\boldsymbol{\xi}, \qquad A(t+T) = A(t) \tag{5.38}$$

である．

一般の周期解に対する議論を開始する前に，最も簡単な場合である**平衡解**(equilibrium solution)について見ておこう．平衡解 $\boldsymbol{x}=\boldsymbol{x}_0$ は 0 を周期とする周期解と考えることができる．平衡解に対する変分方程式は，A を定数行列とした定数係数の線形微分方程式

$$\frac{d\boldsymbol{\xi}}{dt} = A\boldsymbol{\xi} \tag{5.39}$$

となる．$t=0$ において $\boldsymbol{\xi}=\boldsymbol{\xi}_0$ を初期値とする解は

$$\boldsymbol{\xi}(t) = e^{tA}\boldsymbol{\xi}_0 \tag{5.40}$$

と書ける．そして平衡解 $\boldsymbol{x}=\boldsymbol{x}_0$ の安定性は行列 A の固有値によって決定される．すなわち，行列 A の固有値のなかに正の実部をもつものがあれば不安定(指数関数的に不安定)，さもなければ安定となる．

b) 特性乗数と特性指数

さて一般の周期解(5.35)に対して，変分方程式(5.37)の解 $\boldsymbol{\xi}(t)$ の周期 T の時間発展は

$$\boldsymbol{\xi}(t+T) = M(T)\boldsymbol{\xi}(t) \tag{5.41}$$

なる線形変換で記述できる．この線形変換を定める行列 $M(T)$ を**モノドロミー行列**(monodromy matrix)という．モノドロミー行列の固有値 $\lambda_1, \lambda_2, \cdots, \lambda_n$ を**特性乗数**(characteristic multipliers)，そして特性乗数 λ_i と

$$\lambda_i = \exp(\alpha_i T) \tag{5.42}$$

なる関係で結ばれる $\alpha_1, \alpha_2, \cdots, \alpha_n$ を**特性指数**(characteristic exponents)とよぶ*.

特性乗数 λ_i の存在は変分方程式の n 個の 1 次独立な解のなかに，周期 T ごとに λ_i 倍されるもの

---

* 周期解に対する特性指数を，周期解でない一般の解に拡張したものは **Lyapunov 指数**として知られている．

$$\boldsymbol{\xi}^{(i)}(t+T) = \lambda_i \boldsymbol{\xi}^{(i)}(t) \tag{5.43}$$

があることを意味する．同じことを特性指数 α_i を使って表現すれば

$$\boldsymbol{\xi}^{(i)}(t+T) = e^{\alpha_i T} \boldsymbol{\xi}^{(i)}(t) \tag{5.44}$$

のように増大(減少)する解の存在を表わす．そして正の実部をもつ特性指数の存在は解の指数関数的な不安定性を意味する．逆に，変分方程式の解のなかに(5.43)や(5.44)のように振る舞うものがあることがわかれば，対応する特性乗数，特性指数の存在が分かるわけである．例えば，もとの周期解(5.35)と同じ周期 T をもつ特殊解の存在が知られれば，特性乗数の1つは1，そして特性指数の1つは0となることが主張できる．

自励系においては任意の解 $x=\phi(t)$ に対してつねにその時間微分

$$\xi_i = \dot{\phi}_i(t) = F_i(\phi(t)) \tag{5.45}$$

が変分方程式の特殊解となることがわかるが，$\phi(t)$ が周期解のとき，この解(5.45)は明らかにもとの周期解と同じ周期をもつ周期関数である．このことは自励系においてつねに特性乗数の1つは1，特性指数の1つは0となることを意味する．

モノドロミー行列，およびその固有値としての特性乗数，特性指数はその存在はつねに保証されているものの，その解析的な表現を導く一般的なアルゴリズムは存在しない．しかし数値的には任意の精度で求めることができる．実際，変分方程式の n 個の1次独立な解を $t=0$ における初期値が n 次元の単位ベクトル

$$\boldsymbol{\xi}^{(1)}(0) = \begin{pmatrix} 1 \\ 0 \\ \vdots \\ 0 \end{pmatrix}, \quad \boldsymbol{\xi}^{(2)}(0) = \begin{pmatrix} 0 \\ 1 \\ \vdots \\ 0 \end{pmatrix}, \quad \cdots, \quad \boldsymbol{\xi}^{(n)}(0) = \begin{pmatrix} 0 \\ 0 \\ \vdots \\ 1 \end{pmatrix} \tag{5.46}$$

となるように取り，各初期値ごとに周期 T における値 $\boldsymbol{\xi}^{(1)}(T), \boldsymbol{\xi}^{(2)}(T), \cdots,$ $\boldsymbol{\xi}^{(n)}(T)$ を数値的に求め，これを縦ベクトルとして作られる n 行 n 列の行列

$$M(T) = [\boldsymbol{\xi}^{(1)}(T), \boldsymbol{\xi}^{(2)}(T), \cdots, \boldsymbol{\xi}^{(n)}(T)] \tag{5.47}$$

がモノドロミー行列のひとつの数値的表現を与える.

c) Hamilton 系の場合

考える方程式が，とくに Hamilton 系

$$\frac{dq_i}{dt} = \frac{\partial H}{\partial p_i}, \qquad \frac{dp_i}{dt} = -\frac{\partial H}{\partial q_i} \tag{5.48}$$

の場合，周期解

$$q_i = \phi_i(t), \qquad p_i = \psi_i(t) \tag{5.49}$$

に対する変分方程式は

$$q_i = \phi_i(t)+\xi_i, \qquad p_i = \psi_i(t)+\eta_i \tag{5.50}$$

とおくことによって

$$\begin{aligned} \frac{d\xi_i}{dt} &= \sum_j \frac{\partial^2 H}{\partial p_i \partial q_j}\xi_j + \sum_j \frac{\partial^2 H}{\partial p_i \partial p_j}\eta_j \\ \frac{d\eta_i}{dt} &= -\sum_j \frac{\partial^2 H}{\partial q_i \partial q_j}\xi_j - \sum_j \frac{\partial^2 H}{\partial q_i \partial p_j}\eta_j \end{aligned} \tag{5.51}$$

となる．(5.51)はそれ自身が線形の Hamilton 系であり，その解の時間発展を記述するモノドロミー行列 M は**シンプレクティック行列**，すなわち関係式

$$M^{\mathrm{T}}JM = J, \qquad J = \begin{pmatrix} 0 & I \\ -I & 0 \end{pmatrix} \tag{5.52}$$

を満たす行列となる．そしてシンプレクティック行列 M は λ を固有値とすれば $1/\lambda$ も固有値とする*．よってモノドロミー行列の固有値である特性乗数は

$$\lambda_1, \ 1/\lambda_1, \ \lambda_2, \ 1/\lambda_2, \ \cdots$$

特性指数は

$$\alpha_1, \ -\alpha_1, \ \alpha_2, \ -\alpha_2, \ \cdots$$

なる分布をする.

すでに(5.45)で述べたことの繰り返しであるが，自励 Hamilton 系に対しては

---

* V. I. Arnold: *Mathematical Methods of Classical Mechanics* (*2nd ed.*) (Springer, 1989) chap. 8.

$$\xi_i = \dot{\phi}_i(t) = \frac{\partial H}{\partial p_i}, \qquad \eta_i = \dot{\psi}_i(t) = -\frac{\partial H}{\partial q_i} \tag{5.53}$$

はつねに変分方程式の自明な特殊解となり，周期 T をもつ．よって特性乗数のなかの 2 つはつねに 1，そして特性指数の 2 つはつねに 0 となることがわかる．

d）　ハミルトニアンと独立な第 1 積分をもつ場合

いま，Hamilton 系(5.48)に対して，ハミルトニアン H と独立な 1 価の第 1 積分 $\boldsymbol{\Phi}(q,p)=\mathrm{const.}$ が存在するとする．このとき

$$\xi_i = \frac{\partial \boldsymbol{\Phi}}{\partial p_i}, \qquad \eta_i = -\frac{\partial \boldsymbol{\Phi}}{\partial q_i} \tag{5.54}$$

は変分方程式の解となることが直接代入によって確かめられる．この特殊解も周期 T をもつ周期関数なので，先の自明な周期解(5.53)との 1 次独立性が確認されれば，さらに 2 つの特性乗数が 1，2 つの特性指数は 0 となる．とくに自由度 2 の Hamilton 系ではすべての特性乗数が 1，そしてすべての特性指数は 0 となる．

より一般に，自由度 n の自励 Hamilton 系が積分可能である，すなわち互いに包合系をなす n 個の第 1 積分 $\boldsymbol{\Phi}_1, \boldsymbol{\Phi}_2, \cdots, \boldsymbol{\Phi}_n$ が存在するとし，さらに考えている周期解上で勾配ベクトル

$$(\nabla\boldsymbol{\Phi}_1, \nabla\boldsymbol{\Phi}_2, \cdots, \nabla\boldsymbol{\Phi}_n)$$

が 1 次独立であるとしよう．このときすべての特性乗数は 1，すべての特性指数は 0 となることが結論される．そして指数関数的な不安定性は発生し得ない．

第 1 積分の組 $\boldsymbol{\Phi}_1, \boldsymbol{\Phi}_2, \cdots, \boldsymbol{\Phi}_n$ は関数的に独立，すなわち相空間の少なくとも 1 点において勾配ベクトル $(\nabla\boldsymbol{\Phi}_1, \nabla\boldsymbol{\Phi}_2, \cdots, \nabla\boldsymbol{\Phi}_n)$ が 1 次独立であると仮定しているので，「一般」の周期解上でこの勾配ベクトルの 1 次独立性は満たされると考えてよい．しかし次の例で見るように，この 1 次独立性が満たされない周期解も存在する．

指数関数的に不安定な周期解を有する積分可能系の例

原点をポテンシャルの極大値とする，明らかに積分可能な Hamilton 系

$$H = \frac{1}{2}(p_1^2 + p_2^2) + V(q_1, q_2)$$
$$V(q_1, q_2) = -\frac{1}{2}(q_1^2 + q_2^2) + \frac{1}{4}(q_1^4 + q_2^4) \tag{5.55}$$

において(図 5-1)，ハミルトニアンと独立な第1積分として

$$\Phi = \frac{1}{2}p_1^2 - \frac{1}{2}q_1^2 + \frac{1}{4}q_1^4 \tag{5.56}$$

をとる．直線解 $q_2 = p_2 = 0$ は明らかな周期解で，解は楕円関数で表現できる．しかしこの周期解は指数関数的に不安定になることが変分方程式を数値的に解くことによって容易に確認できる．この不安定性は第1積分の勾配ベクトル $\nabla\Phi_i$ の1次独立性が考えている周期解上で満たされていないことに起因する．実際，直線解 $q_2 = p_2 = 0$ 上で

$$\nabla H = \nabla\Phi = (-q_1 + q_1^3, 0, p_1, 0) \tag{5.57}$$

となっている．よって1つの指数関数的に不安定な周期解の存在を確認するのみでは，考えている系の積分不可能性を主張することはできない．そのためには指数関数的に不安定な周期解が稠密に存在することを確認する必要が生ずる．定負曲率の Riemann 多様体上の測地流はその例となっている．

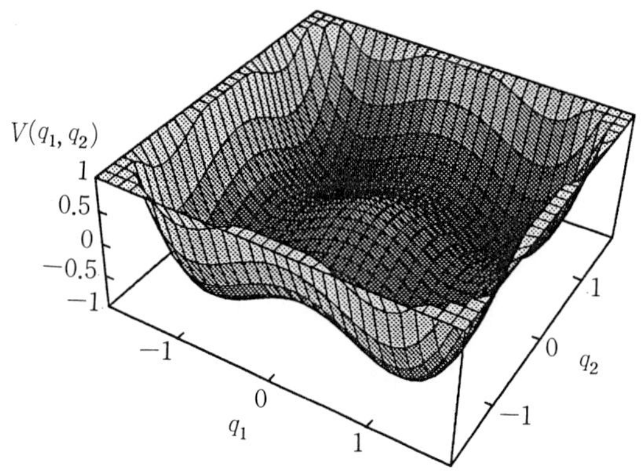

図 5-1 ポテンシャル(5.55)の3次元図.

5-3 特異点解析

すべての力学系，Hamilton 系は，与えられた初期値の近傍で局所的にはいつも解けてしまう．このことが実は積分可能・不可能性を判定するアルゴリズムを得にくくしている．なぜなら，すべての系が同じ振舞いを示してしまうからである．しかし解の特異点に着目すると話は違ってくる．パラメーターのわずかな変化が特異点の性質を大きく変えてしまうことが可能になるのである．そしてこの事実は，計算可能な積分可能・不可能性の判定条件への期待をもたせる．歴史的には，この解の特異点の性質に注目するという**特異点解析**(singular point analysis)は，1889 年の Kowalevski のコマという積分可能系の発見に至る経緯，および 20 世紀初頭の 3 体問題の同時衝突解(3 体衝突)の解析という 2 つの異なったルーツを有する．特異点解析は次節の Ziglin 解析を経由することによって積分不可能性の判定条件へと昇格する．

a) Kowalevski のコマ

すでに 3-1 節で例題として取り上げた，重力の作用下での固定点の周りの剛体の運動，いわゆるコマの運動を記述する **Euler-Poisson の方程式**

$$
\begin{aligned}
A\frac{d\omega_1}{dt} &= (B-C)\omega_2\omega_3+z_0\gamma_2-y_0\gamma_3, & \frac{d\gamma_1}{dt} &= \omega_3\gamma_2-\omega_2\gamma_3 \\
B\frac{d\omega_2}{dt} &= (C-A)\omega_3\omega_1+x_0\gamma_3-z_0\gamma_1, & \frac{d\gamma_2}{dt} &= \omega_1\gamma_3-\omega_3\gamma_1 \\
C\frac{d\omega_3}{dt} &= (A-B)\omega_1\omega_2+y_0\gamma_1-x_0\gamma_2, & \frac{d\gamma_3}{dt} &= \omega_2\gamma_1-\omega_1\gamma_2
\end{aligned}
\tag{5.58}
$$

をふたたび問題にしよう．ここで未知変数は角速度ベクトルの成分 $(\omega_1, \omega_2, \omega_3)$ および方向余弦 $(\gamma_1, \gamma_2, \gamma_3)$ であり，他に系を指定するパラメーターとして固定点の周りの主慣性モーメント (A, B, C) および固定点からみた重心の位置ベクトル (x_0, y_0, z_0) をもつ．この系は，パラメーター (A, B, C, x_0, y_0, z_0) の任意の値に対して共通に，エネルギー積分

$$\frac{1}{2}(A\omega_1^2+B\omega_2^2+C\omega_3^2)+x_0\gamma_1+y_0\gamma_2+z_0\gamma_3 = \text{const.} \tag{5.59}$$

角運動量の鉛直成分

$$A\omega_1\gamma_1+B\omega_2\gamma_2+C\omega_3\gamma_3 = \text{const.} \tag{5.60}$$

および方向余弦の定義から明らかな

$$\gamma_1^2+\gamma_2^2+\gamma_3^2 = \text{const.}\ (=1) \tag{5.61}$$

を第1積分としてもつ．Euler-Poisson の方程式(5.58)は発散が0となるベクトル場を定めるので，$M=1$ を Jacobi の最終乗式としてもつ．よって4番目の積分の存在が系を求積可能にする．19世紀の末，1889年の時点において4番目の第1積分が見つかっていたのは

(1) Euler の場合，$x_0=y_0=z_0=0$,

(2) Lagrange の場合，$A=B$，$x_0=y_0=0$

の2つの場合だけであった．そしておのおのの場合において存在する4番目の積分は，それぞれ

$$(1)\quad A^2\omega_1^2+B^2\omega_2^2+C^2\omega_3^2 = \text{const.} \tag{5.62}$$

$$(2)\quad C\omega_3 = \text{const.} \tag{5.63}$$

である．

1889年，ロシア人女性数学者 S. Kowalevski はこの Euler-Poisson 方程式の新たな積分可能な場合を発見した*．そのときに用いられたアイデアが今日でいう特異点解析の源流である．Euler, Lagrange の場合ともに，解は時間 t の楕円関数(楕円テータ関数の商)で表わされ，いずれの場合も有理型関数(meromorphic function)であった．そして解の複素 t 平面における特異点は**極**(pole)以外になく，解はこれらの特異点の近傍で十分な数の任意定数を含む Laurent 級数展開が可能となる．そこで Kowalevski は，逆にどのようなパラメーターの値に対してこの「特異点が極のみ」という性質を解がもちうるか

* S. Kowalevski: Acta Math. **12** (1889) 177-232, **14** (1890) 81-93. このトピックスに最も深入りした成書としては V. V. Golubev: *Lectures on Integration of the Equations of a Rigid Body about a Fixed Point* (Israel Program for Scientific Translations, 1960) がある．

に着目した．そして，ある具体的な計算によって，先の Euler，Lagrange の場合に続く最後の可能性が

（3） Kowalevski の場合，$A=B=2C$，$y_0=z_0=0$

であることを示した．そしてこのパラメーター値に対して Euler-Poisson 方程式(5.58)の 4 番目の第 1 積分

$$(3) \quad (\omega_1^2-\omega_2^2-x_0\gamma_1)^2+(2\omega_1\omega_2-x_0\gamma_2)^2 = \text{const.} \tag{5.64}$$

を「発見」し，実際に楕円関数の本質的な拡張である種数(genus) 2 の超楕円関数による一般解の表現を得た．この積分可能系は **Kowalevski のコマ**（コワレフスカヤのコマ）* とよばれ，最後の「古典的な」積分可能系と位置づけられている．Kowalevski のコマの次に発見された有限自由度の非自明な積分可能系は 3-4 節で紹介した戸田格子であり，この間約 1 世紀近くの空白期間があることになる．

b） 4 次の同次式ポテンシャル系での特異点解析

Euler-Poisson の方程式(5.58)は通常の Hamilton 系でないうえに，パラメーターが 6 つもあり，特異点解析のアイデア自身を説明するためのよい例題ではない．そこでより簡単な例題である 4 次の同次式ポテンシャル系(3.171)において，Kowalevski が(5.58)に対して行なった計算の本質的な部分を再現することにしよう．問題とするハミルトニアンは，ただ 1 つの定数パラメーター ϵ を含む

$$H = \frac{1}{2}(p_1^2+p_2^2)+\frac{1}{4}(q_1^4+q_2^4)+\frac{\epsilon}{2}q_1^2q_2^2 \tag{5.65}$$

である．q_1, q_2 についての微分方程式は

$$\frac{d^2q_1}{dt^2} = -q_1(q_1^2+\epsilon q_2^2), \qquad \frac{d^2q_2}{dt^2} = -q_2(q_2^2+\epsilon q_1^2) \tag{5.66}$$

と書ける．この系は 3-3 節ですでに見たように $\epsilon=0,1,3$ のとき，変数分離可能な積分可能系であることがわかっている．

* 吉田春夫：数理科学 No. 211 (1981 年 1 月号) 17-23.

いま，解 $q=q(t)$ が $t=t_0$ に特異点をもつとしよう．微分方程式(5.66)の形からはまったく特異点を問題にする動機に乏しい．また実際，ポテンシャルの形から，通常の初期値が与えられたとき時間 t の実軸上では決して解は発散せず，特異点をもち得ないことがわかる．よってこのような系では，t_0 は複素時間 t 平面内の点と考える必要がある．実際，実変数では三角関数とあまり変わりがないように見える **Jacobi の楕円関数**は，図 5-2 で示されるように複素 t 平面上で 2 重周期的に配置された特異点(極)をもつ．

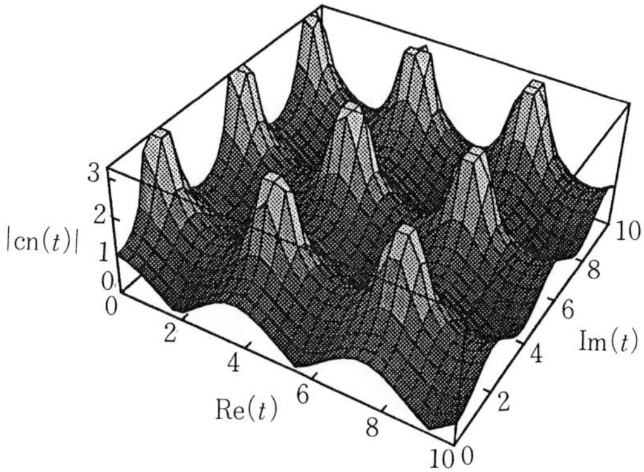

図 5-2 複素変数の Jacobi の楕円関数の極．$\mathrm{cn}(t\,;1/\sqrt{2})$ の絶対値を $0 \leqq \mathrm{Re}(t) \leqq 10$，$0 \leqq \mathrm{Im}(t) \leqq 10$ の範囲で表示．

$t-t_0$ を改めて t と置いても微分方程式は変わらないから，つねに $t=0$ に特異点があると考えてよい．$t=0$ で特異点をもつ(5.66)の最も簡単な解は

$$q_1 = d_1 t^{-1}, \qquad q_2 = d_2 t^{-1} \tag{5.67}$$

の形をしたものである．ここで d_1 および d_2 は連立代数方程式

$$2d_1 = -d_1(d_1^2+\epsilon d_2^2), \qquad 2d_2 = -d_2(d_2^2+\epsilon d_1^2) \tag{5.68}$$

の根である．この代数方程式には本質的に 2 つの異なる根の組がある．それは

$$\text{(i)}\quad d_1 = 0, \qquad d_2 = \pm\sqrt{-2} \tag{5.69}$$

および

$$\text{(ii)}\quad d_1 = \pm\sqrt{\frac{-2}{1+\epsilon}}, \qquad d_2 = \pm\sqrt{\frac{-2}{1+\epsilon}} \tag{5.70}$$

である．これらの係数 d_1, d_2 が一般に虚数となることは運動方程式の解の特異点が t の実軸上には現われないことと関係している．一方この段階では，系の積分可能性がパラメーター ϵ の値にどのように依存するかがまったく明らかではなく，すべてのパラメーター値が「同格」であるといえる．さらに解(5.67)はまったく任意定数を含んでいないので，1つの特殊解であるにすぎない．

特殊解(5.67)を展開の主要項とし，展開係数に任意定数を含む解の展開を得るために，e_1 および e_2 を定数とする

$$q_1 = d_1 t^{-1} + e_1 t^{-1+\rho}, \qquad q_2 = d_2 t^{-1} + e_2 t^{-1+\rho} \tag{5.71}$$

なる解を考えよう．実際，(5.71)を微分方程式(5.66)に代入し，e_1, e_2 の2次以上の項を無視すれば，e_1, e_2 についての線形方程式

$$\begin{pmatrix} (\rho-1)(\rho-2)+3d_1^2+\epsilon d_2^2 & 2\epsilon d_1 d_2 \\ 2\epsilon d_1 d_2 & (\rho-1)(\rho-2)+3d_2^2+\epsilon d_1^2 \end{pmatrix} \begin{pmatrix} e_1 \\ e_2 \end{pmatrix} = 0 \tag{5.72}$$

が得られる．この方程式(5.72)の係数行列式が 0 となる条件は，主要項(5.69)に対しては

$$\text{(i)} \quad (\rho+1)(\rho-4)(\rho^2-3\rho+2(1-\epsilon)) = 0 \tag{5.73}$$

なる 4 次の代数方程式となり，主要項(5.70)に対しては

$$\text{(ii)} \quad (\rho+1)(\rho-4)\left(\rho^2-3\rho-4\frac{1-\epsilon}{1+\epsilon}\right) = 0 \tag{5.74}$$

となる．この方程式の 4 つの根を ρ_i と記し(ただし $\rho_3=4$，$\rho_4=-1$ とする)，(5.71)では省略された高次の非線形項も含むことによって最終的には微分方程式(5.66)に対する

$$q_i = t^{-1}[d_i + f_i(I_1 t^{\rho_1}, I_2 t^{\rho_2}, I_3 t^4)] \tag{5.75}$$

なる形の解の展開を得る．ここで I_1, I_2, I_3 は 3 つの任意定数，そして $f_i(x, y, z)$ は x, y, z についての Taylor 級数を表わす．

指数 ρ_i はパラメーター ϵ の値に依存し一般には複素数となりうるから，上の展開(5.75)は必ずしも Laurent 展開とはならない．この展開が Laurent 展開，すなわち特異点が極となり解はその周りで 1 価となるためには，指数 ρ_1

および ρ_2 が 2 つの主要項(5.69), (5.70)に対して，ともに整数とならなければならない．(5.73), (5.74)から，これが可能となるのは $\epsilon=0,1,3$ のときのみであることが確かめられる．そしてこれらのパラメーター値に対しては系は実際に積分可能となっている．

Kowalevski は以上に述べた計算と本質的に同じ手続きによって Euler-Poisson 方程式(5.58)に対して (1) Euler, (2) Lagrange, (3) Kowalevski の場合を特徴づけた．そして，(3) Kowalevski の場合に「幸いにも」4 番目の第 1 積分(5.64)を発見し，系を求積にと導いたのである．

実は同じような例題，すなわちパラメーターを含む Hamilton 系で特異点解析によって選別されたパラメーター値が積分可能な場合となっている例は数多く存在している．いくつかの新しい積分可能系が特異点解析によって「発見」すらされている*．そこで当然問題となるのがこの特異点解析の「特異点が極のみ」という要請と積分可能・不可能性の間の厳密な論理的関係である．期待される予想としては

・積分可能ならば解は特異点の周りで 1 価となる

・解が特異点の周りで 1 価ならば積分可能となる

などが挙げられよう．実際，2 番目の予想は現在まで反例もなく将来証明される日がくるかもしれない．これに反して，1 番目の予想は修正を要する．明らかに積分可能な自由度 1 の Hamilton 系

$$\frac{d^2q}{dt^2}+q^{k-1} = 0 \tag{5.76}$$

の解は，ポテンシャルの次数が $k \geqq 5$ のときもはや特異点の周りで 1 価とはならず，分岐点となる．そして最も有名な 2 体問題の解ですら，次に見るように分岐を許すのである．

c) 重力相互作用する n 体問題での特異点解析

一般に重力の相互作用をする n 質点の運動，

---

* 特異点解析全般についてのレビュー論文としては，A. Ramani, B. Grammaticos and T. Bountis: Phys. Rep. **180** (1989) 159-245 がある．

$$H = \sum_{i=1}^{n} \frac{p_i^2}{2m_i} - \sum_{i,j} \frac{m_i m_j}{r_{ij}} \tag{5.77}$$

を考える．$n=2$ のときはよく知られた Kepler の 2 体問題である．2 体問題も $n \geqq 3$ の多体問題も，解の正則点の近傍を考える限りにおいては，顕著な差はない．ともに解の Taylor 級数展開が可能である．しかし解の特異点の周りでの挙動は $n=2$ の場合と $n \geqq 3$ の場合とでは，はなはだ異なることが 20 世紀初頭から知られていた．これは n 体問題の**同時衝突解**(simultaneous collision solution)として文献に登場する．

2 体問題は相対座標を考えることによって中心力場での 1 体問題

$$H = \frac{1}{2}(p_1^2 + p_2^2) - \frac{1}{\sqrt{q_1^2 + q_2^2}} \tag{5.78}$$

に還元できる．この系での(5.67)に対応する解は

$$q_i = d_i t^{2/3} \tag{5.79}$$

なる形となる．ここで係数 d_i は(5.67)の場合と異なり，実数で与えられる．この解は 2 体問題の実時間で起きうる衝突解($t \to 0$ のとき $q_i \to 0$)を表現している．この解に対してエネルギー値は 0 となっている．$t=0$ で(5.79)に漸近する，つまり(5.79)を主要項としてもつ衝突解全体は，前述と同じ計算法によって

$$q_i = t^{2/3}[d_i + f_i(I_1 t^{2/3})] \tag{5.80}$$

の形で求められる．ここで I_1 は積分定数であり，$f_i(x)$ はすべての係数が実数の Taylor 級数である．積分定数 I_1 は，じつはエネルギー値に比例する．複素解析関数 $t^{2/3}$ は t の負の値に対しても実数の分岐をもつがゆえに，この解の表現(5.80)は $t>0$ および $t<0$ ともに有効である．つまり衝突前の解は $t=0$ における衝突を乗り越えて，衝突後に解析的に接続できることを示している．

この衝突解の表現は，2 体問題の楕円，双曲線軌道から離心率 $e \to 1$ の極限操作によって得ることができ，物理的には弾性衝突を表わしている(図 5-3)．そして衝突以前の解の微小変位は，衝突以後の解の微小変位をもたらす．つまり 2 体問題における衝突(2 体衝突)は，初期値に対する連続性を保証する解の

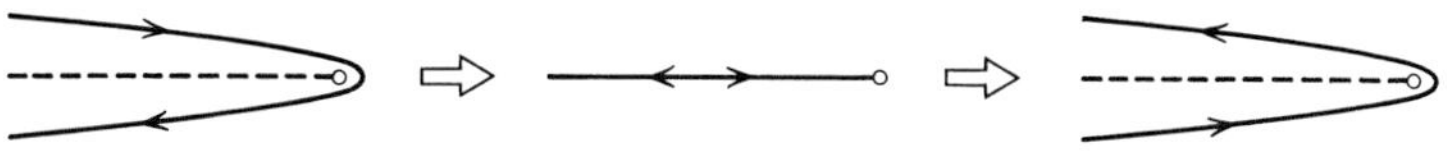

図 5-3　Kepler 運動における楕円，放物線，双曲線軌道の極限としての衝突軌道.

特異点である.

衝突解の様子は，3 体問題においてはまったく異なる(図 5-4). 3 体が $t=0$ で同時に衝突する解，**3 体衝突解**は(5.80)と同じ書き方をすれば

$$q_i = t^{2/3}[d_i+f_i(I_1t^{2/3}, I_2t^{\alpha}, I_3t^{\beta}, \cdots)] \qquad (5.81)$$

となる. ここで現われた $\alpha, \beta, \cdots$ などの指数は 3 質点の質量比の関数として決まり，一般に無理数，虚数となりうる. そしてこの事実は $t=0$ での衝突を越えて解が解析接続できないことを意味している*. この 3 体衝突解の解析接続不可能性は特異点を拡大するブローアップ(blow up)とよばれる手法によって McGehee らによって解析し直された**. それによると 2 体衝突の場合と異なり，3 体衝突においては初期値の微小変化が衝突後の解の有限の変化をもたらしうることが示される. つまり 3 体衝突は，初期値に対する連続性が保証されない解の特異点なのである.

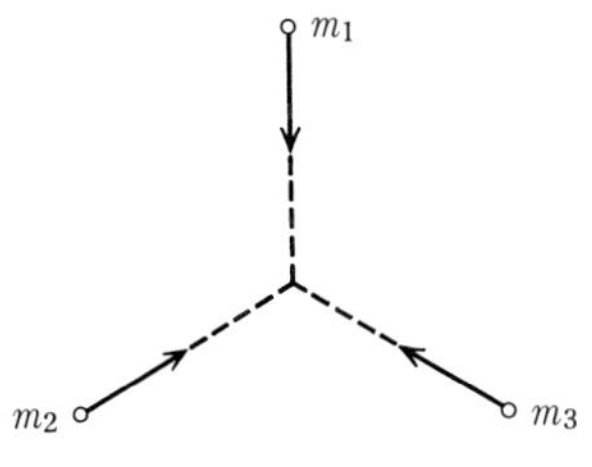

図 5-4　3 体同時衝突.

d) 相似変換に対して不変な力学系と Kowalevski 指数

以上の例題をもとに次のような定式化を行なう. 一般に自励系

* H. Block: Arkiv för Mat. Astron. Fys. **5** (1908) 1-32. C. L. Siegel: Ann. Math. **42** (1941) 127-168.

** R. McGehee: Invent. Math. **27** (1974) 191-227. R. McGehee: Lecture Notes in Physics **38** (1975) 550-572.

$$\frac{dx_i}{dt} = F_i(x_1, x_2, \cdots, x_N) \qquad (i=1,2,\cdots,N) \tag{5.82}$$

が $g_1, g_2, \cdots, g_N$ を適当な定数とするスケール変換(相似変換)

$$t \to \alpha^{-1}t, \qquad x_i \to \alpha^{g_i}x_i \tag{5.83}$$

に対して不変になるとき，(5.82)を**相似変換不変系**(略して**相似不変系**)とよぶことにする．

ポテンシャル $V(\boldsymbol{q})$ が同次式の Hamilton 系 $H=(1/2)\boldsymbol{p}^2+V(\boldsymbol{q})$ は相似不変系である．実際，ポテンシャルが k 次の同次式のとき，Hamilton 方程式を不変にするスケール変換は

$$t \to \alpha^{-1}t, \qquad q_i \to \alpha^{2/(k-2)}q_i, \qquad p_i \to \alpha^{k/(k-2)}p_i \tag{5.84}$$

である．また剛体の運動を記述する Euler-Poisson の方程式(5.58)も相似不変系であり，スケール変換は

$$t \to \alpha^{-1}t, \qquad \omega_i \to \alpha\omega_i, \qquad \gamma_i \to \alpha^2\gamma_i \tag{5.85}$$

である．相似不変系に共通する特徴は，(5.67),(5.79)のような特異性をもつ解を特殊解としてもつことである．実際，$t=0$ を特異点としてもつ(5.82)の特殊解は

$$x_i = d_i t^{-g_i} \tag{5.86}$$

で与えられる．ここで定数 $d_1, d_2, \cdots, d_N$ は連立代数方程式

$$F_i(d_1, d_2, \cdots, d_N) = -g_i d_i \tag{5.87}$$

の 1 つの解である．

相似不変系(5.82)に対して特殊解(5.86)を $t=0$ における主要項としてもち，いくつかの任意定数を含む解の展開を得るために，特殊解(5.86)の周りでの変分方程式

$$\frac{d\xi_i}{dt} = \sum_j \left(\frac{\partial F_i}{\partial x_j}\right)\xi_j \tag{5.88}$$

を考える．ここで

$$\left(\frac{\partial F_i}{\partial x_j}\right)_{\boldsymbol{x}=\boldsymbol{d}t^{-g}} = \left(\frac{\partial F_i}{\partial x_j}\right)_{\boldsymbol{x}=\boldsymbol{d}} t^{g_j-g_i-1} \tag{5.89}$$

に注意すれば，変分方程式の解は一般に

$$\xi_i = e_i t^{\rho - g_i} \tag{5.90}$$

なる形となることが分かる．ここで未知の指数 ρ は

$$K_{ij} = \left(\frac{\partial F_i}{\partial x_j}\right)_{\boldsymbol{x}=\boldsymbol{d}} + \delta_{ij} g_i \tag{5.91}$$

を行列要素とする N 行 N 列の行列 $K=(K_{ij})$ の固有値で，**Kowalevski 指数**(Kowalevski exponents，KE)とよばれる*．Kowalevski 指数の 1 つはつねに -1 である．この Kowalevski 指数 ρ_i $(i=1,2,\cdots)$ を使って，相似不変系の解の展開は，一般に $I_1, I_2, \cdots$ を任意定数として

$$x_i = t^{-g_i}[d_i + f_i(I_1 t^{\rho_1}, I_2 t^{\rho_2}, \cdots)] \tag{5.92}$$

の形で与えられる．展開(5.92)の Taylor 級数の部分 $f_i(I_1 t^{\rho_1}, I_2 t^{\rho_2}, \cdots)$ が $t \to 0$ で収束するためには，KE のなかで実数部が正となるものだけをとる必要がある．この展開の例が，じつは(5.75)や(5.81)である．

同次式ポテンシャルをもつ Hamilton 系の場合

ポテンシャルが k 次の同次式からなる Hamilton 系 $H=(1/2)\boldsymbol{p}^2 + V(\boldsymbol{q})$ においては，スケール変換(5.84)に対応する特殊解は

$$\boldsymbol{q} = \boldsymbol{d} t^{-g}, \qquad \boldsymbol{p} = -\boldsymbol{d} g t^{-g-1} \tag{5.93}$$

となる．ここで $g=2/(k-2)$，および定数ベクトル $\boldsymbol{d}$ は代数方程式

$$\nabla V(\boldsymbol{d}) = -g(g+1)\boldsymbol{d} \tag{5.94}$$

の 1 つの解である．この特殊解に対する Kowalevski 指数を定める特性多項式 $\det(\rho I_{2n} - K)$ は

$$\det(\rho I_{2n} - K) = \det[(\rho - g)(\rho - g - 1) I_n + D^2 V(\boldsymbol{d})] \tag{5.95}$$

と簡略化される．そこでヘッシアン行列 $D^2 V(\boldsymbol{d}) := (\partial^2 V/\partial q_i \partial q_j)_{\boldsymbol{q}=\boldsymbol{d}}$ の固有値を ν_i とすれば，Kowalevski 指数は 2 次方程式

$$(\rho - g)(\rho - g - 1) + \nu_i = 0 \tag{5.96}$$

の根で与えられる．その結果，Kowalevski 指数 (ρ_i, ρ_{i+n}) は

---

* H. Yoshida: Celestial Mech. **31** (1983) 363-379, 381-399.

$$\rho_i + \rho_{i+n} = 2g+1 = \frac{k+2}{k-2} \qquad (5.97)$$

なるペアーの形で現われることになる．この性質はHamilton系特有の対称性に起因するものであり，周期解に対する特性乗数，特性指数のもつペアーの性質と同種のものであると考えられる．

第1積分の重みつき次数とKowalevski指数との関係

周期解に対する特性乗数および特性指数が，存在する第1積分の影響を受けるように，Kowalevski指数も存在する第1積分の性質を反映する．第1積分の「次数」がKowalevski指数として現われるのである．

一般に (t, x) の関数 $\phi(t, x)$ がスケール変換(5.83)によって α^M 倍されるとき，つまり恒等式

$$\phi(\alpha^{-1}t, \alpha^{g_1}x_1, \cdots, \alpha^{g_n}x_n) = \alpha^M\phi(t, x_1, \cdots, x_n) \qquad (5.98)$$

が成立するとき，関数 ϕ を M を**ウエイト**(weight)，または**重みつき次数**(weighted degree)とする同次式とよぶことにする．相似不変系(5.82)の右辺はつねにウエイトについての同次式である．

いま，ある相似不変系が多項式積分 $\boldsymbol{\Phi}(x)=\text{const.}$ を有すると仮定する．この $\boldsymbol{\Phi}(x)$ をウエイトにつき同次式の和

$$\boldsymbol{\Phi} = \sum_m \boldsymbol{\Phi}_m(x) \qquad (5.99)$$

に書こう．この積分はスケール変換(5.82)によって

$$\boldsymbol{\Phi} \rightarrow \boldsymbol{\Phi}' = \sum_m \alpha^m \boldsymbol{\Phi}_m(x) \qquad (5.100)$$

なる変換を受けるが，もとの微分方程式は不変だから，$\boldsymbol{\Phi}'$ はふたたび相似不変系(5.82)の第1積分となる．ここでパラメーター α は任意なので結局，各 $\boldsymbol{\Phi}_m(x)$ 自身が積分となっていることが結論される．つまり，相似不変系においては任意の多項式積分はウエイトにつき同次の多項式積分の和として表わされる．そしてこの議論は，有限の収束半径をもつ解析的な第1積分

$$\boldsymbol{\Phi} = \sum_k^{\infty} a_k x_1^{k_1} \cdots x_N^{k_N} \qquad (5.101)$$

に対しても主張できる．そこで同次式積分のウエイトが重要な意味をもってくる．そしてこのウエイトが，次に述べるように，ある仮定のもとで Kowalevski 指数として現われることになる．

> **定理 5-1** 相似不変系(5.82)がウエイト M の同次式積分 $\boldsymbol{\Phi}(x)=$ const. を有するとし，かつ勾配ベクトル $\nabla\boldsymbol{\Phi}$ が点 $\boldsymbol{x}=\boldsymbol{d}$ においてゼロベクトルでない有限確定値をもつとする．このとき対応する Kowalevski 指数の1つは M となる．

k 次の同次式をポテンシャルとする相似不変な Hamilton 系においては，KE は(5.97)の関係をみたす組をつくる．よって上の勾配ベクトルの仮定をみたすウエイト M の積分が存在すれば，KE の2つは M と $2g+1-M$ になる．とくにハミルトニアン自身がウエイトにつき同次の積分となり，そのウエイトは $2g+2$ となるから，$2g+2$ と -1 がつねに KE の組となる．4次の同次式ポテンシャル系(5.65)の場合，このペアーは4と -1 である．実際，4と -1 はパラメーター ϵ の値によらず，KE を決める特性方程式(5.73),(5.74)の根となっている．

無理数，虚数の Kowalevski 指数を有する積分可能系

同次式ポテンシャルが多項式，有理式の場合に，スケール変換(5.83)を決める定数 g_i はすべて有理数である．また剛体の運動を記述する Euler-Poisson の方程式(5.58)においては，この定数 g_i は整数である．よってこれらの系においては，ウエイトにつき同次の多項式積分，有理式積分のウエイトは必然的に有理数となる．よってもし系が積分可能となるのに十分な数の独立な第1積分をもてば，すべての KE が定数 g_i の整数倍の有理数となることが期待される．実際，多くの例題においてこの対応が確認できる．そしてこのことが Kowalevski のコマの発見に始まる

「特異点解析によって積分可能なパラメーター値を選ぶことができる」

という経験的事実の基礎となっている．しかし先の定理においては積分 $\boldsymbol{\Phi}$ の勾配ベクトル $\nabla\boldsymbol{\Phi}$ がゼロベクトルでないことが仮定されている．そして，こ

の仮定がみたされなければ，積分のウエイトはKEをコントロールすることはできない．しかもこの仮定は存在，非存在を問題にしている未知の積分Φについての仮定のため，定理5-1は第1積分の非存在の主張に対しては積極的に使うことができない．実際，積分可能でありながら無理数や虚数のKEをもつHamilton系の例が知られている．

例題5-1 3-3節で述べたように，ポテンシャル$V(q_1,q_2)$が-2次の同次式である自由度2のHamilton系はつねに積分可能である．実際，(3.149)を書き直した

$$\Phi=(q_1p_2-q_2p_1)^2+2(q_1^2+q_2^2)V(q_1,q_2) \tag{5.102}$$

が，ハミルトニアンと独立な第1積分となる．一方，具体的にϵ_1,ϵ_2をパラメーターとするポテンシャル

$$V(q_1,q_2)=-\frac{1}{\epsilon_1q_1^2+\epsilon_2q_2^2} \tag{5.103}$$

からKEを計算すれば，$\epsilon_1\neq\epsilon_2$のときつねに虚数のKEがあることがわかる．▌

例題5-2 ハミルトニアン

$$H=p_1(p_1^2+\mu_1q_1^2)+\epsilon q_1(p_2^2+\mu_2q_2^2) \tag{5.104}$$

から導かれるHamilton系はスケール変換（$t\to\alpha^{-1}t$，$q\to\alpha q$，$p\to\alpha p$）に対して不変である．そして$d_1=-1/\mu_1$，$d_2=d_3=d_4=0$となる特殊解(5.86)に対して$(-1,3)$以外のKEは$1\pm2i\epsilon\sqrt{\mu_2}/\mu_1$となり，パラメーター$\epsilon,\mu_1,\mu_2$がすべて実数のときこのKEは虚数となる．一方，この系は独立な第1積分，$\Phi=p_2^2+\mu_2q_2^2$をもつ．▌

以上の2つの例では，定理5-1の中の勾配ベクトルの仮定がみたされていないことを注意しておく．前節で述べた周期解に対する特性乗数，特性指数の場合においても同様な勾配ベクトルの仮定が必要であったことを思い出しておこう．独立な積分の存在を否定するには，この未知の積分についての仮定を不必要にすることが不可欠である．そしてこれは次節で述べるZiglin解析によっ

て初めて可能となったのである．

5-4 Ziglin 解析と積分不可能性の判定条件

楕円関数で表現される周期解などのように，2 重周期をもつ特殊解に対しては，おのおのの周期に対して変分方程式の解からモノドロミー行列が定義できる．そして解析的な第 1 積分の存在は，ある仮定のもとで，これらのモノドロミー行列の可換性を導く．とくに同次式ポテンシャル系では，モノドロミー行列のあらわな表現が可能となり，すべての条件が代数的にチェックできる．このZiglin 解析は前節の特異点解析をある意味で正当化するものであり，積分不可能性の有効な判定条件を与える．

a) 4 次の同次式ポテンシャル系に対する Ziglin 解析

ふたたび Hamilton 系

$$H = \frac{1}{2}(p_1^2+p_2^2)+\frac{1}{4}(q_1^4+q_2^4)+\frac{\epsilon}{2}q_1^2q_2^2 \tag{5.105}$$

を考える．ここで ϵ は定数のパラメーターである．Newton の運動方程式

$$\frac{d^2q_1}{dt^2} = -q_1(q_1^2+\epsilon q_2^2), \qquad \frac{d^2q_2}{dt^2} = -q_2(q_2^2+\epsilon q_1^2) \tag{5.106}$$

は，明らかな直線解 $q_1=p_1=0$ を有する．この直線解に対して q_2 は

$$\frac{d^2q_2}{dt^2} = -q_2^3 \tag{5.107}$$

なる微分方程式を満足し，その解は **Jacobi の楕円関数**

$$q_2(t) = \mathrm{cn}(t\,;\,1/\sqrt{2}\,) \tag{5.108}$$

によって表現される．この Jacobi の楕円関数は複素 t 平面に，2 つの独立な周期

$$T_1 = 4K(1/\sqrt{2}\,), \qquad T_2 = i4K(1/\sqrt{2}\,) \tag{5.109}$$

を有する．ここで $K(k)$ は第 1 種の完全楕円積分を表わす．それゆえ，直線解 $q_1=0$ は 2 重周期 T_1, T_2 をもつ周期解(**2 重周期解**)と考えることができる．

この直線解に対する変分方程式は，$\xi_i := \delta q_i$ として

$$\frac{d^2\xi_1}{dt^2}+\epsilon[q_2(t)]^2\xi_1 = 0 \tag{5.110}$$

$$\frac{d^2\xi_2}{dt^2}+3[q_2(t)]^2\xi_2 = 0 \tag{5.111}$$

となり，分離された形をとる．2番目の ξ_2 に対する方程式(5.111)は直線解 $q_1=0$ に接する変位を記述し，すべての Hamilton 系に共通する自明な特性乗数の組 (1,1) および特性指数の組 (0,0) を与える．そして系の積分可能性にはなんら関与しない．一方，1番目の ξ_1 に対する方程式(5.110)は直線解 $q_1=0$ に直交する変位を記述し，その安定性はパラメーター ϵ の値に真に依存する．以後の議論においては，ξ_1 に対する方程式，**直交変分方程式**(normal variational equation, NVE)のみが必要となる．直交変分方程式(5.110)をあらためて書き直して

$$\frac{d\xi_1}{dt} = \eta_1, \qquad \frac{d\eta_1}{dt} = -\epsilon[q_2(t)]^2\xi_1 \tag{5.112}$$

とする．この方程式の解の，周期 T に対する時間発展

$$\begin{pmatrix} \xi_1(t+T) \\ \eta_1(t+T) \end{pmatrix} = M(T)\begin{pmatrix} \xi_1(t) \\ \eta_1(t) \end{pmatrix} \tag{5.113}$$

が，直交変分方程式に対する**モノドロミー行列**(monodromy matrix) $M(T)$ を定める．

いま，2行2列のモノドロミー行列 $M(T)$ を，その固有値(特性乗数) σ が1のベキ根 ($\sigma^k=1$) であるときに，**共鳴**(resonant)と定義する．共鳴でないモノドロミー行列は**非共鳴**(non-resonant)とよばれる．固有値が単位円上の無理点* にあるとき，および ± 1 以外の実数となるとき($|\mathrm{tr}\, M(T)|>2$) が非共鳴となる条件である．

2重周期解のまわりの直交変分方程式に対しては，おのおのの周期 T_1, T_2 に

* s を無理数として，$\sigma = e^{2\pi i/s}$ と表わせる点．

対してモノドロミー行列 M_1, M_2 が定義される*．そしてこれらは一般には可換となる必要はない．もとの Hamilton 系がハミルトニアン(5.105)と独立な解析的第1積分を有し積分可能となるとき，この2つのモノドロミー行列で記述される線形写像は共通の不変式を有することがいえ，それから次の定理が導かれる．

> **定理 5-2** (Ziglin)**　Hamilton 系(5.105)がハミルトニアン H と独立な解析的第1積分 $\Phi=\mathrm{const.}$ を有すると仮定する．さらにモノドロミー行列のひとつ M_1 が非共鳴であると仮定する．このとき，他の任意のモノドロミー行列 M_2 に対して，(i) M_1 と M_2 は可換であるか，または，(ii) $\mathrm{tr}\, M_2=0$ である．

定理の2番目の結論 $\mathrm{tr}\, M_2=0$ は，固有値が $i, -i$ となることを意味し，M_2 は明らかに共鳴なモノドロミー行列となる．よって

> **系 5-2**　モノドロミー行列 M_1, M_2 がともに非共鳴であり，かつ非可換であるとする．このとき，もとの Hamilton 系はハミルトニアンと独立な解析的第1積分を有しえない．つまり積分不可能である．

Ziglin の定理の証明の概略

いま，

$$\Phi(q,p) = \mathrm{const.} \tag{5.114}$$

を Hamilton 系(5.105)に対する解析的な第1積分とする．このとき直接計算から確かめられるように，$\Phi(x+\xi)-\Phi(x)$ を $\xi=0$ のまわりで展開した最低次の項

$$\xi\cdot\nabla\Phi := \sum\left(\xi\frac{\partial\Phi}{\partial q}+\eta\frac{\partial\Phi}{\partial p}\right) = \mathrm{const.} \tag{5.115}$$

---

* モノドロミー行列全体は群(group)をなす．この群は直交変分方程式に対する**モノドロミー群**(monodromy group)とよばれ，一般には非可換な群となる．

** S. L. Ziglin: Func. Anal. Appl. **16** (1983) 181-189, **17** (1983) 6-17. 他に，H. Ito: Kodai Math. J. **8** (1985) 120-138.

は変分方程式(5.110),(5.111)の第1積分となる．実際，第1積分の存在がある周期解に対する特性指数の1つを0とするという主張，また相似不変系において存在する第1積分のウエイトがKowalevski指数となるという主張は，この事実に基づいている．しかし勾配ベクトル $\nabla\boldsymbol{\Phi}$ は考えている周期解上で恒等的に0となることがあり得，このとき0=const.という関係式は変分方程式に対して何ら有用な情報を与え得ない．

Ziglinの定理の主張を可能としている最初の事実は，もし1次の微分 $\xi\cdot\nabla\boldsymbol{\Phi}$ が恒等的に0となっても，2次の微分 $(\xi\cdot\nabla)^2\boldsymbol{\Phi}$ が恒等的に0とならなければ，$(\xi\cdot\nabla)^2\boldsymbol{\Phi}$ が変分方程式の積分となるということである．より一般に，積分 $\boldsymbol{\Phi}$ は解析的であるという仮定から，恒等的に0とはならない最低次の微分 $(\xi\cdot\nabla)^k\boldsymbol{\Phi}$ がつねに存在し，これが変分方程式の積分となることが主張できる．Hamilton系に対してつねに存在する積分 H=const. に対しては，$\xi\cdot\nabla H$ は考える周期解上で恒等的には0とはならず，変分方程式の接方向の成分(5.111)の積分となる．そして $\boldsymbol{\Phi}$=const. がハミルトニアンと独立な第1積分であれば，(必要ならば $\boldsymbol{\Phi}$ の定義を変更することによって)恒等的には0とならない最低次の微分 $(\xi\cdot\nabla)^k\boldsymbol{\Phi}$ はつねに直交変分方程式(5.110)の非自明な第1積分となることが証明できる．そしてこの積分 $I(\xi,\eta,t)$=const. は ξ および η については同次の多項式である．

さて，直交変分方程式から独立な周期 T_1, T_2 についてモノドロミー行列 M_1, M_2 で表現されるシンプレクティック写像を定義した．もしもとの直交変分方程式(5.110)が非自明な積分(保存量) $I(\xi,\eta,t)$=const. をもてば，これらのシンプレクティック写像もこの保存量を不変式 $I(\xi,\eta):=I(\xi,\eta,t_0)$=const. として「相続」する．2つのシンプレクティック写像は同じ直交変分方程式(5.110)の解から得られたものだから，$I(\xi,\eta)$=const. は共通の不変式となる必要がある．このことはモノドロミー行列 M_1 および M_2 に対する大きな制約となる．

いま，モノドロミー行列 M_1 を非共鳴と仮定すると，その固有値は相異なることから，適当な基底 (ξ,η) を取ることによってつねに M_1 を対角行列

$$M_1 = \begin{pmatrix} \sigma & 0 \\ 0 & \sigma^{-1} \end{pmatrix} \tag{5.116}$$

として表現することができる．この基底での不変式の表現を $I=\sum c_{ij}\xi^i\eta^j$ とする．M_1 の作用によって

$$I \to I' = \sum \sigma^{i-j} c_{ij}\xi^i\eta^j \tag{5.117}$$

となり，かつ M_1 が非共鳴という仮定から $\sigma^{i-j} \neq 1$ なので，$I=I'$ となるためには $i \neq j$ のとき $c_{ij}=0$，つまり

$$I = (\xi\eta)^j \tag{5.118}$$

となるべきことが結論できる．さて M_1 を対角化する同じ基底 (ξ, η) による M_2 の表現を一般に

$$M_2 = \begin{pmatrix} a & b \\ c & d \end{pmatrix}, \quad ad-bc=1 \tag{5.119}$$

とする．不変式 $I=(\xi\eta)^j$ は M_2 の作用によって

$$I \to I'' = (a\xi+b\eta)^j(c\xi+d\eta)^j \tag{5.120}$$

となるから，I が M_1, M_2 の共通の不変式，つまり $I=I''$ となるためには，2つの可能性，(i) $b=c=0$，(ii) $a=d=0$，しかないことがわかる．(i) は M_2 も対角行列，つまり M_1, M_2 は同時対角化可能で可換となることを意味し，(ii) は $\mathrm{tr}\, M_2=0$ を導く．▌

4次の同次式ポテンシャル系に対する積分不可能条件

一般の(直交)変分方程式に対して，そのモノドロミー行列を具体的に書き下すアルゴリズムは知られていない．しかしながら，変分方程式(5.110)に対しては，後でくわしく述べるように，モノドロミー行列 M_1, M_2 のあらわな表現が可能となる．その結果，係数関数 $[q_2(t)]^2$ の最小周期の組 $T_1=2K$，$T_2=i2K$ に対して

$$\mathrm{tr}\, M_1 = \mathrm{tr}\, M_2 = 2\sqrt{2}\cos\left(\frac{\pi}{4}\sqrt{1+8\epsilon}\right) \tag{5.121}$$

となること，および M_1 と M_2 は共通のトレースの値(5.121)が ±2 となるとき

のみ可換となることが確かめられる．それゆえパラメーターϵが次の領域

$$\epsilon<0,\ 1<\epsilon<3,\ 6<\epsilon<10,\ \cdots \tag{5.122}$$

にあるとき，2つのモノドロミー行列はともにそのトレースの絶対値が2以上となり非共鳴，かつ非可換となる．つまり(5.122)の領域にあるϵの値に対して系の積分不可能性が主張できたことになる*.

同じ解析をもとのHamilton系(5.105)がもつ別の直線解$q_1=q_2$に対して行なえば，直交変分方程式として(5.110)でパラメーターϵを

$$\epsilon'=\frac{3-\epsilon}{1+\epsilon} \tag{5.123}$$

で置き換えた方程式が得られる．よってこのϵ'が領域

$$\epsilon'<0,\ 1<\epsilon'<3,\ 6<\epsilon'<10,\ \cdots \tag{5.124}$$

に入るとき，ふたたび系の積分不可能性が主張できる．これをϵで表現すれば，残りの領域$0<\epsilon<1$，$3<\epsilon$に対応し，3つの値$\epsilon=0,1,3$以外での積分不可能性が示される．これらの除外値で(5.105)が実際に積分可能となることはすでに3-3節で確認ずみである．

b）自由度2の同次式ポテンシャル系に対する Ziglin 解析

以上の解析は，自由度2の同次式ポテンシャルをもつHamilton系一般に対して容易に拡張できる**．$V(q_1,q_2)$を$k\neq 0,\pm 2$なる整数次数kの同次式ポテンシャルとするHamilton系

$$H=\frac{1}{2}(p_1^2+p_2^2)+V(q_1,q_2) \tag{5.125}$$

を考える．この系はつねに原点を通る直線解

$$\boldsymbol{q}=\boldsymbol{c}\phi(t),\qquad \boldsymbol{p}=\boldsymbol{c}\dot{\phi}(t) \tag{5.126}$$

を有する．ここで関数$\phi(t)$は微分方程式

$$\frac{d^2\phi}{dt^2}+\phi^{k-1}=0 \tag{5.127}$$

* H. Yoshida: Physica **D21** (1986) 163-170.
** H. Yoshida: Physica **D29** (1987) 128-142.

の解であり，定数ベクトル $\boldsymbol{c}=(c_1, c_2)$ は，代数方程式

$$\nabla V(\boldsymbol{c}) = \boldsymbol{c} \tag{5.128}$$

のひとつの解である．この直線解に対する変分方程式は

$$\frac{d^2\boldsymbol{\xi}}{dt^2}+\phi(t)^{k-2}D^2V(\boldsymbol{c})\boldsymbol{\xi} = 0 \tag{5.129}$$

となる．ここで $D^2V(\boldsymbol{c})$ はポテンシャル $V(\boldsymbol{q})$ のヘッシアン行列を点 $\boldsymbol{q}=\boldsymbol{c}$ で評価したもの

$$D^2V(\boldsymbol{c}) = \left(\frac{\partial^2 V}{\partial q_i \partial q_j}\right)_{\boldsymbol{q}=\boldsymbol{c}} \tag{5.130}$$

であり，対称行列となる．よって，適当な直交行列 U による直交変換 $\boldsymbol{\xi}=U\boldsymbol{\xi}'$ によって $D^2V(\boldsymbol{c})$ を対角化して

$$\frac{d^2\boldsymbol{\xi}'}{dt^2}+\phi(t)^{k-2}\begin{pmatrix}\lambda_1 & 0\\ 0 & \lambda_2\end{pmatrix}\boldsymbol{\xi}' = 0 \tag{5.131}$$

を得る．ここで，$\boldsymbol{\xi}=\boldsymbol{c}\dot{\phi}(t)$ がつねに変分方程式(5.129)の特殊解であることから

$$D^2V(\boldsymbol{c})\boldsymbol{c} = (k-1)\boldsymbol{c} \tag{5.132}$$

つまり $k-1$ はつねに $D^2V(\boldsymbol{c})$ の固有値であることがわかる．そこで $\lambda_2=k-1$ とすれば，この固有値 $k-1$ に対する変分方程式の成分

$$\frac{d^2\xi_2'}{dt^2}+(k-1)\phi(t)^{k-2}\xi_2' = 0 \tag{5.133}$$

が直線解に沿った変位を記述する．そして，ポテンシャル V に依存する未知の固有値 λ_1 に対応する変分方程式の成分

$$\frac{d^2\xi_1'}{dt^2}+\lambda_1\phi(t)^{k-2}\xi_1' = 0 \tag{5.134}$$

が一般の場合の直交変分方程式となる．

関数 $\boldsymbol{\phi(t)}$ の多重周期性とその周期

関数 $\phi(t)$ を定める微分方程式(5.127)を積分して，積分定数の値を $1/k$ に固定すれば

$$\frac{1}{2}\left(\frac{d\phi}{dt}\right)^2+\frac{1}{k}\phi^k = \frac{1}{k} \tag{5.135}$$

よって

$$\frac{d\phi}{dt} = \sqrt{(2/k)(1-\phi^k)} \tag{5.136}$$

から関数 $w=\phi(t)$ は

$$t = \sqrt{(k/2)}\int_w^1 \frac{dw}{\sqrt{1-w^k}} \tag{5.137}$$

なる不定積分の逆関数として与えられることがわかる．とくに $k=2$ のときは $\phi(t)=\cos t$ なる周期 2π をもつ周期関数，$k=4$ のときは $\phi(t)=\mathrm{cn}(t\,;\,1/\sqrt{2})$ なる 2 重周期をもつ楕円関数となる．そして一般の k の値に対しても，関数 $\phi(t)$ は以下に述べる理由から多重周期を有する．

ポテンシャルの次数が $k=4$ のとき $\phi(t)$ が楕円関数となる場合に，(5.137) の逆関数が 2 重周期をもつ関数となる理由をあらためて考えよう．

$$t = \int_w^1 \omega, \qquad \omega := \frac{\sqrt{2}\,dw}{\sqrt{1-w^4}} \tag{5.138}$$

において $\zeta=\sqrt{1-w^4}$ の定める **Riemann 面**を考える．この Riemann 面は 2 枚の Gauss 平面を $w^4-1=0$ の根である $w=1,-1,i,-i$ において貼り合わせて作られる(図 5-5)．(5.138)式において，右辺の積分の値は下限の w を与え

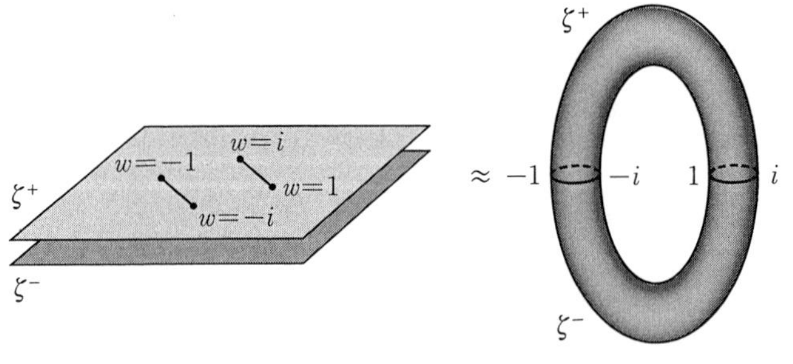

図 5-5　$\zeta=\sqrt{1-w^4}$ の定める Riemann 面．複素トーラスのトポロジーをもつ．

ても一意には決まらない．Riemann 面上でどのような積分路に沿って積分するかに依存するからである．$\zeta=\sqrt{1-w^4}$ の定める Riemann 面は 2 次元のトーラス(複素トーラス)となり，このトーラス上には連続変形で 0 とならない基本的なループが 2 つ存在する．それを γ_1, γ_2 としよう(図 5-6)．

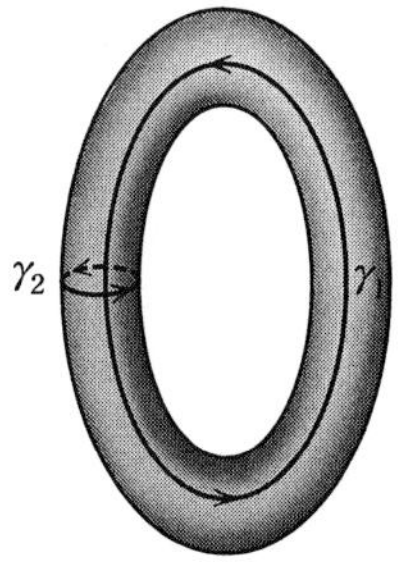

図 5-6　Riemann 面上のループ γ_1, γ_2.

Riemann 面上で決められた 2 点を結ぶ経路には γ_1, γ_2 を何回経由するかの不定性があるから，結局

$$\int_w^1 \omega = \int_{c_1} \omega + mT_1 + nT_2 \tag{5.139}$$

と書ける．ここで m, n は整数で

$$T_1 = \oint_{\gamma_1} \omega, \qquad T_2 = \oint_{\gamma_2} \omega \tag{5.140}$$

よって，この多価積分の逆関数である関数 $\phi(t)$ は

$$w = \phi(t) = \phi(t+mT_1+nT_2) \tag{5.141}$$

という 2 重周期 T_1, T_2 をもつ関数となる．これが不定積分(5.138)の逆関数で定義される楕円関数が 2 重周期関数となる理由である．

以上の議論は，一般に $\zeta=\sqrt{1-w^k}$ で定義される Riemann 面上に 2 つ以上のサイクル(連続変形によって 0 に移れないループ)がある場合に適用できる．そして，逆関数 $\phi(t)$ は一般に 2 つ以上の周期をもち，変分方程式からモノドロミー群を考えることが可能になるわけである．

変分方程式の Gauss の超幾何方程式への変換とモノドロミー行列の表現

さて，(5.134)で変分方程式の成分として導かれた

$$\frac{d^2\xi}{dt^2}+\lambda\phi(t)^{k-2}\xi = 0 \tag{5.142}$$

の係数関数 $\phi(t)$ は，一般の整数 k に対して多重周期性をもつことが確認された．残された問題はモノドロミー行列をいかに求めるかである．

じつは変分方程式(5.142)は独立変数の変換 $z=[\phi(t)]^k$ によって**Gauss の超幾何方程式**

$$z(1-z)\frac{d^2\xi}{dz^2}+[c-(a+b+1)z]\frac{d\xi}{dz}-ab\xi = 0 \tag{5.143}$$

に変換される．ここでパラメーター a, b, c の値は

$$a+b = \frac{1}{2}-\frac{1}{k}, \quad ab = -\frac{\lambda}{2k}, \quad c = 1-\frac{1}{k} \tag{5.144}$$

である．そしてこの事実が，すぐ後で述べるように，変分方程式(5.142)のモノドロミー行列のあらわな表現を可能にする．実際の変数変換はまず

$$\frac{d\xi}{dt} = \frac{dz}{dt}\frac{d\xi}{dz}, \quad \frac{d^2\xi}{dt^2} = \left(\frac{dz}{dt}\right)^2\frac{d^2\xi}{dz^2}+\frac{d^2z}{dt^2}\frac{d\xi}{dz} \tag{5.145}$$

ここで $z=[\phi(t)]^k$ を t で微分して 2 乗，および t で 2 回微分して(5.135)を使えば

$$\begin{aligned}\left(\frac{dz}{dt}\right)^2 &= 2k\phi(t)^{k-2}z(1-z)\\ \frac{d^2z}{dt^2} &= 2\phi(t)^{k-2}\left[\left(1-\frac{3k}{2}\right)z+k-1\right]\end{aligned} \tag{5.146}$$

を得るから，これを代入して Gauss の方程式(5.143)を得る．

Gauss の超幾何方程式は $z=0, 1, \infty$ の 3 点を確定特異点とする Fuchs 型の線形微分方程式である．$z=0$ のまわりでの正則な解は

$$\xi = F(a, b, c; z) := 1+\frac{a\cdot b}{c\cdot 1}z+\frac{a(a+1)b(b+1)}{c(c+1)\cdot 1\cdot 2}z^2+\cdots \tag{5.147}$$

で定義される**超幾何級数**で与えられる．$z=0$ のまわりでの別の 1 次独立な解は

$$\xi = z^{1-c}F(a+1-c, b+1-c, 2-c; z) \tag{5.148}$$

で与えられ，$z=0$ で正則ではない．

いま，複素 z 平面内のある始点 z_0 から $z=0$ を正の向きに 1 回だけまわる閉曲線(ループ)を γ_0 と書くことにする．同じ始点から $z=1$ をまわるループを同じく γ_1 とする(図 5-7)．z_0 を始点および終点とする z 平面内の任意のループ γ は，特異点 $z=0,1$ を横切ることなく，連続変形によってこの 2 つの基本ループの適当な積

$$\gamma = \gamma_0^{l_1}\gamma_1^{m_1}\gamma_0^{l_2}\gamma_1^{m_2}\cdots \tag{5.149}$$

として一意的に表現できる．ここで l_j, m_j ($j=1,2,\cdots$) は正または負の整数である．

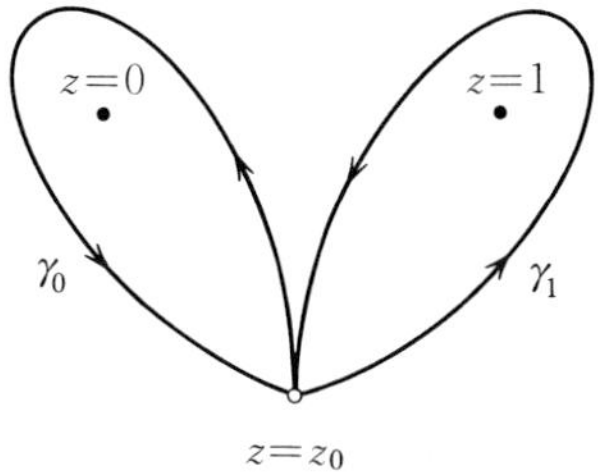

図 5-7 z 平面内の基本ループ γ_0 と γ_1.

Gauss の超幾何方程式の解の基本系，すなわち 2 つの 1 次独立な解 $[\xi^{(1)}(z), \xi^{(2)}(z)]$ をこれらのループに沿って解析接続

$$\xi^{(1)}(z) \to \xi^{(1)}(z\gamma), \qquad \xi^{(2)}(z) \to \xi^{(2)}(z\gamma) \tag{5.150}$$

をすると，特異点 $z=0,1$ での解の分岐のためにもとの基本系に一致せず，ある 1 次変換を受ける．これを

$$\begin{aligned}[\xi^{(1)}(z\gamma_0), \xi^{(2)}(z\gamma_0)] &= [\xi^{(1)}(z), \xi^{(2)}(z)]M(\gamma_0) \\ [\xi^{(1)}(z\gamma_1), \xi^{(2)}(z\gamma_1)] &= [\xi^{(1)}(z), \xi^{(2)}(z)]M(\gamma_1)\end{aligned} \tag{5.151}$$

と表現する．ここで 2 行 2 列の行列 $M(\gamma_0)$, $M(\gamma_1)$ は，超幾何方程式の**基本モノドロミー行列**とよばれ，解のある基本系に対して

$$M(\gamma_0) = \begin{pmatrix} 1 & e^{-2\pi ib} - e^{-2\pi ic} \\ 0 & e^{-2\pi ic} \end{pmatrix}, \quad M(\gamma_1) = \begin{pmatrix} e^{2\pi i(c-a-b)} & 0 \\ 1-e^{2\pi i(c-a)} & 1 \end{pmatrix} \tag{5.152}$$

という具体的な表式で与えられる*.

さて，独立変数の変換 $z=[\phi(t)]^k$ によって，変分方程式(5.142)は Gauss の超幾何方程式(5.143)に変換されるので，$w=\phi(t)$ の周期を定める w 平面(Riemann 面)でのループが等角写像 $z=w^k$ によって z 平面内でのどのような閉曲線に写像されるかが分かれば，変分方程式(5.142)に対するモノドロミー行列は超幾何方程式の基本モノドロミー行列 $M(\gamma_0)$, $M(\gamma_1)$ の適当な積として書き下すことが可能となる.

積分不可能条件

いま，$\zeta=\sqrt{1-w^k}$ で決まる Riemann 面上の 2 つのループ C_1 と C_2 を $1-w^k=0$ の根 $w=1$ と $w=e^{2\pi i/k}$ を正の向きに 1 周するもの，および $w=1$ と $w=e^{-2\pi i/k}$ を正の向きに 1 周するものとしよう．共通の始点 w_0 は 0 と 1 の間の実軸上にとるとする(図 5-8)．このループ C_1, C_2 は任意の整数 k に対して共通

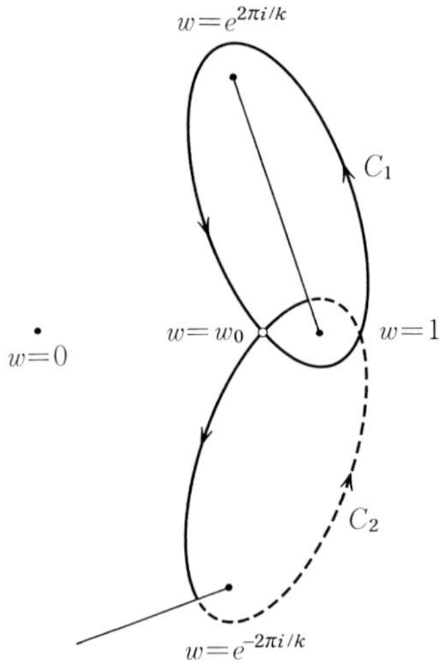

図 5-8 Riemann 面上の 2 つのループ C_1 と C_2.

---

* このモノドロミー行列の表現は J. Plemelj: *Problems in the Sense of Riemann and Klein* (Interscience, 1962) chap. 6 による．モノドロミー行列が詳しく説明されている微分方程式の教科書としては，高野恭一：常微分方程式(朝倉書店，1994)がある．ただし Plemelj の本とは異なった解の基本系を採用しているために(5.152)とは異なったモノドロミー行列の表現が導出されている．もちろん以後の計算ではどちらを使っても同じ結果が得られる.

に採用できるという利点がある．しかし(5.105)などの偶数次ポテンシャル系に対しては，いずれのループも実の周期には対応していない．w 平面(Riemann 面)でのこれらのループは写像 $z=w^k$ によって z 平面内のやや複雑な閉曲線(2重結びの道)に写される(図5-9)．

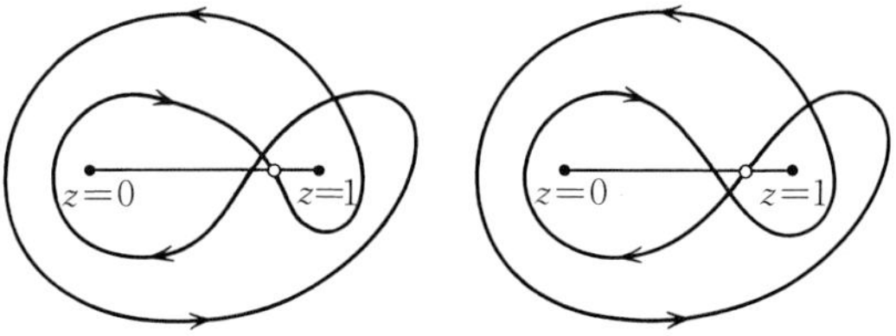

図5-9 写像 $z=w^k$ によるループ C_1 の像(左)と C_2 の像(右)．

この閉曲線は z 面内の基本ループ γ_0, γ_1 を用いて

$$C_1 \to \gamma_1\gamma_0\gamma_1\gamma_0^{-1}, \qquad C_2 \to \gamma_0^{-1}\gamma_1\gamma_0\gamma_1 \tag{5.153}$$

と書ける．よって変分方程式(5.142)の2つの周期ループ C_1, C_2 に対するモノドロミー行列は

$$\begin{aligned} M(C_1) &= M(\gamma_1)M(\gamma_0)M(\gamma_1)M(\gamma_0)^{-1} \\ M(C_2) &= M(\gamma_0)^{-1}M(\gamma_1)M(\gamma_0)M(\gamma_1) \end{aligned} \tag{5.154}$$

となり，(5.152)を用いてそのあらわな表現が可能となる．簡単な計算の結果

$$\begin{aligned} \mathrm{tr}\, M(C_1) &= \mathrm{tr}\, M(C_2) \\ &= 2\cos\left(\frac{2\pi}{k}\right) + 4\cos^2\left[\frac{\pi}{2k}\sqrt{(k-2)^2+8k\lambda}\right] \end{aligned} \tag{5.155}$$

および，$M(C_1)$ と $M(C_2)$ が可換となるのは

$$\mathrm{tr}\, M = 2,\ 2\cos\left(\frac{2\pi}{k}\right) \tag{5.156}$$

または $k=\pm 2$ となるときのみであることが確かめられる．条件(5.156)のもとではモノドロミー行列は共鳴となる．よって $M(C_1)$ と $M(C_2)$ がともに非共鳴となるパラメーター λ に対して $M(C_1)$, $M(C_2)$ は非可換となり，Ziglin の定理により積分の非存在が主張できることになる．とくに $|\mathrm{tr}\, M|>2$ となる λ の領域を S_k と記すことにすれば，$\lambda \in S_k$ のときに直ちに積分不可能性が

示されることになる．(5.155)から領域 S_k の具体的な表式は以下のように書き下せる．

$$k \geqq 3:\quad S_k = \{\lambda<0,\ 1<\lambda<k-1,\ k+2<\lambda<3k-2,\ \cdots\}$$
$$S_1 = R-\{0,\ 1,\ 3,\ 6,\ 10,\ \cdots\}$$
$$S_{-1} = R-\{1,\ 0,\ -2,\ -5,\ -9,\ \cdots\}$$
$$k \leqq -3:\quad S_k = \{\lambda>1,\ 0>\lambda>-|k|+2,\ -|k|-1>\lambda>-3|k|+3,\ \cdots\}$$

以上の結果を定理の形でまとめておこう．

> **定理 5-3** $V(\boldsymbol{q})$ を2次元の同次式ポテンシャルとし，その次数 k は0, ±2以外の整数とする．$\nabla V(\boldsymbol{c})=\boldsymbol{c}$ の解をひとつ固定し，ヘッシアン行列 $D^2V(\boldsymbol{c})$ の固有値を λ および $k-1$ とする．もし λ が領域 S_k にあれば，自由度2の Hamilton 系 $H=\dfrac{1}{2}\boldsymbol{p}^2+V(\boldsymbol{q})$ はハミルトニアン以外に解析的な第1積分を有し得ない．つまり積分不可能である．

偶数次ポテンシャルに対するコメント

すでに例にあげた4次の同次式ポテンシャル系(5.105)のように，ポテンシャルが正の偶数次 ($k=2m>0$) で直線解が通常の周期運動を表わす場合，最も自然な周期は実数の周期である．この実数の周期は $\zeta=\sqrt{1-w^{2m}}$ で定義される Riemann 面の分岐点 $w=1$ と $w=-1$ を正の向きに1周するループ C_{real} に対応している．対になる虚数の周期として，分岐点 $w=e^{\pi i/m}$ と $w=-e^{\pi i/m}$ を囲むループ C_{imag} を採用しよう．共通の始点は0と1の間の実軸上にとるとする (図5-10)．変分方程式(5.142)において，$\phi(t)^{2m-2}$ の最小の周期は関数 $\phi(t)$

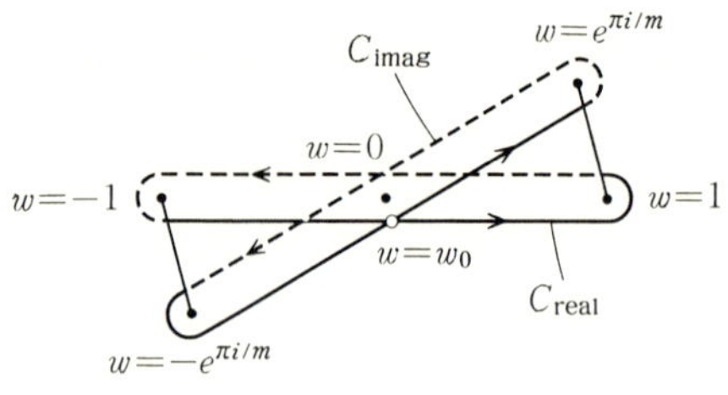

図 5-10 実周期と虚周期に対応する Riemann 面上のループ C_{real}, C_{imag}.

の周期の 1/2 である．これらの最小周期を与える「道」は写像 $z=w^{2m}$ によって z 面内のループ

$$C_{\rm real} \to \gamma_1 \gamma_0^m, \qquad C_{\rm imag} \to \gamma_0 \gamma_1 \gamma_0^{m-1} \tag{5.157}$$

に写される．よって対応するモノドロミー行列の共通のトレースの値は

$$\mathrm{tr}\, M = \frac{2\cos\left(\dfrac{\pi}{2m}\sqrt{(m-1)^2+4m\lambda}\right)}{\sin\left(\dfrac{\pi}{2m}\right)} \tag{5.158}$$

となり，$M(C_{\rm real})$ と $M(C_{\rm imag})$ が可換となるのは $\mathrm{tr}\, M=\pm 2$ のときのみであることが確かめられる．上の表式(5.158)は，$m=2$ のときは(5.121)に一致する．これからモノドロミー行列が非共鳴となる λ の値に対して積分の非存在が主張できる．しかし $|\mathrm{tr}\, M|>2$ となる λ の領域は，すでに得られている領域 S_k で $k=4$ と置いたものに他ならず，同じ結果を与えるにすぎない．

c）自由度 n の同次式ポテンシャル系に対する Ziglin 解析

前項の議論を一般の自由度 n の系に対して拡張しよう*．直線解(5.126)のまわりの変分方程式は，ヘッシアン行列 $D^2V(\boldsymbol{c})$ を対角化した後

$$\frac{d^2\boldsymbol{\xi}}{dt^2}+\phi(t)^{k-2}\begin{pmatrix}\lambda_1 & & & \\ & \lambda_2 & & \\ & & \ddots & \\ & & & \lambda_n\end{pmatrix}\boldsymbol{\xi}=0 \tag{5.159}$$

となる．そして一般性を失うことなく $\lambda_n=k-1$ と置ける．そしていまの場合，**直交変分方程式**は，$n-1$ 個の成分をもつ方程式系

$$\frac{d^2\xi_j}{dt^2}+\lambda_j\phi(t)^{k-2}\xi_j=0 \qquad (j=1,2,\cdots,n-1) \tag{5.160}$$

となる．関数 $\phi(t)$ の 2 つの独立な周期に対する直交変分方程式のモノドロミー行列 M_1, M_2 は，2 行 2 列の行列を対角線上に並べた $2n-2$ 行 $2n-2$ 列のブロック対角行列

* H. Yoshida: Phys. Lett. **A141** (1989) 108-112.

$$M_1 = \begin{pmatrix} M_1(\lambda_1) & & & \\ & M_1(\lambda_2) & & \\ & & \ddots & \\ & & & M_1(\lambda_{n-1}) \end{pmatrix}$$
$$M_2 = \begin{pmatrix} M_2(\lambda_1) & & & \\ & M_2(\lambda_2) & & \\ & & \ddots & \\ & & & M_2(\lambda_{n-1}) \end{pmatrix} \tag{5.161}$$

の構造をもつことになる．このモノドロミー行列の固有値は

$$(\sigma_1, 1/\sigma_1, \sigma_2, 1/\sigma_2, \cdots, \sigma_{n-1}, 1/\sigma_{n-1})$$

のように分布する．いまこの固有値が整数 m_j $(j=1,2,\cdots,n-1)$ に対して

$$\sigma_1^{m_1}\sigma_2^{m_2}\cdots\sigma_{n-1}^{m_{n-1}} = 1 \tag{5.162}$$

となるのは自明な $m_1=m_2=\cdots=m_{n-1}=0$ に限られるとき，モノドロミー行列を**非共鳴**(non-resonant)と定義する．この定義は当然ながら $n=2$ の場合は，さきに述べた固有値が1のベキ根でないという定義と一致する．自由度 $n\geqq 3$ のときには，おのおのの σ_j が1のベキ根でなくても，必ずしも非共鳴とはならないことに注意しよう．この定義のもとで次の定理が成り立つ．

> **定理 5-4**　いま，同次式ポテンシャル $V(\boldsymbol{q})$ を有する自由度 n の Hamilton 系 $H=\dfrac{1}{2}\boldsymbol{p}^2+V(\boldsymbol{q})$ がハミルトニアンと独立な解析的第1積分をもつと仮定する．さらに，1つの周期に対するモノドロミー行列 M_1 が非共鳴であると仮定する．このとき，別の任意のモノドロミー行列 M_2 に対し，少なくとも1つの添字 j に対して，(i) $M_1(\lambda_j)$ と $M_2(\lambda_j)$ は可換であるか，または，(ii) $\mathrm{tr}\, M_2(\lambda_j)=0$，となる必要がある．

結論(ii)は M_2 が非共鳴であることに反するから，上の定理は次のようにいい換えられる．

> **系 5-4** 2つの周期に対するモノドロミー行列 M_1, M_2 がともに非共鳴であり，かつすべての添字 j に対して $M_1(\lambda_j)$ と $M_2(\lambda_j)$ が非可換であるとする．このとき，考えている自由度 n の Hamilton 系はハミルトニアンと独立な解析的第1積分をもちえない．

(5.161)の構造をもつ $2n-2$ 行 $2n-2$ 列のモノドロミー行列 M_1, M_2 の各ブロック $M_i(\lambda_j)$ が，Gauss の超幾何方程式の基本モノドロミー行列を使ってあらわに表現できることは，前項と同じである．しかし前項で採用した関数 $\phi(t)$ の2つの周期ループ C_1, C_2（図 5-8）を用いると不都合が起きる．実際，各ブロック行列の固有値を(5.155)から

$$\sigma_j+\frac{1}{\sigma_j} = \mathrm{tr}\, M(\lambda_j) = 2\cos\left(\frac{2\pi}{k}\right)+4\cos^2\left[\frac{\pi}{2k}\sqrt{(k-2)^2+8k\lambda_j}\right] \tag{5.163}$$

で決めて，その固有値を用いて非共鳴の条件

$$\sigma_1^{m_1}\sigma_2^{m_2}\cdots\sigma_{n-1}^{m_{n-1}} \neq 1 \tag{5.164}$$

をチェックすることは，途中に超越関数 cos が介在するために数論的に困難な問題となる．各 $|\mathrm{tr}\, M(\lambda_j)|>2$ だけでは非共鳴の条件を満足していないことを思い出しておこう．

新しい周期ループの組に対する非共鳴条件

この数論的な問題を回避するために，こんどは $w=\phi(t)$ 面の異なった周期ループ C_1 と C_2 を採用することにする．それらはいずれも0と1の間の実軸上の点を共通の始点とし，$|w|$ が十分大きな円周上を正の向きに4周してふたたび始点に戻るものとする．ただしループ C_1 は分岐点 $w=1$ を上に避け，ループ C_2 は下に避けるものとする．この2つの周期ループは等角写像 $z=w^k$ によって z 平面上の $z=0$ と $z=1$ を続けて $4k$ 回まわるループに写像される（図 5-11）．これらは z 平面での基本ループ γ_0, γ_1 を用いて

$$C_1 \to (\gamma_0\gamma_1)^{4k}, \qquad C_2 \to (\gamma_1\gamma_0)^{4k} \tag{5.165}$$

と表現される．よって対応するモノドロミー行列も

$$M(C_1) = [M(\gamma_0)M(\gamma_1)]^{4k}, \qquad M(C_2) = [M(\gamma_1)M(\gamma_0)]^{4k} \tag{5.166}$$

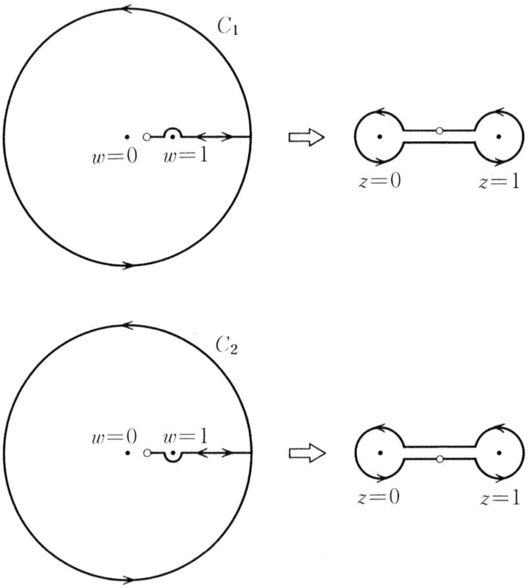

図 5-11 Riemann 面上の 2 つの新しい周期ループ C_1, C_2 と，その $z=w^k$ による像．

となる．直接計算から

$$\operatorname{tr} M(C_1) = \operatorname{tr} M(C_2) = 2\cos(2\pi\theta_j)$$
$$\theta_j := \sqrt{(k-2)^2+8k\lambda_j} \tag{5.167}$$

となること，および $M(C_1)$ と $M(C_2)$ が可換となるのは，$\operatorname{tr} M=\pm 2$ もしくは $k=\pm 2$ のときのみであることが確かめられる．

こんどは $2n-2$ 行 $2n-2$ 列のモノドロミー行列(5.161)の非共鳴条件をチェックすることが可能となる．実際，2 行 2 列のブロック行列 $M(\lambda_j)$ の固有値 σ_j は

$$\sigma_j + \frac{1}{\sigma_j} = 2\cos(2\pi\theta_j) \tag{5.168}$$

から，単に

$$\sigma_j = e^{2\pi i\theta_j} \tag{5.169}$$

と表わされる．よって非共鳴の条件

$$\sigma_1^{m_1}\sigma_2^{m_2}\cdots\sigma_{n-1}^{m_{n-1}} \neq 1 \tag{5.170}$$

は

$$e^{2\pi i(m_1\theta_1+m_2\theta_2+\cdots+m_{n-1}\theta_{n-1})} \neq 1 \tag{5.171}$$

と書き換えられることが分かる．この条件(5.171)は $\{\theta_1, \theta_2, \cdots, \theta_{n-1}\}$ がすべて有理数でなく，かつ有理数体上1次独立であるという条件に翻訳できる．そしてこの非共鳴条件がみたされたとき，$M_1(\lambda_j)$, $M_2(\lambda_j)$ のすべての組が非可換となる．よって非共鳴の条件のもとでハミルトニアンと独立な解析的第1積分の存在が否定できる．

最終的な定理をより簡潔に述べるために，$\lambda_n = k-1$ に対応する変分方程式の n 番目の成分を復活させよう．この成分($j=n$)に対しては $\theta_n = 3k-2$ は整数となる．よって，上の非共鳴の条件は

「$\{\theta_1, \theta_2, \cdots, \theta_{n-1}, \theta_n\}$ が有理数体上1次独立」

という，より簡単な条件に置き換えられる．

d) 特異点解析との関連

最後に導かれた θ_j が有理数体上1次独立という条件は，5-3節の特異点解析と深く関連する．その関係を見ておこう．すでに述べたように，n 次元の同次式ポテンシャル $V(\boldsymbol{q})$ をもつ Hamilton 系において，直線解

$$\boldsymbol{q} = \boldsymbol{c}\phi(t), \quad \boldsymbol{p} = \boldsymbol{c}\dot{\phi}(t) \tag{5.172}$$

を定める定数ベクトル $\boldsymbol{c}$ は，代数方程式

$$\nabla V(\boldsymbol{c}) = \boldsymbol{c} \tag{5.173}$$

の解で与えられる．一方，5-3節の特異点解析における特殊解(5.93)，つまり

$$\boldsymbol{q} = \boldsymbol{d}t^{-g}, \quad \boldsymbol{p} = -\boldsymbol{d}gt^{-g-1} \tag{5.174}$$

を定める定数ベクトル $\boldsymbol{d}$ は

$$\nabla V(\boldsymbol{d}) = -g(g+1)\boldsymbol{d} \tag{5.175}$$

の解である．よって(5.172)と(5.174)は1対1に対応し，(5.173)の解 $\boldsymbol{c}$ と(5.175)の解 $\boldsymbol{d}$ は

$$\boldsymbol{d} = [-g(g+1)]^{g/2}\boldsymbol{c} \tag{5.176}$$

なる関係で結ばれる．実際(5.172)において，関数 $\phi(t)$ を複素 t 平面内の特異

点で展開してその主要項をとったものが，特殊解(5.174)になっている．ポテンシャル $V(\boldsymbol{q})$ が k 次の同次式のとき，ヘッシアン行列 $D^2V(\boldsymbol{q})$ の各成分は $k-2=2/g$ 次の同次式となるから，行列全体として

$$D^2V(\boldsymbol{d}) = -g(g+1)D^2V(\boldsymbol{c}) \tag{5.177}$$

なる関係が成立する．さきに $D^2V(\boldsymbol{c})$ の固有値を λ_j，$D^2V(\boldsymbol{d})$ の固有値を ν_j と書いたが，(5.177)から

$$\nu_j = -g(g+1)\lambda_j \tag{5.178}$$

である．よって特異点解析において Kowalevski 指数(KE)を与える 2 次方程式(5.96)は

$$(\rho-g)(\rho-g-1)-g(g+1)\lambda_j = 0 \tag{5.179}$$

となる．この 2 次方程式の 2 根を KE の組 (ρ_j, ρ_{j+n}) と書けば，その差

$$\varDelta\rho_j \coloneqq \rho_j - \rho_{j+n} \tag{5.180}$$

は

$$\varDelta\rho_j = \sqrt{1+\frac{8k\lambda_j}{(k-2)^2}} \tag{5.181}$$

と表わされる．この表式と(5.167)を比較すれば

$$\varDelta\rho_j = \frac{\theta_j}{|k-2|} \tag{5.182}$$

なることがわかる．つまり，(5.167)で登場した θ_j の有理数体上の 1 次独立性は，特異点解析において，より明確な意味をもった量である KE の差 $\varDelta\rho_j$ の 1 次独立性に置き換えることができるわけである．以上をまとめると次の定理が得られる．

> **定理 5-5**　Kowalevski 指数の差 $\varDelta\rho_j$ $(j=1, 2, \cdots, n)$ が**有理数体上 1 次独立**ならば，同次式ポテンシャル $V(\boldsymbol{q})$ を有する自由度 n の Hamilton 系 $H=\dfrac{1}{2}\boldsymbol{p}^2+V(\boldsymbol{q})$ はハミルトニアンと独立な解析的第 1 積分を有しえない．ただしポテンシャルの次数 k は $0, \pm 2$ 以外の整数とする．

自由度 $n=2$ の場合

ヘッシアン行列 $D^2V(\boldsymbol{c})$ の固有値の1つはつねに $k-1$ であった．これを λ_n とする．これに対応する1組の KE は $\rho_n=2k/(k-2)$，$\rho_{2n}=-1$ であり，その差は

$$\Delta\rho_n := \rho_n-\rho_{2n} = \frac{3k-2}{k-2} = \frac{\theta_n}{k-2} \tag{5.183}$$

なる有理数となることが確かめられる．よって自由度 $n=2$ の場合に，非自明な KE，ρ_1 および ρ_3 はその和がつねに有理数 $(k+2)/(k-2)$ なので，$\Delta\rho_1$ と $\Delta\rho_2$ が有理数体上1次従属，つまり $\Delta\rho_1$ が有理数となるのは ρ_1, ρ_3 がともに有理数となるときに限られる．よって，ハミルトニアンと独立な解析的第1積分が存在するためには ρ_1, ρ_3 が有理数，つまりすべての KE が有理数となることが必要条件となる．これは特異点解析の展開式(5.92)に現われる指数 ρ_i がすべて有理数となることを意味する．このことは，とくに自由度2の系で「積分可能な系を検出できる」という，特異点解析の経験的有用性を裏付ける数学的根拠の1つに数えられる．

同次非線形格子の積分不可能性

一般の自由度 n の系で Kowalevski 指数，およびその差 $\Delta\rho_j$ が代数的に計算できる例がある．それが同次非線形格子である．直線上にある n 個の等質量の粒子が同次式ポテンシャルの相互作用を受けた系

$$\begin{aligned} H &= \frac{1}{2}(p_1^2+p_2^2+\cdots+p_n^2)+V(q_1,q_2,\cdots,q_n) \\ V(q_1,q_2,\cdots,q_n) &= (-q_1)^k+(q_1-q_2)^k+\cdots \\ &\quad +(q_{n-1}-q_n)^k+(q_n)^k \end{aligned} \tag{5.184}$$

を考える．ここで粒子数 n は奇数，また同次式ポテンシャルの次数 k は偶数と仮定する．この仮定はつぎの簡単な特殊解が存在するために必要となる．Ziglin 解析における「直線解」を求めるための代数方程式(5.173)の1つの解は

$$\begin{aligned} c_1 &= -c_3 = c_5 = -c_7 = \cdots = (1/2k)^{1/(k-2)} \\ c_2 &= c_4 = c_6 = \cdots = 0 \end{aligned} \tag{5.185}$$

で与えられる．このときヘッシアン行列 $D^2V(\boldsymbol{c})$ は3重対角行列

$$D^2V(\boldsymbol{c}) = \frac{k-1}{2}\begin{pmatrix} 2 & -1 & & \\ -1 & 2 & -1 & \\ & \ddots & \ddots & \ddots \\ & & -1 & 2 \end{pmatrix} \tag{5.186}$$

となり，その固有値は

$$\lambda_j = 2(k-1)\sin^2\left(\frac{j\pi}{2(n+1)}\right) \qquad (j=1,2,\cdots,n) \tag{5.187}$$

となる．よって KE の差 $\Delta\rho_j$ は厳密に

$$\Delta\rho_j = \sqrt{1+\frac{16k(k-1)}{(k-2)^2}\sin^2\left(\frac{j\pi}{2(n+1)}\right)} \tag{5.188}$$

となる．4次の同次非線形格子 $k=4$ の場合にこの $\Delta\rho_j$ $(j=1,2,\cdots,n)$ を実際に書き下してみると

$$n=1: \quad (5) \tag{5.189}$$

$$n=3: \quad (\sqrt{25-12\sqrt{2}}, 5, \sqrt{25+12\sqrt{2}}) \tag{5.190}$$

$$n=5: \quad (\sqrt{25-12\sqrt{3}}, \sqrt{13}, 5, \sqrt{37}, \sqrt{25+12\sqrt{3}}) \tag{5.191}$$

となり，直接にこれらは有理数体上1次独立であることが確認できる．よって対応する非線形格子はハミルトニアン以外に解析的第1積分を有しえない．もちろん，任意の奇数 n および任意の4以上の偶数 k に対して(5.188)で与えられる $\Delta\rho_j$ $(j=1,2,\cdots,n)$ は，有理数体上1次独立となることが強く予想される*．この予想が正しければ，同次非線形格子(5.184)は任意の自由度(奇数 n)において，ハミルトニアンと独立な解析的第1積分を有しえないという，最も強い形での積分不可能性が証明されたことになる．

e) 非同次式ポテンシャル系

これまでは Ziglin 解析が有効に適用できる例として，同次式ポテンシャル系のみを扱ってきた．同次式ポテンシャル系においては多重周期をもつ直線解が

---

* K. Umeno: Phys. Lett. **A190** (1994) 85-89 および erratum **A193** (1994) 500 は，実際にこの予想が正しいことを証明した論文である．

つねに存在し，変分方程式に対するモノドロミー行列が厳密に書き下せ，その非共鳴条件や非可換条件をチェックすることが容易であったという利点がある．また特異点解析との関連も付けられた．しかし Ziglin 解析は何も同次式ポテンシャル系のみに適用されるものでは決してない．

一般にあるポテンシャル $V(\boldsymbol{q})$ をもつ Hamilton 系

$$H = \frac{1}{2}\boldsymbol{p}^2 + V(\boldsymbol{q}) \tag{5.192}$$

が直線解をもつとすれば，もとの系の積分可能・不可能のいかんにかかわらず，その直線解自身は積分可能な自由度1の Hamilton 系の解として得られる．そして，とくにポテンシャル $V(\boldsymbol{q})$ が代数的ならば，直線解は一般に多重周期をもつ．よって変分方程式に対するモノドロミー行列，モノドロミー群を考えることが可能となる．また，ポテンシャル $V(\boldsymbol{q})$ が次数の異なる同次式の和

$$V(\boldsymbol{q}) = V_{k_{\min}}(\boldsymbol{q}) + \cdots + V_{k_{\max}}(\boldsymbol{q}) \tag{5.193}$$

で与えられているとすれば，エネルギー値 $E\to\infty$ の極限では $V_{k_{\max}}(\boldsymbol{q})$ が卓越し，モノドロミー行列もこの同次式部分から決まる既知のモノドロミー行列に漸近する．これらの情報は，非同次式ポテンシャル系(5.193)の積分不可能性を主張するに十分なものとなる．その例として3-4節で扱った積分可能な戸田格子

$$H = \frac{1}{2}(P_1^2+P_2^2) + \exp\left(\frac{\sqrt{3}\,Q_1-Q_2}{\sqrt{2}}\right) + \exp(\sqrt{2}\,Q_2) + \exp\left(\frac{-\sqrt{3}\,Q_1-Q_2}{\sqrt{2}}\right) \tag{5.194}$$

のポテンシャルを Taylor 級数展開し，有限次数 k で打ち切って得られる力学系(truncated Toda lattice)を考えよう．この系は $k \geqq 3$ の任意の次数 k で積分不可能となることが証明される*．とくに $k=3$ の場合は4-2節で取り上げた Hénon-Heiles 系である．

---

* H. Yoshida: Commun. Math. Phys. **116** (1988) 529-538.

補章
運動方程式の数値解法

20 世紀後半の力学の研究史の教訓の 1 つは，力学の純粋な理論的研究においてコンピューターを使った数値実験が不可欠であったという事実である．理論は決して実験なしには生まれない．そしてコンピューターの高速化が進み長時間の数値計算が容易になればなるほど，もとの力学系の情報をより保存する数値解法のアルゴリズムが要求されるようになってきた．ここでは Hamilton 系の専用数値解法として近年特に普及してきたシンプレクティック解法と呼ばれるものについて，その概略を述べることにしたい．この話題についてのさらに進んだ議論については，巻末の参考書・文献を参照されたい．

A-1　微分方程式の数値解法

微分方程式を数値的に解くことの意味を確認しておこう．ベクトル変数 $z=(z_1, z_2, \cdots, z_n)$ に対する微分方程式系

$$\frac{dz}{dt}=f(z) \tag{A.1}$$

を考える．時刻 $t=0$ での初期値 z に対して十分小さな時間 $\tau=\Delta t$ 後の近似解

z' を与える写像が $z'=\phi(z,\tau)$ の形で与えられれば，この写像を繰り返すことによって $t=\tau, 2\tau, 3\tau, \cdots, n\tau, \cdots$ での近似解が次々と求まっていく．ここで τ はステップサイズ(刻み幅)と呼ばれる小さな数である．

考え得る最も簡単な方法は方程式(A.1)の微分 dz/dt を差分 $(z'-z)/\tau$ で置き換えて得られる写像

$$z' = \phi(z,\tau) := z+\tau f(z) \tag{A.2}$$

を用いるもので **Euler 法**と呼ばれる．この Euler 法は真の解の Taylor 展開

$$\begin{aligned} z' &= z+\tau\left(\frac{dz}{dt}\right)+\frac{\tau^2}{2}\left(\frac{d^2z}{dt^2}\right)+\frac{\tau^3}{6}\left(\frac{d^3z}{dt^3}\right)+\cdots \\ &= z+\tau f(z)+\frac{\tau^2}{2}f'(z)f(z)+\frac{\tau^3}{6}(f''(z)f(z)+f'(z)^2)f(z)+\cdots \end{aligned} \tag{A.3}$$

と，τ の1次のオーダーまで一致するので1次の解法であるという．もし写像 $z'=\phi(z,\tau)$ が真の解の Taylor 展開(A.3)と，τ の n 次のオーダーまで一致すれば，それは ***n* 次の数値解法**(数値積分公式，数値積分スキーム)と呼ばれる．実際，解の Taylor 展開の n 次の項までを直接計算することで常に n 次の数値解法が得られるが(**Taylor 展開法**)，関数 $f(z)$ の高次の微分係数を書き下し，それをプログラムすることは困難なことが多い．

よく使われる **Runge-Kutta 法**は次々と

$$\begin{aligned} k_1 &= f(z) \\ k_2 &= f\left(z+\frac{1}{2}\tau k_1\right) \\ k_3 &= f\left(z+\frac{1}{2}\tau k_2\right) \\ k_4 &= f(z+\tau k_3) \end{aligned} \tag{A.4}$$

で定義されるベクトル k_1, k_2, k_3, k_4 を計算しておき，最後に加重平均

$$z' = \phi(z,\tau) := z+\frac{\tau}{6}(k_1+2k_2+2k_3+k_4) \tag{A.5}$$

をとることによって1ステップとするものである．(A.5)式の右辺を τ で展開

すれば解の Taylor 展開(A.3)の τ の4次のオーダーまで一致することがわかるので4次の数値解法である．そして Taylor 展開法に比べて高次の微分係数の計算が不必要であるという利点がある．

a）調和振動子の例

これら Euler 法，Runge-Kutta 法などの汎用数値積分法を保存力学系である Hamilton 系に適用すると，数値解法自身が原因となって発生する見かけの励起，減衰が起きることがわかる．例としてハミルトニアン

$$H = \frac{1}{2}(p^2+q^2) \tag{A.6}$$

で記述される1次元の調和振動子を考えよう．運動方程式

$$\frac{dq}{dt} = p, \qquad \frac{dp}{dt} = -q \tag{A.7}$$

の厳密解は

$$\begin{pmatrix} q(\tau) \\ p(\tau) \end{pmatrix} = \begin{pmatrix} \cos\tau & \sin\tau \\ -\sin\tau & \cos\tau \end{pmatrix} \begin{pmatrix} q(0) \\ p(0) \end{pmatrix} \tag{A.8}$$

である(角度 τ の回転)．一方，Euler 法(A.2)は線形写像

$$\begin{pmatrix} q' \\ p' \end{pmatrix} = \begin{pmatrix} 1 & \tau \\ -\tau & 1 \end{pmatrix} \begin{pmatrix} q \\ p \end{pmatrix} \tag{A.9}$$

を与えるが，これは上の厳密解(A.8)を τ の1次まで近似したものに他ならない．図 A-1 は $t=0$ で初期値 $(q,p)=(1,0)$ を与えたときの真の解曲線(単位円)と Euler 法で生成される近似解の点列を描いたものである．Euler 法によれば，各ステップごとに本来保存されるべきエネルギーの値は $1+\tau^2$ 倍される，すなわち

$$p'^2+q'^2 = (1+\tau^2)(p^2+q^2) \tag{A.10}$$

となることがわかり，結果としてエネルギー値は無限に増大する(見かけの励起)．一方，4次の Runge-Kutta 法(A.5)は写像

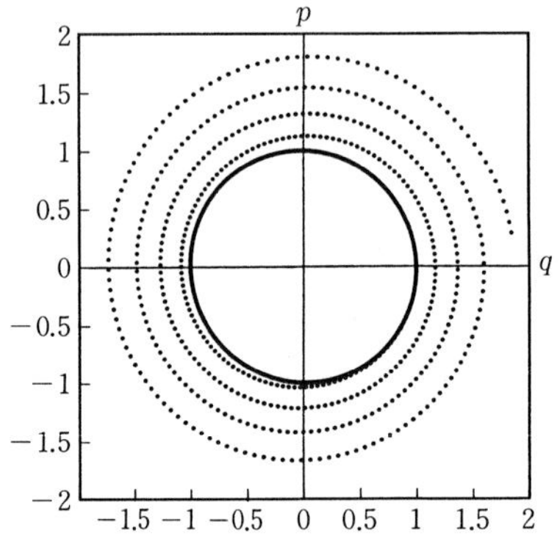

図 A-1 調和振動子の方程式の真の解曲線(単位円)と Euler 法による近似解($\tau=0.1$).

$$\begin{pmatrix} q' \\ p' \end{pmatrix} = \begin{pmatrix} 1-\frac{1}{2}\tau^2+\frac{1}{24}\tau^4 & \tau-\frac{1}{6}\tau^3 \\ -\tau+\frac{1}{6}\tau^3 & 1-\frac{1}{2}\tau^2+\frac{1}{24}\tau^4 \end{pmatrix} \begin{pmatrix} q \\ p \end{pmatrix} \tag{A.11}$$

を与え，こんどは逆に，エネルギー値の単調な減少

$$p'^2+q'^2 = \left(1-\frac{1}{72}\tau^6+\cdots\right)(p^2+q^2) \tag{A.12}$$

をもたらす(見かけの減衰)．このような数値計算法自身が原因となって起きる見かけの励起，減衰は長時間にわたる数値計算の結果の信頼性を著しく損なうことは明らかであろう．

A-2 シンプレクティック数値解法

2-3 節や 4-1 節でみたように，Hamilton 系の解の時間発展 $(q, p)\to(q', p')$ は正準変換となっている．その条件は変換の Jacobi 行列

$$M = \frac{\partial(q', p')}{\partial(q, p)} \tag{A.13}$$

が，関係式(5.52)を満たすシンプレクティック行列となることなので，正準変換は**シンプレクティック変換**とも呼ばれる．自由度が1の2次元写像の場合には，シンプレクティックとなる条件は面積保存の条件

$$\det M = 1 \tag{A.14}$$

に等しい．またハミルトニアン自身が時間 t に依存しない自励 Hamilton 系においては，ハミルトニアン(エネルギー)の値が保存される．つまり

$$H(q,p) = H(q',p') \tag{A.15}$$

先に述べた Euler 法や Runge-Kutta 法はエネルギー値を保存しないばかりか，シンプレクティック性をも保存しない数値解法である．

シンプレクティック数値解法(symplectic integrator)とは，この解の時間発展がシンプレクティック変換(正準変換)となるという性質を厳密に保つように設計された数値解法であり，1980年代の後半から活発に研究され始めた．すべての Hamilton 系に対して陰的(implicit)なシンプレクティック解法，そして特に $H=T(p)+V(q)$ の形の系に対しては陽的(explicit)な解法が可能である．

a）陰的シンプレクティック解法

先に述べた4次の Runge-Kutta 法(A.5)は次のように一般化される．微分方程式(A.1)に対してまずベクトル k_i を連立代数方程式

$$k_i = f\left(z+\tau\sum_{j=1}^{s}a_{ij}k_j\right) \tag{A.16}$$

$(i=1,2,\cdots,s)$ の解として定める．そして写像 $z\to z'$ を

$$z' = z+\tau\sum_{j=1}^{s}b_jk_j \tag{A.17}$$

によって決める．ここで a_{ij} および b_j はスキームを特徴づける定数であり，(A.17)が n 次の数値解法になるという条件から決められる．全ての $i\leqq j$ に対して $a_{ij}=0$ ならば陽的な解法となるが，一般的には陰的解法となり，(A.16)を何らかの反復解法で解く必要があることに注意しよう．

いま，(A.1)を Hamilton 系とし，また定数 a_{ij} および b_j が条件

$$b_i a_{ij} + b_j a_{ji} - b_i b_j = 0 \qquad (1 \leqq i, j \leqq s) \tag{A.18}$$

を恒等的に満足するとしよう．このとき写像(A. 17)はシンプレクティックとなることが示されている*．残念ながら条件(A. 18)が満足されるのは陰的解法に限られ，古典的な 4 次の Runge-Kutta 法(A. 5)などの陽的解法では決して満たされないことがわかる．

条件(A. 18)が満足される最も単純な場合は $s=1$ で，

$$a_{11} = \frac{1}{2}, \qquad b_1 = 1 \tag{A.19}$$

の場合である．このとき(A. 16), (A. 17)は

$$k_1 = f\left(z + \frac{\tau}{2} k_1\right), \qquad z' = z + \tau k_1 \tag{A.20}$$

あるいは 1 つの式にまとめて

$$z' = z + \tau f\left(\frac{z+z'}{2}\right) \tag{A.21}$$

となるが，これは陰的中点法として知られている 2 次の解法である．

b) 陽的シンプレクティック解法

ポテンシャル場における質点の運動を記述するハミルトニアンを例とする

$$H = T(p) + V(q) \tag{A.22}$$

の形の Hamilton 系を考える．この系では，陽的なシンプレクティック解法が可能となる．そのエッセンスは真の解を $H=T(p)$ および $H=V(q)$ で与えられる Hamilton 系の解の合成によって近似することにある．$H=T(p)$ の解

$$q' = q + \tau\left(\frac{\partial T}{\partial p}\right), \qquad p' = p \tag{A.23}$$

や，$H=V(q)$ の解

$$q' = q, \qquad p' = p - \tau\left(\frac{\partial V}{\partial q}\right) \tag{A.24}$$

* J. M. Sanz-Serna: BIT **28** (1988) 877-883, F. Lasagni: Z. Angew. Math. Phys. **39** (1988) 952-953.

は相空間における直線運動を表わし，明らかにシンプレクティック．そしてその合成もまたシンプレクティックである．実際これらを順に合成して得られる

$$q' = q+\tau\left(\frac{\partial T}{\partial p}\right)_{p=p'}, \qquad p' = p-\tau\left(\frac{\partial V}{\partial q}\right)_{q=q'} \tag{A.25}$$

は，1次のシンプレクティック解法となっている．2次の解法は3つの直線運動の合成

$$q^* = q+\frac{\tau}{2}\left(\frac{\partial T}{\partial p}\right)_{p=p}, \qquad p' = p-\tau\left(\frac{\partial V}{\partial q}\right)_{q=q^*}, \qquad q' = q^*+\frac{\tau}{2}\left(\frac{\partial T}{\partial p}\right)_{p=p'} \tag{A.26}$$

によって達成される．

以上の陽的シンプレクティック解法の構成法は，Lie 代数的な定式化によって整理される．まず Hamilton 方程式を $z=(q,p)$ として

$$\frac{dz}{dt} = \{z, H(z)\} \tag{A.27}$$

の形に書き直す．ここで $\{F,G\}:=F_qG_p-F_pG_q$ は関数 F と G の Poisson 括弧を表わす．いま，線形微分作用素 D_G を

$$D_GF := \{F,G\} \tag{A.28}$$

で定義すれば(A.27)は $dz/dt=D_Hz$ の形に書ける．それゆえ $t=0$ から $t=\tau$ への $z(t)$ の厳密な時間発展は，作用素 D_H の指数関数を使って形式的に

$$z(\tau) = \exp(\tau D_H)z(0) \tag{A.29}$$

と書ける．特に(A.22)の形のハミルトニアンに対しては $D_H=D_T+D_V$ であり，形式解は

$$z(\tau) = \exp[\tau(A+B)]z(0) \tag{A.30}$$

となる．ここで $A:=D_T$ および $B:=D_V$ であり，作用素 A と B は一般に可換でない．

いま (c_i, d_i) $(i=1,2,\cdots,k)$ を等式

$$\exp[\tau(A+B)] = \exp(c_1\tau A)\exp(d_1\tau B)\cdots\exp(c_k\tau A)\exp(d_k\tau B)+o(\tau^{n+1})$$

$$= \left[\prod_{i=1}^{k} \exp(c_i \tau A) \exp(d_i \tau B) \right] + o(\tau^{n+1}) \qquad \text{(A. 31)}$$

を満たす1組の定数としよう．ここで n は数値解法の次数に対応する整数である．そして

$$z' = \left[\prod_{i=1}^{k} \exp(c_i \tau A) \exp(d_i \tau B) \right] z \qquad \text{(A. 32)}$$

で与えられる $z=z(0)$ から $z'=z(\tau)$ への写像を考える．この写像は自明なシンプレクティック写像の合成だから明らかにシンプレクティックであり，かつ真の解を τ^n のオーダーまで近似する．また陽に計算可能である．実際(A. 32)は $z=(q_0, p_0)$ から $z'=(q_k, p_k)$ への写像

$$q_i = q_{i-1} + \tau c_i \left(\frac{\partial T}{\partial p} \right)_{p=p_{i-1}}, \quad p_i = p_{i-1} - \tau d_i \left(\frac{\partial V}{\partial q} \right)_{q=q_i} \qquad \text{(A. 33)}$$

$(i=1, 2, \cdots, k)$ としてあらわに表現できる．つまり n 次の陽的シンプレクティック解法が実現されたわけである．$n=1$ のとき，(A. 31)から作られる (c_i, d_i) についての連立代数方程式の明らかな解は $c_1=d_1=1$ $(k=1)$ で，恒等式

$$\exp[\tau(A+B)] = \exp(\tau A)\exp(\tau B) + o(\tau^2) \qquad \text{(A. 34)}$$

に対応し，1次の解法(A. 25)を導く．$n=2$ の場合も比較的容易に解 $c_1=c_2=1/2$，$d_1=1$，$d_2=0$ $(k=2)$ が得られるが，これは恒等式

$$\exp[\tau(A+B)] = \exp\left(\frac{\tau}{2}A\right)\exp(\tau B)\exp\left(\frac{\tau}{2}A\right) + o(\tau^3) \qquad \text{(A. 35)}$$

を意味し，2次の解法(A. 26)を導く．

c） 2次解法の反復合成による高次解法

4次，6次などのより実用的な高次の解法は，陰的，陽的解法ともに基本原理から得られるが，その導出は往々にして大変なことが多い．ここでは低次(2次)の解法の合成によってより高次の解法が作られるという事実を，結果のみ紹介することにしよう*.

---

* H. Yoshida: Phys. Lett. **A150** (1990) 262-268. 吉田春夫：数理科学 No. 384 (1995年6月号) 37-46.

いま$S_2(\tau)$が，ステップサイズをτとする2次のシンプレクティック解法(A.26)または(A.21)を表わすとしよう．このとき1つの4次の解法$S_4(\tau)$が2次解法の対称的な合成

$$S_4(\tau) = S_2(x_1\tau)\circ S_2(x_0\tau)\circ S_2(x_1\tau) \tag{A.36}$$

によって得られる．ここで定数x_0, x_1は

$$x_0 = \frac{-2^{1/3}}{2-2^{1/3}}, \qquad x_1 = \frac{1}{2-2^{1/3}} \tag{A.37}$$

である．6次の解法$S_6(\tau)$を得るには，合成

$$S_6(\tau) = S_2(y_3\tau)\circ S_2(y_2\tau)\circ S_2(y_1\tau)\circ S_2(y_0\tau)\circ S_2(y_1\tau)\circ S_2(y_2\tau)\circ S_2(y_3\tau) \tag{A.38}$$

でよい．ここでy_0, y_1, y_2, y_3は数値定数で，具体的には

$$\begin{aligned} y_1 &= -1.1776\,79984\,17887 \\ y_2 &= 0.23557\,32133\,59357 \\ y_3 &= 0.78451\,36104\,77560 \\ y_0 &= 1-2(y_1+y_2+y_3) \end{aligned} \tag{A.39}$$

で与えられるもので，ある連立非線形代数方程式の数値解として求められている．より高次の解法も同様に低次解法の合成によって作られる．この低次解法の合成によって得られるという事実は，実際の計算プログラムの作製を容易にしてくれる．例えば2次の解法のサブルーチンSI2を作っておけば，4次解法のサブルーチンは単にSI2を3回だけCALL(引用)すればよいからである．

A-3 シンプレクティック解法の利点

先にEuler法やRunge-Kutta法はエネルギーの誤差を単調に増大させることをみた．しかしシンプレクティック解法は次に見るように，エネルギーの誤差を増大させないという利点がある．

1次の陽的シンプレクティック解法(A.25)を調和振動子(A.7)に適用すると，写像

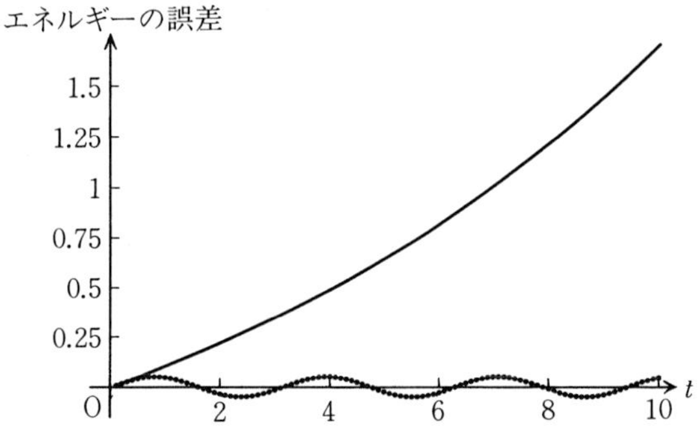

図 A-2 調和振動子の場合の Euler 法(実線)と 1 次の陽的シンプレクティック解法(点線)によるエネルギーの誤差．ステップサイズは共に $\tau=0.1$.

$$\begin{pmatrix} q' \\ p' \end{pmatrix} = \begin{pmatrix} 1 & \tau \\ -\tau & 1-\tau^2 \end{pmatrix} \begin{pmatrix} q \\ p \end{pmatrix} \tag{A.40}$$

が得られる．この写像がシンプレクティックであることは，Jacobi 行列(A. 13)が(A. 40)の係数行列に他ならず，その行列式の値が 1 であることで直接確認できる．この写像の反復によってエネルギーは一定値にはとどまらないものの，決して単調には増大しない．図 A-2 はともに 1 次の解法である Euler 法とシンプレクティック解法によるエネルギーの誤差の時間変化を比較したものである．シンプレクティック解法によるエネルギーの誤差の非増大は，実は写像(A. 40)のもつ厳密な保存量

$$\tilde{H} = H + \tau H_1 = \frac{1}{2}(p^2+q^2) + \frac{\tau}{2}pq = \text{const.} \tag{A.41}$$

によって説明される．この保存量のために数値解は (q, p) 面内において(A. 41)が表わす主軸が 45 度傾いた楕円上に束縛される．つまり真の解である円から一方的に離れていくことが不可能となる．よってエネルギーの誤差は図 A-2 に見るように一定の振幅で振動するにとどまる．

より一般的な Hamilton 系においてもシンプレクティック解法を適用する限り，1 次の解法ならば

$$\tilde{H} = H + \tau H_1 + \tau^2 H_2 + \tau^3 H_3 + \cdots = \text{const.} \tag{A.42}$$

の形，そして一般に n 次の解法ならば

$$\tilde{H} = H + \tau^n H_n + \cdots = \text{const.} \tag{A.43}$$

の形の，τ の形式的ベキ級数で表現される保存量が存在することがわかっている*．このため $H=\text{const.}$ と $\tilde{H}=\text{const.}$ で定まる等エネルギー曲面のトポロジーが等しくなる限りの τ の範囲において，エネルギーの誤差の単調な増大は起こり得ない．級数(A.42)の収束性(発散性)をも考慮した，より精密な議論もなされ始めている**．

* H. Yoshida: Celest. Mech. **56** (1993) 27-43.
** E. Hairer and Ch. Lubich: Numer. Math. **76** (1997) 441-462.

参考書・文献

I　基礎編

力学は歴史も古く，また物理学の基本的な分野でもあるため，これについてかかれたものは極めて多く，またその中には特徴のあるものも少なくない．しかし多数の文献の羅列は不可能であるばかりか，あまり意味のあることとは思えない．ここでは，特に関連があるかと思われるものの若干を掲げるにとどめる．

力学のスタンダードなテキストとしては

[1]　H. ゴールドスタイン(瀬川富士他訳)：古典力学(上・下)(吉岡書店，1983)

[2]　L. D. ランダウ・E. M. リフシッツ(広重徹・水戸巌訳)：力学(増訂第3版)(ランダウ・リフシッツ理論物理学教程)(東京図書，1983)

[3]　A. ゾンマーフェルト(高橋安太郎訳)：力学(ゾンマーフェルト理論物理学講座 I)(講談社，1969)

また力学の理論的な面にやや重点をおいたものとしては

[4]　大貫義郎：解析力学(物理テキストシリーズ2)(岩波書店，1987)

[5]　C. ランチョス(高橋康監訳，一柳正和訳)：解析力学と変分原理(日刊工業新聞社，1992)

[6]　E. C. G. Sudarshan and N. Mukunda: *Classical Dynamics, Modern Perspective* (John Wiley & Sons, 1972)

などがあげられよう．

また場の理論との関連に関しては

［7］ 高橋康：量子場を学ぶための場の解析力学入門(講談社，1982)

［8］ L.D.ランダウ・E.M.リフシッツ(恒藤敏彦・広重徹訳)：場の古典論(原著第6版)(ランダウ・リフシッツ理論物理学教程)(東京図書，1983)

などが，あげられる．

力学の数学的な構造を中心にかかれたものとしては，例えば，

［9］ V.I.アーノルド(安藤韶一・蟹江幸博・丹羽敏雄訳)：古典力学の数学的方法(岩波書店，1980)

がある．また今世紀初頭までの解析力学の集大成としては

［10］ E.T.Whittaker: *A Treatise on the Analytical Dynamics of Particles and Rigid Bodies*(Cambridge Univ. Press, 1917)

があり，現在でもしばしば引用される．

II　展開編

文中においても必要に応じて参考文献を引用したが，ここではより総合的な単行本を中心にする．まず古典力学の形式，文法に加えて積分可能系の実際の求積操作に詳しいものに，［10］および

［11］ L.A.Pars: *A Treatise on Analytical Dynamics*(Heinemann, 1965)

がある．［11］は特にHamilton-Jacobiの方程式の変数分離についての記述が豊富である．1970年代以降の，カオスの「洗礼」を受けた後の力学は非線形力学と称されることが多い．またカオスが表題の一部に現われたりする．この中で，本書で扱ったHamilton系に主眼を置いたものには

［12］ A.J.Lichtenberg and M.A.Lieberman: *Regular and Chaotic Motion*(Springer, 1992)

［13］ M.Tabor: *Chaos and Integrability in Nonlinear Dynamics*(John Wiley & Sons, 1989)

［14］ M.C.Gutzwiller: *Chaos in Classical and Quantum Mechanics*(Springer, 1990)

［15］ E.A.Jackson(田中茂・丹羽敏雄・水谷正大・森真訳)：非線形力学の展望 I, II(共立出版，1994, 1995)

などがあり，本書第4章の内容を補足し，その後を展望するのに適当である．［14］は古典力学におけるカオスの量子力学的対応物である「量子カオス」への導入に主眼の置かれたユニークな著書である．また［15］には実に色々なことが書いてあり，百科事典の役割を果たしてくれる．第5章で述べた積分不可能性の判定条件全般にかなりの重点を置いたものに

［16］ V.I.Arnold(ed.): *Dynamical Systems III: Mathematical Aspects of Classi-*

cal and Celestial Mechanics (Springer, 1988)

[17] V. V. Kozlov: *Symmetries, Topology and Resonances in Hamiltonian Mechanics* (Springer, 1996)

がある．また論文集

[18] R. S. MacKay and J. D. Meiss (ed.): *Hamiltonian Dynamical Systems: A Reprint Selection* (Adam Hilger, 1987)

に集録されている総合解説的な論文は特に研究者の役に立つことが多い．膨大な文献が存在する古典力学の，過去2世紀にわたる研究の足跡を知るには，やはり

[19] Y. Hagihara: *Celestial Mechanics*, vol. 1-2 (MIT Press, 1970, 1972), vol. 3-5 (日本学術振興会, 1974, 1975, 1976)

にあたるのがよい．幸いにも第1巻に関しては日本語によるオリジナル

[20] 萩原雄祐：天体力学の基礎（河出書房，1947-1950），復刻版（生産技術センター，1976）

が存在する．ただし「Hagihara」を教科書として読もうとすることは筆者の経験からもあまり勧められない．あくまでもかつての巨匠たちを訪ねる旅への「ガイドブック」と考えるのがよい．

補章

補章で取り上げたシンプレクティック解法についてのさらに進んだ議論は，単行本

[21] J. M. Sanz-Serna and M. P. Calvo: *Numerical Hamiltonian Problems* (Chapman & Hall, 1994)

や会議録

[22] J. E. Marsden, G. W. Patrick and W. F. Shadwick (ed): *Integration Algorithms and Classical Mechanics* (American Mathematical Society, 1996)

にある．また常微分方程式の数値解法の百科事典である

[23] E. Hairer, S. P. Nørsett, and G. Wanner: *Solving Ordinary Differential Equations* (2nd revised edition) (Springer, 1993)

はシンプレクティック解法についての独立な章を設けている．

第2次刊行に際して

「本書の発行からすでに3年が経過し，この間に大きな発展があった」と本講座の他の巻にならって書きたいところだが，そうは問屋がおろしてくれない．力学はNewtonから数えて300年，そしてLagrangeに始まる解析力学ですらすでに200年の歴史をもつ．このタイムスケールでみると3年はどう考えても1次の微小量である．大きな発展のためにはもうすこし時間が要る．

第I部は，解析力学の理論的な仕組みについて，他分野との関連を意識しつつ，基礎と見なされる部分をまとめたものである．この中でとくにLagrange関数は，相対論や場の量子論での定式化に際し重要な役割を演じるにもかかわらず，数量的には全く意味をもたない非観測量という特異な性格をもつ．またこれについての変分原理適用の理由も明らかでなく，ただそれが仮定されるにすぎない．ことによると古典力学の枠内だけで，Lagrange関数のもつ物理的な意味を十分にくみ取るのは難しいのではなかろうか．今回，第I部に補遺をつけて，量子論から眺めたLagrange関数の一側面について言及した．

第II部は通常の力学の教科書とはかなり異なった内容となっている．この内容は今日ではむしろ「非線形力学」の名のもとにカオス，ソリトンといった固有名詞を使って紹介されることが多いのであるが，本書ではあえて「力学」の内容としてみた．カタカナの固有名詞を使わず，あえて力学の名で紹介することに積極的な意味があると考えたからである．最小限，力学についての新しいイメージを感じて頂けたのではないかと思っている．もっとも現在の内容だけでは「KAM理論」のような大物についての記述がないと不満を感ずる読者もいるだろうし，著者も気にはしているところである．しかし，むしろKAM理論に触れないのが1つの特色であるという態度で開き直ることにした．それぞれの著書が得意とし，最もこだわりをもつ内容からなる「力学」がこれからも続々と出版されていくことを期待したい．力学を定義する「憲法」はこの世には存在しないはずだからである．

前回盛りこめなかったものの中から，運動方程式の数値解法に関する内容を補章として加えた．これは過去10年ほどの間に大きく研究と応用が進んだホットな分野であり，その簡単な紹介を目的とした．具体的な力学系を解析する際，計算機による数値実験，シミュレーションが常識となった現在，数値解法はその道の専門家に任せておけばよい，というシナリオはもはや通用しない．具体的な目的をもったユーザー自身が数値解法に積極的に関心をもつ必要があると考えるし，またそれが最も効率的だからである．実際シンプレクティック解法の開発においては，Hamilton形式の十分な理解が必要とされ，またLie摂動論的な考えが重要になっている．いわば力学の重要かつ意外な応用問題なのである．

第2次刊行に際して，明らかな誤植や無定義で使った用語，分かりにくい表現を改めた．またいくつかの脚注を加え，巻末の参考文献を追加，改訂した．

最後に，本書の内容についてご意見をお寄せ頂いた多くの方々にお礼を申し上げる．

1997年9月

著　者

索引

■岩波オンデマンドブックス■

現代物理学叢書 力学

2001年 6月15日 第1刷発行
2016年 8月16日 オンデマンド版発行

著 者 大貫義郎(おおぬきよしお) 吉田春夫(よしだはるお)

発行者 岡本 厚

発行所 株式会社 岩波書店
〒101-8002 東京都千代田区一ツ橋 2-5-5
電話案内 03-5210-4000
http://www.iwanami.co.jp/

印刷／製本・法令印刷

ISBN 978-4-00-730464-4 Printed in Japan